教育部职业教育与成人教育司推荐教材

五年制高等职业教育园林专业教学用书

苗 木 生 产 技 术

Miaomu Shengchan Jishu

（第二版）

方栋龙　主　编

高等教育出版社·北京

内容提要

本书为教育部推荐使用教材,是根据《国家职业教育改革实施方案》精神,结合园林行业的新进展,吸收园林行业的新技术、新知识,在第一版的基础上修订而成的。

本书在第一版的基础上,紧扣生产实际,编写内容丰富,易于操作,结构合理,针对目前园林苗木生产技术状况,充分反映本领域新理念、新成果、新技术、新方法、新工艺和新材料等。理论以够用为度,实践能结合各学校的教学情况,重点突出实验、实训等教学环节,加强学生职业核心能力的培养。

本书内容包括绪论、园林植物良种繁育技术、园林植物种子(实)生产技术、园林苗圃建立、播种育苗技术、营养繁殖育苗技术、园林大苗培育技术、种苗病虫害防治技术、设施育苗技术、种苗质量检测技术、苗木出圃和保鲜技术等。每章附有学习要点、综合测试题、综合实训题及考证提示,习题紧扣所学内容,能帮助学习者掌握关键知识和技能,提高学习效率。

本书不仅适合于五年制高职、中职园林专业教学,也可作为其他高职高专教育、有关专业人员短期培训及相关专业技术人员的参考用书。

图书在版编目(CIP)数据

苗木生产技术 / 方栋龙主编. -- 2 版. -- 北京:
高等教育出版社,2022.6
ISBN 978 - 7 - 04 - 057759 - 4

Ⅰ.①苗… Ⅱ.①方… Ⅲ.①苗木-栽培技术-高等职业教育-教材 Ⅳ.①S723

中国版本图书馆 CIP 数据核字(2022)第 019496 号

策划编辑	方朋飞	责任编辑	方朋飞	封面设计	贺雅馨	版式设计	杜微言
插图绘制	黄云燕	责任校对	刘娟娟	责任印制	存 怡		

出版发行	高等教育出版社	网 址	http://www.hep.edu.cn
社 址	北京市西城区德外大街 4 号		http://www.hep.com.cn
邮政编码	100120	网上订购	http://www.hepmall.com.cn
印 刷	鸿博昊天科技有限公司		http://www.hepmall.com
开 本	889 mm×1194 mm 1/16		http://www.hepmall.cn
印 张	16.25	版 次	2005 年 8 月第 1 版
			2022 年 6 月第 2 版
字 数	330 千字		
购书热线	010 - 58581118	印 次	2022 年 6 月第 1 次印刷
咨询电话	400 - 810 - 0598	定 价	30.00 元

为深入贯彻落实《国家中长期教育改革和发展规划纲要（2010—2020年）》精神，努力促进"专业与产业、职业岗位对接，专业课程内容与职业标准对接，教学过程与生产过程对接，学历证书与职业资格证书对接，职业教育与终身学习对接"的五个对接，充分发挥教材在职业教育中的基础性作用，我社对职业教育园林专业系列教材进行修订，新教材将于2012年秋季陆续出版。

第一版系列教材自2005年出版以来，较好地服务于园林职业教育，培养了大量园林行业人才，受到广大师生的欢迎。在使用过程中，他们也提出了宝贵的意见和建议。随着我国经济的高速发展，园林建设事业也得到蓬勃发展，新技术、新知识不断涌现，行业操作进一步规范化；园林职业教育也受到重视和发展，在"以服务为宗旨，以就业为导向"的办学理念指导下，新的教学理念、教学技术、教学成果不断涌现，校企结合越来越紧密。这些都为我们做好教材的修订工作奠定了基础，提供了良好的条件。

第二版系列教材包括17种园林专业核心课程教材和1种配套教学用书。分别是：《植物及生态基础》（第二版）、《园林设计基础》（第二版）（彩色）、《园林植物》（第二版）（配盘）、《园林美术》（第二版）（彩色）（配盘）、《园林植物栽培养护》（第二版）、《园林植物病虫害防治》（第二版）（配盘）、《园林制图》（第二版）、《园林计算机制图》（第二版）（配盘）、《园林测量》（第二版）（配盘）、《园林绿地规划设计》（第二版）、《园林工程》（第二版）、《园林工程招投标与预决算》（第二版）、《花卉装饰技术》（第二版）（彩色）、《花卉生产技术》（第二版）、《苗木生产技术》（第二版）、《草坪建植与养护》（第二版）、《植物组织培养技术》（第二版），《园林制图习题集》（第二版）（配盘）。

第二版系列教材具有如下编写特色：

1. 体现职业教育特色　新教材保持第一版教材"以体现职业教育特色为宗旨"的特点，以"夯实基础，贴近岗位"为原则，融入职业道德准则和职业规范，着重培养学生的职业能力和职业责任。基础课教材较一版教材更加注重为专业课服务。专业课程教材内容紧密结合相关岗位的国家职业资格标准要求。例如,《植物及生态基础》(第二版)加强了生态知识和植物生理知识的学习;《园林设计基础》(第二版)重在培养学生对"园林美"的欣赏及表达。

2. 实用性强,方便教学 新教材以工作过程为主线,由浅入深,强调技能操作。为帮助学生轻松掌握课程内容,多数教材在每学完一个或几个知识技能点后,设置随堂练习题,在记忆和体验的基础上巩固所学知识和技能。章后设有复习题帮助学生掌握学习重点和难点。

3. 保持教材的先进性 新教材吸收园林行业的新技术、新知识,新的教学成果,删除难度太深的、过时的、不适合教学的内容,进一步增强了教材的先进性。例如《园林植物》(第二版)增加了目前市场上新兴的畅销花卉,以及从国外引进的植物新品种,精炼第一版过于繁冗的理论内容;《园林植物病虫害防治》(第二版)增加新的防治方式、新的农药和一些新的病虫杂草种类,删去不常用的微生物农药如白僵菌,删除目前较少出现的病虫害等;《花卉生产技术》(第二版)增加新潮花卉的花期调控及无土栽培技术,花卉土壤栽培改为无土栽培,新型盆花、花坛花卉、鲜切花及水生花卉的生产等新技术。

4. 新教材的主要编者均为双师型教师 他们了解企业生产情况,了解企业对技能型人才的需求特点。他们在教学中多年使用第一版教材,积累了大量的反馈意见,从而,教材的修订工作有的放矢。新教材更好地反映了园林行业的发展水平,更加符合职业教育规律和技能型人才成长规律。

5. 形式多样,媒介立体化 新教材利用现代教育技术,配套教学光盘,及助学、助教的网络资源学习卡,提供电子教案、习题及答案、演示文稿、图片和视频等资料,方便老师教学,利于学生学习。根据内容的需要,新教材采用双色或彩色印刷,图文并茂,增加了教材的可读性。

全套教材的编写工作是在教育部职业教育与成人教育司、国家林业局人事教育司的指导下,依托林业行业教学指导委员会完成的,并得到了国家林业局职业教育研究中心、广东省林业职业技术学校、宁波城市职业技术学院、福建林业职业技术学院、江苏农林职业技术学院、苏州农业职业技术学院、南京森林警察学院、上海城市管理职业技术学院、云南林业职业技术学院、广西生态工程职业技术学院、江西环境工程职业学院、安徽林业职业技术学院、甘肃林业职业技术学院、河南科技大学林业职业学院、山西林业职业技术学院、山东潍坊职业学院、山东城市建设职业学院、天津财经大学艺术学院、天津市园林学校、天津职业大学、辽宁林业职业技术学院、黑龙江省齐齐哈尔林业学校等单位的大力支持,在此深表感谢!

此套教材适合职业院校园林专业使用,希望新教材的出版能为"十二五"期间造就园林专业一线人才做出贡献!

高等教育出版社

2012 年 5 月

随着科学技术的发展，近几年来苗木生产和科学技术有了很大的发展和进步，育苗新技术、新成果、新材料及新设施也层出不穷，特别是苗木育种技术、组织培养和育苗设施等方面的成就日新月异。编者充分调研各地使用教材的意见和建议，结合现阶段苗木生产技术新成果、新技术，对过时、冗长的内容进行删减，吸收国内外苗木生产新成果、新技术，力争反映苗木生产技术的先进水平，同时对教材结构进行部分修改，既全面反映了苗木生产技术的知识点和能力点，又突出了使用者对实践技能和实用技术的基本要求。

本书适用于中职及五年制高职学校园林技术、园艺技术等专业，高职高专三年制相关专业也可以适用。从事相关的园林规划设计、园林绿化等工作人员可以参考使用，也可作为专业培训及相关工种等级和城镇实用技术培训用书。

本教材的编写工作由福建林业职业技术学院方栋龙担任主编，具体分工是：绪论、第二章、第九章由方栋龙编写；第一章由宁波城市职业技术学院易官美编写；第三章由宁波城市职业技术学院祝志勇编写；第四章、第八章由云南林业职业技术学院牛焕琼编写；第五章、第六章、第七章由山西林业职业技术学院王亚丽编写；第十章由天津市园林学校姜振海编写。

本书在编写过程中，得到了高等教育出版社及各编者所在单位的大力支持，高等教育出版社薛尧、田军两位老师提出了较好的修改意见，在此一并表示感谢！

鉴于时间仓促及编者水平有限，书中难免有不足之处，恳请读者批评指正。

编　者
2021 年 6 月

　　本教材系职业教育园林专业核心课程教材，适用于五年制、三年制高等职业院校、成人高校及中等职业学校。

　　本教材是依据当前我国高等职业教育有关院校的实际情况和本课程教学大纲的要求，同时结合劳动和社会保障部园林专业职业技能岗位鉴定标准和园林专业职业技能岗位鉴定规范编写的。教材吸收了近几年来苗木生产技术方面的科学研究成果，具有全面、先进、实用等特点。在教材的内容选择、结构安排等方面进行了大胆的尝试。一方面在基本理论上尽量做到精简、有条理，突出了知识的先进性、内容的实用性和理论传授的针对性；另一方面在实践技能上强调了实用技术的操作性及技能训练和专业素质培养的灵活性，增强学生职业技能岗位的适应程度和提高综合素质。本教材是高等职业教育园林专业的核心课程教材之一，也可供中等职业学校及相近专业和短期培训选用，同时也是有关部门专业技术人员自学和参考用书。本书为适应各地区院校及各层次学生不同的要求，设有必学部分及选学部分，选学部分用＊表示。建议中等职业学校学生＊部分为选学内容，高等职业院校学生＊部分为必学内容。

　　本教材由方栋龙（福建林业职业技术学院）担任主编，祝志勇（宁波城市职业技术学院）担任副主编，王亚丽（云南林业职业技术学院）、王桂莲（山西林业职业技术学院）参与编写。编写分工如下：前言、绪论、第6、7、8章，方栋龙；第1、9章，祝志勇；第2、5章，王桂莲；第3、4章，王亚丽。张秀芳同志参加了本书的部分编写工作。最后由方栋龙统稿。

　　本教材已通过教育部职业教育教材审定委员会所聘请专家的审定。主审人为福建农林大学林思祖教授（博导、国务院学位委员会林学学科评议组成员）及安徽林业职业技术学院张宗应副教授。在此，谨向专家们致以诚挚的感谢！

　　本教材在编写过程中，得到国家林业局职业教育研究中心、高等教育出版社的支持和帮助，福建林业职业技术学院、宁波城市职业技术学院、云南林业职业技术学院和山西林业职业技术学院等单位的大力协助，以及贺建伟、薛尧、张晓晶等同志的关心和指导，在此特向上述单位及个人表示衷心感谢。

本教材在编写中，参阅及引用了近年出版的多种书刊与资料，详见书后的"参考文献"，在此谨向有关编著者表示感谢。

作者编写水平有限，书中错误疏漏在所难免，诚请广大读者批评指正。

编　者

2005 年 3 月

目 录

本章学习要点

知识点：

1. 了解苗木在园林绿化、美化及环境保护中的作用。

2. 了解现代化育苗技术特点，熟悉现代化育苗技术标志。

3. 理解苗木生产技术的内容及任务，熟悉苗木生产技术的特点，掌握苗木生产技术的学习方法。

技能点：

掌握苗木生产技术应具备的技能。

一、园林苗木的作用及发展前景

（一）园林绿化的重要性

随着我国经济的快速增长，人民物质文化生活水平日益提高，城市化进程不断加快，人们对工作和生活条件的改善有了更高的要求，绿化美化、改善生态环境工作越来越受到人们的关注。城市绿化工作是通过绿化植树、栽花种草，以各种各样的园林植物向城市输入自然因素，构成完整的绿地系统和优美的景观，其不仅能建成环境优美、景色宜人的花园城市，给人以美的感受，还能调节气候，防风除尘，净化空气，减少城市噪声，营造良好的生产、生活环境，增进人民的健康，提高生活质量和工作效率。因此，有规划地栽种适宜的花草树木，搞好园林绿化工作对美化、改善和保护环境，提高城乡环境质量，增进人民身心健康等都具有重要作用。同时高水平的城市绿化，是社会主义物质文明和精神文明建设成果的体现，也是改善生产环境和投资环境的需要。

（二）园林苗木在城市园林绿化中的作用

虽然我国在城市园林绿化中取得很大的成就，但由于城市绿化的基础比较薄弱，经济发展还不够发达，加上人口众多，从全国范围看，城市园林绿化的工作发展并不平衡，大多城市在绿化的数量及质量上距园林城市的要求尚有很大的差距，与世界上一些城市绿化建设得好的城市相比也落后许多。联合国环境卫生组织提出，一个城市的绿化覆盖率达到50%、人均公共绿地面积达到 60 m^2 以上，城市污染方可得到净化，卫生状况才有保障。因此我国园林绿化工作任务还非常艰巨，但发展潜力很大。园林苗木是园林绿化建设的物质基础，随着我国城乡园林绿化工作的进一步深入，需要大量的符合园林绿化要求的各类苗木。

城市园林绿化工作具有两重性：一是地域性，二是艺术性。不同的地域，气候条件相差很大，特别是城市中、小地形多种多样，小气候条件差别很大，适宜该地生存环境的植物种类也各不相同。同时，随着城市现代化建设步伐的不断加快和人们对物质文化和精神文化生活需求的不断提高，人们对于环境质量和艺术价值的要求也越来越高。因此，城市绿化质量和标准也越来越高。城市绿化不仅要配置各种各样的植物，而且要选择多种多样的苗木类型和苗木造型，因而决定了园林苗木产品应是多元化和规范化。

目前在园林绿化中所用的苗木主要有三种来源：外地购入、野外挖取或绿地调出及当地苗圃培育的苗木。因引入外地苗需长途运输，不但绿化成本高，且苗木往往不太适应当地的环境条件，绿化成活率低，绿化效果也不好。而从野外挖取的苗木的数量有限，不能满足大规模绿化工作的需要。园林苗圃是专门为城市绿化提供苗木的基地，因此，当前所采用的苗木主要来源应该是在专门建立的苗圃中培育出来的。

一个城市要绿化美化改善环境成为园林城市，就需要建设适应城市建设和发展的具有一定数量、一定规模的高质量园林苗圃。因此，建立起足够数量，质量较高的苗圃是培育大量、优质苗木的基础，除此之外，采用正确、先进的育苗技术及通过现代化生产管理办法，是培育园林苗木的关键。

（三）苗木生产发展前景

1. 城市化进程及城市森林建设不断发展　党的十六大提出了全面建设小康社会的奋斗目标，明确提出加快城镇化建设进程，走中国特色的城镇化道路。目前我国各地城市建设中，城市绿化美化是当前城市现代化建设、提升城市品位的重点工作之一，它为我们绿化种苗产业提供了广阔的发展空间。绿色通道和城市森林建设成了绿化种苗市场需求的又一新的增长点。

2. 小城镇和新农村建设是绿化种苗产业发展的又一潜在市场　国家重点支持全国小城镇建设项目，它必将推动小城镇的绿化美化事业的快速发展。在一些经济发达地区，小城镇的环境整治已经全面展开，小城镇建设步伐的加快为绿化种苗产品市场的持续稳定增长奠定了基础。

3. 西部大开发、生态环境建设，全面带动绿化苗木市场　近年来，国家相继投入上千亿资金，启动了西部大开发工程、万里绿色通道工程及林业六大工程等重大项目，这些生态工程的建设，关系到我国人居环境质量，关系到经济的发展，关系到我国在国际上的影响，而生态建设的主要载体就是造林，这样就给绿化造林工作带来了巨大的空间，给苗木产业带来了无限的商机。

4. 进一步拓宽了苗木花卉的国际市场　国际上一些高档花卉进口量的增加，为我国苗木花卉产业打入国际市场提供了机会，只要我国苗木花卉企业采取积极的应对策略，从产品品质、档次、规模及服务上创造出自己的独特品牌和信誉，就能大幅度增强和提高我国花卉种苗的出口能力。同时，加入WTO后，降低关税可进一步改善中国的投资环境，增加外国投资者对在中国发展花卉种苗产业的兴趣，吸引更多的外资投入花卉种苗产业的开发。

二、现代化育苗技术概述

随着科学技术的不断发展，国内外园林苗木生产及销售市场规模不断扩大，等级不断提高，园林苗木生产技术水平也不断提高，现代化育苗技术也就成为衡量当今苗木生产技术水平的标志。

（一）现代化育苗技术特点

与传统田间育苗相比，现代化育苗技术的变化主要表现在育苗的方式和方法上是否先进，即育苗采取的技术途径和相应的技术措施是否先进合理，采取的育苗设施是否现代、配套，并且要求生产出来的苗木无论从数量和质量上都有大幅度的提高。所谓现代化育苗是指采用先进的科学技术和工艺流程，应用现代的设备、仪器及工具，并采用先进的经营管理理念和管理措施从事育苗。有如下特点：

（1）能够高效、快速、省力地育成壮苗；

（2）自动化、专业化、规范化生产苗木；

（3）使原来难以繁殖的材料在控制条件下繁殖成功；

（4）缩短育苗周期，提高苗木质量；

（5）绿化栽培成活率高，加快和提高绿化效果。

（二）现代化育苗技术的标志

近20年来，国内外育苗技术发展很快，现代化程度越来越高，其标志主要表现在如下几个方面。

1. 控根快速育苗新技术

控根快速育苗容器：由底盘、侧壁和扣杆3个部件组成。底盘为筛状构造，其独特的设计形式对防止根腐病和主根的缠绕有独到的功能；侧壁为凸凹相间形状，外侧顶端有小孔，此结构既可扩大侧壁表面积，又为侧根"气剪"（空气修剪）提供了条件，继而在根尖后部萌发出数倍新根继续向外向下生长，极大地增加了短而粗的侧根数量。产品可反复使用，寿命可长达5年以上。控根专用栽培基质：以有机废弃物，如动物粪便、秸秆、刨花、玉米芯、城市生活垃圾等为原料，经特殊微生物发酵工艺制造，根据原料和使用对象配加保水、生根、缓释肥料以及微量元素等复合而成，有袋装和散装产品。

控根快速育苗容器的特点与作用有三：

① 增根作用：控根快速育苗容器内壁有一层特殊薄膜，且容器围边凸凹相间、外部突出的顶端开有气孔，当种苗根系向外向下生长时，接触到空气（围边上的小孔）或内壁的任何部位，根尖则停止生长，实施"空气修剪"和抑制根生长。接着在根尖后部萌发 3 个或 3 个以上新根继续向外向下生长，当接触到空气或内壁的任何部位时，又停止生长，又在根尖后部长出 3 个新根。这样，根的数量以 3 的倍数递增，极大地增加了短而粗的侧根数量，根的总量较常规的大田育苗提高 20～30 倍。

② 控根作用：一般的大田育苗，主根过长，侧根发育较弱；常规的容器育苗方法由于主根发育，根的缠绕现象非常普遍。控根技术可以限制主根发育，使侧根形状短而粗，发育数量大，不会形成缠绕的盘根。

③ 促长作用：控根快速育苗技术可以用来培育大龄苗木、缩短生长期，并且具有"气剪"的所有优点。用这种技术育苗，可以节约时间、人力和物力。由于控根育苗容器的形状与所用栽培基质的双重作用，根系在控根育苗容器生长发育过程中，通过"空气修剪"，短而粗的侧根密密麻麻布满了容器周围，为植株迅速生长提供了良好的条件。育苗周期较常规方法缩短 50% 左右，管理程序简便，栽植后成活率高。

2. 保护地育苗技术的不断成熟和发展　保护地育苗是指人为地设置保护设施，人为控制环境条件进行育苗的方式，如玻璃温室和塑料薄膜温室育苗。我国过去采用的是玻璃覆盖的保护设施，成本高。1945 年，欧洲首次采用塑料薄膜覆盖温室，1953 年，美国建立了第一个塑料温室。与玻璃温室相比，塑料温室建设简便，成本低廉，对广大的园林苗木生产者来说，有很大的吸引力，随着塑料薄膜的不断推广应用，现在广大用户也大多改为塑料薄膜覆盖的保护地设施育苗。在温室内的温度控制上，我国和日本过去大多采用酿热温床，现代推广了更为省力、便于经营管理的电热温床；降温设施也有更为理想的设备。一般来讲，气温长期高于30 ℃，园林苗木生长就会受到影响。尽管人们有很多降温的方法，但是由于夏季气温太高，植物一般都不适应。世界上不少地区的园林苗圃，到了夏季就"放假"。20 世纪五六十年代出现了湿墙与排风扇降温设施，这才有了较理想的降温效果。这种降温设备又有了新的发展，有雾化降温和温室的完全自动敞开等。目前许多地方，采用智能温室，安装了更为先进的自控设备，使温室内的环境条件通过计算机自动控制和调节，实现四季和反季节生产苗木。

3. 全光照喷雾扦插　这项技术是在全光照条件下，不加任何遮阳设施，利用半木质化的嫩枝插穗和排水通气良好的插床，并采取自动间歇喷雾的现代技术，进行高效率的规模化扦插育苗的方法。具有能充分利用自然条件、生根迅速、苗木生产快、育苗周期短、生产成本低廉和易适应移栽后的环境，可实现专业化、工厂化和良种化的大规模生产等优点，是当前国内外广泛采用的育苗新技术。各种塑料管和喷头的出现以及生根激素的应用，大大推进了这种技术的发展。

全光照喷雾苗床使用的基质必须疏松通气，排水良好，防止床内积水、枝条腐烂，但又要保持插床湿润。通常用的扦插基质材料有较粗的河沙、石英砂、珍珠岩、蛭石、锯末等。在选择扦插基质时应因地制宜，通常几种基质混合使用比单独使用效果好。如国外多用泥炭土:珍珠岩:沙为1:1:1基质配方，扦插多种树种都获得较为理想的效果。

4. 育苗容器、栽培介质及无土育苗的发展　为了缩短育苗时期，提高育苗质量和有利于机械化、自动化操作，大规模经营，营养钵、营养块等容器育苗迅速发展。生产者要求的苗木大小不同，育苗容器种类、型号也日益增多。随着科学技术的进展，容器育苗培养土、苗床培养土配制的成分更为合理，更适于苗木新陈代谢的要求。采用机械化、自动化操作，能配制出种类更多、理化性能良好的人工培养土或营养液。现在泥盆被塑料盆代替，这是现代苗木育苗和花卉栽培的另一个重要变化。

疏松、轻质、卫生、经济的栽培介质和轻巧、整齐、干净、廉价的栽培容器，不仅解决了盆栽的用土来源随着生产量的增大而出现了供不应求，以及除草剂的使用又带来大地污染等问题。而且有利于园林苗木大规模生产，更重要的是大大方便了运输，有效地扩展了园林苗木市场。

5. 组织培养、穴盘育苗技术的应用及逐步实现工厂化育苗　组织培养技术自20世纪60年代应用于花卉生产以来，并没有像其他园艺技术那样被全面使用。它的发展在近代花卉园艺及苗木生产中总是快慢起伏。然而它能在短时间内大量繁殖新品种的优点，在一些优良品种的苗木生产中起到了显著的作用，组织培养在营养繁殖中产生脱毒种苗，这对推进批量生产营养繁殖的种苗起着决定性的作用。应用营养繁殖的园林植物，传统的扦插、嫁接育苗方法繁殖系数较低，并且受季节的限制。组织培养技术能使茎尖等分生组织快速繁殖，在许多园林植物中已达到实用阶段，而且已获得脱毒苗，并使那些用传统方法难以繁殖的园林植物也得以繁殖成功，有利于快速、高密度、周年的育苗，为实现工厂化育苗开辟了新途径。

大批量的规模生产苗木是近代苗木生产技术的重要特征，其中穴盘育苗技术是近十年来花卉园艺及育苗新技术中发展最快的一项。它使得研究了上百年的各种育苗设施如播种机、移植机及喷灌装置等有了用武之地。这种技术适应了育苗机械化生产的需要，使苗圃的园林种苗的产量大幅度上升。小型苗圃现在可以直接购买专业生产的种苗，而不必花大投资购买大量机械来育苗了。

工厂化育苗是指机械化操作的、在室内密度集中育苗的方式，是园林植物现代育苗发展的高级阶段，它应用控制工程学和先进的工业技术，不受季节和自然条件限制，能够按一定的工序进行流水作业。也就是应用现代化设施温室，标准化的农业技术措施，机械化、自动化手段，使苗木生长发育处于最佳的综合控制环境中，高效率地在短期内培育出大量优质苗的育苗方式。

6.育苗生产各种配套设施的应用　现代化苗木生产技术之所以能大规模地发展，也得益于各种育苗设施的应用。40年来，育苗工作者采用的育苗栽培配套设施很多，如播种机、上盆机、移动花架、活动花筐、移动小车、传送装置、切花分级机、剥刺机、保温毯、各种遮阴材料、鲜花计数机、各种灌溉装置、自动施肥机、各种肥料、介质及介质混合加工机、花卉生长环境监测仪器、感应器、自动控制仪器等。这些都提高了苗木生长质量，最大程度地提高了劳动生产率。最近几年的计算机应用，更加明显地促进了苗木生产技术的发展。

三、苗木生产技术的研究内容及任务

苗木生产技术是研究和论述苗木的繁殖、培育的理论和生产应用技术的一门应用科学。其研究对象为园林苗圃的建立，园林苗木的繁殖、培育，苗木出圃及生产技术管理等理论观点及应用技术，具体内容包括：园林苗圃的建立、园林植物种子生产技术、园林苗木的有性繁殖及无性繁殖技术、园林大苗培育、现代化育苗技术、种质资源的引种驯化、苗木出圃、育苗生产经营管理等。

苗木生产技术的任务是培养出大量符合园林绿化需要的各类型的优质苗木，以满足城市绿化工作对苗木的需求。具体应是：首先，建立起优质的设施先进的现代化苗圃，作为常年生产苗木、花卉及其他绿化材料的基地。其次，根据园林植物的生长特点，采取有效的措施生产用于播种育苗的优良种子和引进优良的种质资源（包括野生种质资源）。第三，根据植物的繁殖特性，采用正确的苗木繁殖方式，采用现代化的育苗方法，培育出优质苗木（包括大苗），并做到投入少、产出多、发挥最大的经济效益。第四，吸取先进的生产管理经验，处理好苗木生产管理与其他管理之间的关系，做到技术先进、方法可行、管理现代，以提高苗木生产的综合效益。

四、苗木生产技术的特点及学习方法

苗木生产技术是园林、林业等专业的一门重要的专业课程。以基础化学、园林植物学、园林植物生理学、环境生态学、土壤肥料学、测量学等为基础课程，又与园林植物遗传育种学、园林植物栽培与养护、园林植物病虫害防治、花卉学等课程有着密切的联系。教师在教学过程中，应尽量联系有关学科的相关知识，采用各种现代化教学手段，结合生产实践，通过实习、实验、动手操作、现场教学和参加各种生产实际工作等环节，使学生既掌握本课程的基本原理、基本规律，又能灵活掌握苗木生产工作中所应具备的基本操作技术和实践技能，能够运用所学的基本知识，解决生产实际问题。学生在学习时应全面了解和掌握教材中的内容，掌握知识点和必备的基本操作要领，并做到融会贯通，在通读的基础上，仔细研究重点内容及先进的知识，要理论联系实际，并通过实验、实习，特别是利用综合实习，使自己能直观地掌握生产第一线的应用技术。

综合测试

1. 园林苗木在城市绿化、美化中有何作用？
2. 苗木生产技术包括哪些内容？如何学好本课程知识？

考证提示

知识点：熟悉育苗职业技能岗位标准的知识要求；了解育苗在园林绿化中的重要意义和工作内容；熟悉苗木在园林绿化中的配置知识；了解育苗的主要生产工序及操作规程和规范。

本章学习要点

知识点：

1. 园林植物种质资源的基本知识　了解我国种质资源的现状，熟悉种质资源的类型，掌握种质资源保存的技术流程。

2. 选种原理　理解选择育种的技术流程、试验方法；掌握提高选种效果的关键技术措施。

3. 引种驯化基本原理　熟悉引种驯化基本知识、操作程序和技术方法；掌握提高引种效果的关键技术措施。

4. 良种繁育基本规律　理解良种繁育基本知识、良种繁育的程序、品种退化概念；掌握提高良种繁殖系数、品种特性和生活力的关键技术措施。

技能点：

1. 正确掌握种质资源保存方法。

2. 会根据试验要求进行选种。

3. 能够对目标植物进行引种驯化。

4. 会根据生产要求进行优良品种繁育。

第一节　园林植物种质资源

园林植物种质资源是园林植物育种的物质基础，我国园林植物资源丰富，分布集中，特点突出。园林植物种质资源按来源可分为本地资源、外地资源、野生资源和人工创造的种质资源。在此基础上，本节详细介绍了园林植物种质资源的分类、保护管理和利用等方面的内容。

一、园林植物种质资源分类

(一) 园林植物种质资源的概念

园林植物种质资源又叫基因资源，是指含有不同种质的所有园林植物类型，它可以小到具有植物遗传全能性的器官、组织和细胞，以至于控制生物遗传性状的基因，大到植物个体甚至种内许多个体的总和（种质库或基因库）。

在育种工作中，常把种质资源称为育种资源。因为种质资源提供了植物育种的原始材料，是培育和改良植物品种的物质基础。植物育种的原始材料往往就是直接利用种质资源，如植物栽培类型或品种，野生、半野生类型，人工诱变材料和杂交中间材料。

(二) 园林植物种质资源类型

1. 本地种质资源　是指在当地的自然条件和栽培条件下，经过长期选择和培育形成的园林植物品种和类型。它的主要特点是：① 对当地条件具有高度适应性，抗逆性强，并且在产品品质等经济性状方面也基本符合要求，可直接用于生产。② 有些是在长期变化着的条件影响下形成的一个复杂群体，其中有多种多样的变异类型，只要采用简单的品种整理和株选工作就能迅速有效地从中选出优良类型。③ 经长期栽培已适应当地特点，如果还有缺点，经过改良就能成为更好的新品种。因此，本地资源是育种的重要种质资源。

2. 外地种质资源　是指从国内外其他地区引入的品种或类型。外地种质资源具有多样的栽培特点和基因贮备，正确地选择和利用它们可以大大丰富本地的种质资源。如我国从国外已引入了法国梧桐、84 k 毛白杨、美国黑核桃等树种，并很快形成规模栽培。

3. 野生种质资源　是指自然野生的、未经栽培的野生植物。野生种质资源多具高度的适应性，有丰富的抗性基因，并大多为显性。但一般经济性状较差，品质低劣，产量低且不稳定。因此，常被用作抗性杂交育种的亲本和砧木。

4. 人工创造的种质资源　指人工应用杂交、诱变等方法所获得的种质资源。因为在现有的种类中，并不是经常有符合人们所需要的综合性状，仅从自然种质资源中进行选择，常不能得到满足。这就需要用人工方法创造具有优良性状的新类型。它既可能满足生产者和消费者对品种的复杂要求，又可为进一步育种提供新的种质资源。

二、园林植物种质资源多样性及保护

(一) 我国园林植物种质资源的特点

1. 种类繁多，变异丰富　我国地域辽阔，气候、地形、地貌变化复杂，植被类型丰富。原产我国的乔木树种约 8 000 种，在世界园林植物总数中所占比例较大。在亚洲，以华西山区为例，这一地区原产中国的植物种类比印度、缅甸、尼泊尔等国多 4~5 倍；又如槭树，全世界有 205 种，我国约有 150 种。原产我国的植物种质资源不仅数量多，而且变异广泛，类型丰富，如圆柏（*Juniperus chinensis*）原产我国中部，其在北京的变种有偃柏（var. *sargentii*）、鹿角桧（cv. 'Pfitzeriana'）、金叶桧（cv. 'Aurea'）、龙柏（cv. 'Kairuca'）、球柏（cv. 'Globosa'）等。又如杜鹃属植物，在我国除新疆和宁夏外，各地区都有分布，以云南、西藏、四川、贵州、广西、广东一带分布最集中，且主要分布在山地。因其分布的地理环境、生态环境差异大，因此，杜鹃的不同种之间变异幅度也很大。仅以原产我国的野生杜鹃为例，既有五彩缤纷的落叶杜鹃，又有多姿多彩的常绿杜鹃。其中常绿杜鹃在花序、花形、花色和花香上差异很大。就杜鹃植株高度而言，既有高不盈尺的平卧杜鹃（*Rhododendron pronum*），又有数米以上的乔木杜鹃。再如高山区（4000～4500 m）杜鹃能耐寒，花期在 7—8 月，个别品种为 9 月；中山区（2800～4000 m）的种类，花期多在 4—6 月；低山区（1000～2800 m）的种类在 2—3 月开花，耐寒性也较差。由此看出，杜鹃不同种之间的植物形态特征、生态习性、生物学特性及地理分布等方面差异甚大。

2. 分布集中，区域明显　许多世界著名的园林植物在我国都可以找到其分布地区，特别是在相对较小的地区内，集中着众多的种类。

据有关资料报道，仅广东的草本植物就占全国高等植物的 2/3 强；世界上兰属（*Cymbidium*）植物共 50 余种，我国仅云南一省就有 33 种；百合属（*Lilium*）植物在世界上共有 80 余种，我国有 42 种，而在云南省就有 23 种。我国台湾省有维管束植物 3577 种，其中 1/4 是台湾省所特有，因而台湾有天然植物园之称。

3. 特点突出，遗传性好　我国有一些科、属、种是世界稀有物种，如银杏科的银杏属、松科的金钱松属、银杉属，杉科的台湾杉属、水松属、水杉属，红豆杉科的白豆杉属，榆科的青檀属，蓝果树科的珙桐属、喜树属，杜仲科的杜仲属，忍冬科的猬实属等。

我国园林植物种质资源除具有观赏价值外，还具有特殊的抗逆性，是园林植物育种的珍稀原始材料和关键亲本。如美国曾利用原产我国的白榆（*Ulmus pumila*）与美国榆树杂交，选育出抗病的新品种。

（二）园林植物种质资源的保护

只有做好园林植物种质资源的保存工作，才能为园林植物育种准备遗传和育种研究的所有种质，包括主栽品种、当地历史上应用过的地方品种、原始栽培类型、野生近缘种、其他育种材料等；挽救可能灭绝的稀有种和濒危的种质，特别是栽培种的野生祖先；保留那些具有经济利用潜力而尚未被开发的种质，以及在普及教育上有用的种质，如分类上的各个栽培植物种、类型、野生近缘种等，为生产提供优良品种，并为研究植物分类、起源、发生与演变提供材料。

1. 园林植物种质资源流失原因　造成种质流失的因素可概括为自然和人为因素两个方面。通常如森林的砍伐、沙漠的扩大，造成生态平衡的破坏，轻者能使资源减少，重者使一些物种毁灭。其他生物的影响包括野兽的危害，或是昆虫、真菌和细菌类的危害，也造成种质的流失。如美洲栗受栗疫病菌危害，成为濒危物种。人类活动是种质流失的主要原因，如乱砍滥伐，造成一些种质的直接损毁。人类消费状况和破坏作用比物种自然灭绝的速度要快1000倍。

值得注意的是，在人工育种和新品种大面积推广过程中，也会减少物种的遗传多样性，造成种质的贫乏。

2. 园林植物种质的保存方式

（1）原生境保存　就是将园林植物连同它生存的环境一起保护起来，达到保护种质的目的。原生境保存有两种形式，一种是建立自然保护区，如我国长白山、卧龙、鼎湖山、太白山自然保护区，这些是自然种质资源保存的永久性基地；另一种是要全力保护栽培的古树和名木，如陕西楼观台的古银杏、山东乐陵的唐枣、河北邢台的宋栗等，这些古树名木都要就地保存原树，并进行繁殖。它们经历了长期自然选择的考验，大多是遗传基础较现有栽培品种更为丰富的类型或原始品种，具有研究利用和历史纪念意义。苏联报道，从一株200年生高达10 m的老栗树实生后代中发现一株树形较矮，仅263 cm，且能正常结实的欧洲栗（1975），表明古老品种中有不少有用的遗传变异性状。

（2）异生境保存　是指把整个植株迁离它自然生长的地方，种植到植物园、树木园或育种原始材料圃等地方。我国的山茶以中国亚热带林业研究所、江西省林业科学研究所、广西林业科学研究所为基点，建立了国家级的山茶基因库，共收集基因资源1500多号，在广东、福建、浙江、云南、贵州、安徽等省区也建立了一定规模的省级山茶基因库，在一些县如云南的腾冲，也建立了具有特色的山茶基因库，初步形成了国家、省（区）、县三级基因库，极大地促进了山茶属植物种质资源的开发利用。

（3）离体保存　是指用种子、花粉、根和茎等组织、器官，甚至细胞在贮藏条件下来保存。种子主要是利用人工创造的低温、干燥、密封等条件，抑制呼吸，使其长期处于休眠状态的原理保存的。大多数植物种子的寿命，在自然条件下只有3～5年，多者10余年。而种子含水率在4％～14％范围内，含水率每下降1％，种子寿命可延长一倍。在贮藏温度为0～30℃的范围内每降低5℃，种子寿命可延长一倍。

我国在20世纪80年代建成一座容量40万份的现代化国家农作物种质资源库，并已在该库保存种质资源达30余万份，按植物学分类统计，它们分属于30个科174个属600个种（亚种），其中85％原产于我国，种质资源极其丰富，总数上已跃居世界第一。为保证种质资源在积存上的安全性，90年代初我国建成库容量达40万份以上的青海国家复份种质库，该库是目前世界上库容量最大的节能型国家级复份种质库，并在世界上首次安全转移了30余万份种质。至此，中国在植物种质资源的搜集，保存数量、质量，以及进展速度上均跃居世界领先地位。

随着植物组织培养技术应用领域的不断拓展，国内外开展了用试管保存组织或细胞的方法，有效地在离体条件下保存种质资源材料。目前，作为保存种质资源的组织或细胞培养物有愈伤组织、悬浮细胞、幼芽生长点、花粉、花药、体细胞、原生质体、幼胚、组织块等。利用这种方法保存种质资源，可以解决用常规的种子贮藏法所不易保存的某些资源材料，如高度杂合性的、不能产生种子的多倍体材料和无性繁殖植物等；可以大大缩小种质资源保存的空间；繁殖速度快，同时还可避免病虫的危害等。

近年来，又发展了培养物的超低温（−196 ℃）长期保存法。如英国的 Withers 已用 30多种植物细胞愈伤组织在液氮（−196 ℃）下保存后，能再生成植株。在超低温下，细胞处于代谢不活动状态，从而可防止或延缓细胞老化，由于不需多次继代培养，也可抑制细胞分裂和 DNA 合成，因而保证资源材料的遗传稳定性。所以，超低温培养对于那些寿命短的植物、组织培养体细胞无性系、遗传工程的基因无性系、抗病毒的植物材料及濒临灭绝的野生植物都是很好的保存方法。

（4）基因文库保存　由于自然或人为因素的影响，致使园林植物赖以生存的生态环境遭到严重破坏。尽管人类的环保意识在不断增强，但很多种质资源仍然大量流失或是濒临灭绝。在基因工程技术的支撑下，建立和完善植物基因文库是保存种质资源非常有效的途径。这样既可以长期保存某物种的种质资源，又可以随时通过筛选、扩增目的基因，然后加以利用。

种质资源的保存，除保存资源材料本身外，还需要保存种质资源的各种数据资料。每一份种质资源材料应有一份档案。档案中记录有编号、名称、来源、研究鉴定年度和结果。档案资料输入计算机贮存，建立数据库，以便于资料检索和进行有关的分类、遗传研究。

我国已建成了包括种质管理数据库、特性评价数据库和国内外种质信息管理系统在内的国家农作物种质管理系统。在杭州、广州、南宁、武汉等地建成一批中期保存库，形成布局合理、长中期保存结合的网络。

离体保存和原生境、异生境保存相比，节省土地和成本，但它反映不出植物与环境的关系。许多性状表现不出来，不利于直接观察、研究和利用。因此 3 种保存方式要相互补充，取长补短。

三、园林植物种质资源管理和利用

(一) 园林植物种质资源的搜集

种质资源的搜集工作要在明确的目的指导下，根据具体条件和任务确定搜集类别、数量和实施步骤。可以组成调查队直接搜集或以交换的方式搜集（征集）。搜集材料要做到正确无误，纯正无杂，典型可靠，生活力强，数量适当，尽量全面，资料完整。

搜集的样本，应能充分代表收集地的遗传变异性，并要求有一定的群体。如自交草本植物至少要从 50 株上采取 100 粒种子，异交的草本植物至少要从 200~300 株上各采取几粒种子。搜集的样本应包括植株、种子和无性繁殖器官。采集样本时，必须详细记录品种或类型名称，产地的自然、耕作、栽培条件，样本的来源（如荒野、农田、庭院、集市等），主要形态特征、生物学特性和经济性状，群众反映及采集的地点、时间等。种质资源搜集的实物一般是种子、苗木、枝条、花粉，有时也有组织和细胞等，材料不同繁殖方式则不同。栽培所搜集到的种质资源的圃地叫种质资源圃。种质资源圃要有专人管理，并要建立详细资源档案。记载包括编号、种类、品种名称、征集地点、材料种类（种子、苗木、枝条等）、原产地、品种来历、栽培特点、生物学特性、经济特性、在原产地的评价、研究利用的要求、苗木繁殖年月、收集人姓名等内容。

对木本植物来说，每个野生种原则上栽植 10~20 株，每个品种选择有代表性的栽 4 株。搜集到的种质资源要及时研究其利用价值。

（二）园林植物种质资源调查

我国地跨热带、亚热带、温带直至寒带，南北绵延万余千米，在地球演变的过程中，受冰川期影响较小，自然条件非常优越，植物种类特别丰富。据资料记载，我国植物种类近 3 万种，为世界上植物种类最丰富的国家，其中有观赏价值的约占 1/6，素有"世界园林之母"之称，有极丰富的园林植物资源。有的野生植物本身就有很高的观赏价值，有的可用作杂交亲本。

1. 野生园林植物种质资源调查　我国野生资源虽已开发利用了 2 000 多年，但新的种类在每次调查中仍层出不穷。在 1970 年全国板栗种质资源调查中，湖南省怀化县发现一株 14 年生的板栗，一年开花结果 3 次，群众称为三季板栗；江西发现了金坪矮垂栗，树体矮，枝叶倒披下垂，无明显主干，极适于矮密造园。国外在野生经济植物调查中，1980 年曾在亚马孙河流域的大森林中发现一株野生的奇迹橡胶树，其年产胶量在 100 kg，比世界栽培的高产品种还高 10 倍。这些都说明要特别注意野生种质资源的调查和利用，才能促进栽培品种有突破性进展。

2. 品种资源的搜集整理　我国是数十种园林植物的起源中心，加上我国各地自然条件差异较大，劳动人民又长期地定向选育栽培，园林植物的品种资源十分丰富，有些还是珍贵品种，如不及时搜集整理，从而加以保护利用，必然使分散的资源不断流失，而且不可复得。

种质资源的调查是一项复杂而细致的工作，必须在各级政府部门的组织领导下进行。组织形式和规模可以多种多样，有专业调查，有综合调查；有普查，有详查。

（三）园林植物种质资源调查的主要内容

1. 地区情况调查　包括社会经济和自然条件两方面，后者包括地形、气候、土壤、植被等。

2. 园林植物概况调查　包括栽培历史和分布，种类和品种，繁殖方法和栽培管理特点，产品的产供销和利用情况，以及在生产中存在的问题和对品种提出的要求。

3. 园林植物种类品种代表植株的调查　在调查代表植株时主要包括以下 4 个方面：① 来源、栽培历史、分布特点、栽培比重、生产反应等一般概况；② 生长习性、开花结果习性、物候期、抗病性、抗旱性、抗寒性等生物学特性；③ 株型、枝条、叶、花、果实、种子等形态特征；④ 产量、品质、用途、贮运性、效益值等经济性状。

4. 资源标本的采集和图表的制作　除按各种表格进行记载外，对叶、枝、花、果等要制作浸渍或蜡叶标本。根据需要对叶、花、果实和其他器官进行绘图和照相，以及进行芳香成分和优良品质的分析鉴定。

5. 资源调查资料的整理与总结　根据调查记录，应该做好最后的资料整理和总结分析工作，如发现有遗漏应予补充，有些需要深入调查的也可以及时充实。总结内容主要包括：① 资源概况调查，包括调查地区的范围、社会经济状况、自然条件、栽培历史、品种种类、分布特点、栽培技术、贮藏加工、市场前景、自然灾害、存在问题、解决途径、资源利用和发展建议；② 品种类型调查，包括记载表及说明材料，同时要附上照片和图片；③ 绘制园林植物种类品种分布图及分类检索表。

（四）园林植物种质资源的利用

对搜集到的优良野生种质和栽培品种、类型，应积极利用或有计划、有目的地改良，以便尽早发挥生产效益。种质资源利用的途径一般有 3 条。

（1）对经济价值高、资源丰富的种质进行直接选择利用，可通过以下步骤，使其尽快转化为商品：① 清查资源，了解分布及贮量；② 选择优良类型、优良单株，繁殖后代开展品种比较试验；③ 通过品种比较试验，选择较好的材料，作区域化栽培试验，选出优良无性系或品系；④ 良种繁育技术研究，生产更多优质种子、种苗；⑤ 栽培区划；⑥ 基地建设，生产大宗产品，供应市场。

（2）对经济价值高，但资源贫乏的种质，应在保护的基础上，积极开展科学试验。特别是繁殖技术的研究，建立一定数量的收集区和采穗圃，使之尽快繁殖后代，以便走引种利用之路，形成品种后，再扩大面积推广应用。

（3）对于经济性状不突出，但却具有某些优良性状，有潜在利用价值的种质，应就地保存或移入种质资源收集圃，并积极开展研究工作，逐步加深认识，以便为今后杂交利用创造条件。

随堂练习

1. 试述你所熟悉的一个自然保护区对园林植物种质资源工作的意义。

2. 你认为我国园林植物种质资源工作的重点应放在哪些方面？

3. 生物技术对种质资源工作有什么作用？

第二节　选种技术

选择育种是对自然变异进行选择，培育出新品种的技术。同时选择也是其他育种方法不可缺少的环节。选择的基本方法有单株选择和混合选择，选择的效果受原始群体的遗传基础、群体的大小、环境等多种因素影响。分子标记辅助选择是现代育种技术的重要方法。

一、选择育种的概念及意义

（一）选择育种的概念

选择育种简称选种，就是从种质资源或原始材料（也称基础材料）中选出符合育种目标的群体或个体，通过比较鉴定，从而培育出新品种的方法。包括两种方式：

1. 自然选择　在自然条件下，通过"适者生存，不适者灭亡"的自然法则，淘汰那些不利于物种生存的变异，保留那些有利于物种生存的变异，使生物沿着与环境相适应的方向进化，这就是自然选择。经过长期的自然选择，使生物由简单到复杂，由低级到高级，不断进化，形成了现代生物。自然选择的结果是，使生物变得越来越适应环境，抵抗不良环境的能力越来越高，自身的生存能力越来越强。例如，在野生条件下，植物的抗旱、抗寒、耐热、抗盐碱、抗病虫、耐瘠薄等抗逆性变强，繁殖能力也加强。

自然选择对生物本身的生存发展是有利的，但不一定对人类的需要有利。例如，有些园林植物的枝条生有皮刺，对其本身有保护作用，但对人类不利。还有些园林植物的种子在成熟过程中种子脱落，这有利于植物的繁殖，但不利于种子采收。

2. 人工选择　人类根据自己的需要，按照人类的意愿对植物进行有目的的选择，淘汰不利的变异，保留有利的变异，使生物沿着有利于人类的方向进化发展，这就是人工选择。人工选择的结果是使植物变得更能满足人类的需要，但对生物本身的生存不一定有利。

例如，牡丹的'金阁''金帝'两个品种，观赏品质很好，但其抗逆性不如野生类型。有些品种不能在自然条件下开花结果、生育繁殖，只能在人工环境中才能产生后代，还有的品种只能进行无性繁殖，已失去自然生育能力。山茶品种'恨天高'有很高的观赏价值，但繁殖能力较差。人工选择还可能使某些植物种群的遗传基础变窄，有可能丢失一些有价值的基因。

（二）选种的意义

1. 选择是培育新品种的手段　通过选择，可培育出园林植物新品种。从世界各国的植物育种的历史来看，选择育种是在漫长的岁月中进行的，选择方法随着生产的发展和对品种要求的日益提高而不断改善，逐渐由无意识的选择到有意识的选择。有意识的选择是指有明确目标，有周密的计划，应用有效的选择方法，通过完善的鉴定，达到预期的效果。

2. 选择育种周期短，见效快　自然界中，许多野生植物和栽培植物，有时会出现少量的优良变异，通过选择，可以直接培育利用，这些优良变异对当地又有很强的适应性。因此，比其他的育种手段省事省力，能较快地使新品种在生产上推广应用。

3. 选择可使植物向着人类需要的方向发展　由于选择是按照人类的意愿进行的，所以使植物向着有利于人类需要的方向发展。选择育种实质上是"优中选优"的过程。对于粮食、果树、蔬菜植物，选择育种，可使其产量更高，品质更好。对于园林植物，使其观赏价值、经济价值逐渐提高，从而美化环境，美化生活。

4. 选择具有间接创造性　选择虽然不能创造变异，但它的作用并不是单纯的消极的筛选，而是间接地具有创造作用。达尔文科学地总结了自然选择和人工选择在动植物品种形成过程中的作用，他认为生物具有连续变异的特性，即变异了的植物还有沿着原来方向继续变异的倾向。连续选优，最后就能创造出新的类型。微效多基因控制的数量性状需要经过多代累积，才能有显著的表现。例如，牡丹花的花型进化过程是由单瓣类逐渐形成重瓣类，这一发展过程就是长期选择的结果。许多园林植物如凤仙花、芍药、翠菊、山茶等重瓣品种，都是通过选择培育出来的。

植物定向选择的创造作用是巨大的。布尔班克曾用连续选择的方法把叶片边缘不具有皱褶的野牻牛儿苗培育成为具有显著皱褶的新品种。英国育种家坎德曾从改进栽培技术着手进行定向选择，育成皱边的唐菖蒲。许多玫瑰品种、月季品种和菊花品种等，也都是通过选择育成的。除了园林植物，其他栽培植物品种也有许多是通过选择育成的（如某些苹果品种、小麦品种、棉花品种等）。

5. 选择是其他育种方法不可缺少的环节　选择不仅是独立培育良种的手段，而且也是其他育种方式的基本步骤之一，并贯穿于其他育种工作的整个过程。例如，在杂交育种中，从亲本的选择到杂交后代的选择，选择始终起着重要作用。在诱变育种中，从诱变材料的选择到诱变后代的选择，选择仍然是必不可少的。引种和倍性育种也离不开选择，正如美国著名的育种家布尔班克所说，关于在植物改良中任何理想的实现，选择是理想本身的一部分，是实现理想的每一个步骤的一部分，也是每株理想植物生产过程的一部分。

在人工选择的同时，自然选择也同样发生作用，因为栽培植物一般不可能完全脱离自然环境而生长（特殊栽培条件下的植物除外）。人工选择应充分利用自然条件，如在感染病害严重的地区或在某种虫害严重的地区，去选择抗病、抗虫植株。在严寒发生时或在炎热发生时，进行抗寒、耐热植株的选择。

二、种源试验方法

（一）种源试验的目的

所谓种源，通常是指在同一树种分布区内，一批种子或苗木的来源或原产地（原产地和种群是同义语）。把不同起源的种苗布置在一起做对比试验，叫作种源试验。

种源试验研究植物种群的遗传变异与环境因子的关系，阐明种群的变异模式。种源试验的结果是确定原产地和产地（种群）在一定地区（生境）中的适应能力和生产能力，为园林植物生产选用高产、优质、稳定和适宜的种源、区划出全国种苗调拨区，也为植物基因资源的挖掘和保存等筹建育种群体和生产性种源种子园提供科学依据。

通过种源试验，为某一植物生境选出最佳种源的过程称为种源选择。所以，种源试验的作用，从生产上讲，是通过种源选择，为各区域选择适应性强、产量高的种源，划分种子调拨范围，制定种子调拨区划方案，做到适地适树适种源。从理论上讲，是研究生态条件对园林植物遗传变异（包括形态、生态、生理、解剖、细胞、染色体及基因组型）的影响及作用，生态条件在物种进化中的作用及各物种的生态需要。

（二）种源试验的方法

我国当前种源研究的方法是以田间试验为主，同时开展生理、生化、解剖等方面的研究。

1. 确定采样点和采样植株　采种点的确定（布局）应根据树种的分布特点、试验目的和条件而定。生态条件越复杂，布点就要越密。呈水平分布的树种，可在分布区范围内相隔一定纬度或经度设立网格，在每一个网格中取样，也可以按等温线、等雨线、大陆度、湿润度等分带取样。分布区广的树种，一般需要取 50～200 个样点；分布范围狭窄、重要环境因素呈垂直梯度变异的树种，采用平行海拔或温度和雨量梯度进行布点。多数树种应以网格布点为主，在重点地区又按海拔梯度布点。分布区小的树种一般取 20～30 个样点。我国目前采种点多数是根据经纬度、海拔高度、地形地势及树种植物区系研究的变异趋势资料综合考虑后确定的。

全分布区测验之后，必要时还可以进行局部分布区测验。它是全分布区测验的继续，在较好的种源中进行。取样可较前少一些，一般 20～30 个样点。局部分布区试验结果最好的种源林可以转入产地种子园。

采种林分必须是当地起源的林分，最好是天然林。采样林分的面积和密度应能保证林木异花授粉，需要林分面积大些，应处在大量结实的林龄，且能对产量和干形做出评定的林龄阶段。采样时选择优良林分还是选择中等林分，要根据该树种的统一要求确定，切不可在一个地方选择优良林分，在另一个地方选择中等林分。所选的林分要有代表性。要避免从孤立木或仅有几株树的地点采种。

采种母树的株数以产种量而定，一般认为不能少于 10 株，能达 20 株以上更好。也有在林木比较一致的林分中，从 5～10 株优势木或亚优势木上采种。采种母树在林分内的分布要分散，至少相隔 30～50 m。由一个产地搜集的种子可以混合在一起。若条件许可，最好按林分为单元分单株采种，进行种源与家系结合测定。

采集到的种子，处理要一致。如果一年内不能把所有的种源种子收齐，要把先收到的种子作发芽试验，以便了解发芽的变化情况，并根据该树种的种子贮藏要求，统一贮藏，但贮藏时间不能拖得太长。种子贮藏之前含水量一定要减低到10％以下。

每个种源的种子应有详细的记录。采种林分要进行林分因子的调查和林分编号，设置永久性标记，并在采种登记表上绘制林分或母树略图。为搜集亲本树（母树）形态变异材料，采种时最好同时采集果实和枝条样本作为研究材料。

2. 苗期试验　苗期试验的主要目的，一是了解各种源苗期的差异，初步掌握种源的地理变异趋势；二是培育试验用的苗木。

试验的立地条件应尽可能地均匀一致。在条件许可情况下，苗期试验可在人工控制的温室条件下进行。试验时各个种源的种子要测定千粒重、饱满度和发芽率，以便确定播种量。各种源播种前处理应相同。苗圃一般采用随机区组排列，重复3次以上。播种时，按草图核对无误后再播种，不能混淆。在苗圃阶段始终要抓住管理措施的一致性。

苗圃阶段的观测项目有：① 发芽：发芽势、发芽率等；② 生长量：苗高、地径及年生长节律；③ 物候：二次真叶期，叶变色期，封顶期，落叶期，2年生苗木的萌芽期，展叶期等；④ 适应性和抗性：存苗率，霜冻害、旱害、病虫害的受害率；⑤ 形态特征：叶、枝、芽、分枝、根系的特征等；⑥ 生理指标：如光合速率、呼吸强度等；⑦ 生物量。

3. 种植试验　造林试验可以分为短期试验和中期及长期试验。

（1）短期试验　在第一次疏伐前结束。这项试验只能取得林木开始强烈竞争前的数据。试验小区4～16株树，按方形或长方形或行状排列。所有这类田间设计，除非株行距宽大，否则很快会发生相互影响。这项试验适用于调查林分的存活率、物候、早期生长速度、早期抗病虫害及抗寒抗冻能力等。

（2）中期试验　由定植到1/3～1/2轮伐期。这时许多树种的胸径可达14 cm，如欧洲赤松和挪威云杉在良好的立地条件下，达到这样大的径阶需30～35年，在此期间间伐1～3次；杉木、马尾松、南方松类、辐射松、桉树等速生树种达此胸径约需10年。这些试验适于调查高生长和径生长量、早期的直径和胸高断面积，对病虫害的抗性、干形、冠幅、根系等。在较大试验区中，也可取得产量的数据，小区中可根据树高和胸高断面积用外推法计算产量。

（3）长期试验　超过1/2轮伐期。由于试验时间长、面积大，需特别注意试验条件的一致性。这种试验可获得产量的精确数据，同时对了解只有长期内才会发生的病虫害及气象因子危害的抗性也是重要的。此外，还可以提供开花结实特性、观赏特性、成熟期树形、根系、抗风能力等方面的资料和了解实现高产稳产所需求的经营措施。

三、优树选择

生产上常用的优树选择主要有混合选择和单株选择。

（一）混合选择

按照育种目标，从一个混杂的原始群体中，选出具有相似性状的若干优良植株，将其种子或无性繁殖材料混合收获、保存和繁殖，然后与标准品种进行比较、鉴定，从而选育出新品种的方法称为混合选择。混合选择可进行一次或多次，因此就有一次混合选择和多次混合选择。

1. 混合选择的基本步骤

（1）按照预定的目标，在原始群体内选出符合要求的若干个优良单株。

（2）种子成熟时，混合收取它们的种子，并保存。

（3）将混合种子与标准品种及原始品种在相同环境下作对比试验，混选出若干优良单株。

（4）按上述方法，可以进行多次对比试验，优中选优，直至选出表现稳定达到预定目标的优良群体。

（5）将选出的优良群体申请参加区域试验和繁殖推广。

2. 混合选择的应用　目前主要应用于：对于自花授粉的植物，如凤仙花、桂竹香、紫罗兰、香豌豆、栾树等，由于经过长期自交，其群体中每个单株大多数为纯合基因型，群体的遗传性状比较稳定，后代分离少，通常可采用1~2次混合选择。

对于异花授粉的植物，如石竹、万寿菊、雏菊、四季秋海棠等，由于异花授粉，其群体内的每个单株大多数为杂合基因型，群体的不同植株基因型也不相同，在自由授粉的情况下，由于受精的选择性，才使它们保持群体遗传结构的典型性和相对稳定性。

（二）单株选择

1. 单株选择的基本步骤

（1）在供试田中，选择符合要求的优良单株，然后每株分别收取种子，分别保存贮藏。

（2）播种前将每个植株上收集的种子分成两部分，其中一部分种子按田间试验设计种植，以作比较，另一部分种子按株系分别种植在隔离区内，防止相互授粉。

（3）株系比较试验中，淘汰不符合要求的株系，选留符合要求的优良株系，当选的株系要在隔离区内留种。

（4）如果当选株系中的各个植株表现整齐一致，该株系各株的种子可混合在一起，成为一个品系。如果当选株系的子代仍有分离，则要继续选优株分别收获，第二年按以前的方法一样，将种子分成两部分，继续工作，直至选出符合要求而整齐一致的株系为止。

（5）如果在株系比较试验中发现了个别优良单株，而在该株系的隔离区中又未发现同样类型，这株优良单株不论其授粉方式如何，都要加以选留，继续观察其后代的表现以决定进一步利用的可能性。

2. 单株选择的应用　主要应用于：对于自花授粉植物，其群体内的单株多为纯合体，可采用1~2次单株选择。对于异花授粉植物，其单株多为杂合体，应进行多次单株选择，才能保证选出纯合株系。

对遗传基础比较复杂的植物原始群体，可先进行若干次混合选择，待性状一致后，再进行1~2次单株选择；或按统一的目标先进行单株选择，选出若干单株，经多次单株选择后，性状表现稳定，再将性状一致的多个优良株系进行混合选择。这两种方法都称为改良的混合选择。前者可一次得到相似性状的若干株系，后者可得到性状一致而遗传物质丰富的群体。

四、提高选种效果的措施

（一）选择群体的大小

选择的群体越大，产生变异类型的概率越大，变异的类型越复杂，则选择的机会也随着增多，可以实现优中选优，选择的效果相对提高。相反，选择的群体小，变异的类型少，变异的概率小，则选择效果较差。因此，选择育种要求有足够大的原始群体。

（二）环境条件

性状的表现是基因型和环境共同作用的结果。不同的环境可使植物发生不遗传的变异，为了选出可遗传的变异，选择育种要在光照、土壤、温度、水肥、湿度等环境因素相对一致的条件下进行，从而提高选择效果。

（三）原始群体的遗传组成

无性繁殖群体比有性繁殖群体遗传组成的纯合度要高，新性状出现的概率小。自花授粉植物群体与异花授粉植物群体比较，前者比后者的性状稳定，变异的概率较小，选择效果较差；异花授粉植物群体的遗传成分复杂，变异类型丰富，选择效果较好；经过多次选择后的群体，特别是经过多次单株选择的群体，其遗传组成简单，变异类型少，选择效果相对较差。总之，原始群体的遗传组成越复杂，杂合的程度越高，提供选择的变异性状也越丰富，选择的效果也越好。

（四）质量性状与数量性状

主效基因控制的质量性状的变异表现明显，而且能稳定地遗传给后代，则容易发现和鉴定，因此，选择的效果较好。如在红花品种群体中出现黄花变异，在直枝品种群体中出现曲枝类型，在绿叶品种群体中出现金边叶变异等。微效多基因控制的数量性状的变异多呈连续性，受环境的影响较大，表现不明显，不容易区分，且其后代的遗传不稳定，因此，选择的效果较差。如株高的变异，花径的变异，产花量的变异，结子量的变异等。但这类性状的变异有累加作用，经过连续多次的定向选择，也可选出变异显著的类型。

（五）重点性状与综合性状

选择时，一般以目标性状为重点性状，要特别注意选择重点性状的突出变异，还要兼顾综合性状。重点性状不要太多，否则，将难以选出符合要求的类型；但也不宜太少，使选择的标准降低。例如，只注意选择艳丽的花色、花型，而忽视了适应性、抗逆性时，也难于在生产中推广。

（六）选择时期和时机

选择的时期和时机应根据选择的性状来确定。一般要在植物的整个生长发育期进行，但要注意关键时期的选择，一般在主要观赏性状和经济性状充分表现时选择，效果会更好。例如选择的性状与花器有关（花色、花径、花期、育性、花型等），则应在开花期选择；如果选抗寒类型，则应在寒冷季节选择；如果选择的主要性状与产量和质量有关，则应在收获期选择。

随堂练习

1. 简述选择育种的意义。
2. 怎样进行芽变选种？
3. 为什么通过选择可培育出新品种？
4. 什么是分子标记？分子标记辅助选择有哪些优点？

第三节 引种技术

园林绿化工作的好坏反映着一个国家或一个地区经济社会发展综合水平。要想使园林植物达到人们预期的要求，必须重视良种壮苗。这包括：充分发掘现有的园林植物种质资源（包括野生种质资源）；重视引种驯化工作；在栽培养护过程中，保持并不断提高良种的种性和生活力。其中，野生种质资源的引种驯化是提高园林绿化种质资源质量的重要途径。

一、引种驯化基本知识

（一）引种驯化的概念及应用

1. **概念及特点** 引种驯化就是将野生或外地（含国外）的栽培树种从其自然分布区域或栽培区域引至本地栽培。其中，野生树种引入栽培是其重要的组成部分。如果引入地区与原产地自然条件差异不大或引入观赏植物本身适应范围较广，或需采取简单的措施即能适应新环境，并能达到正常的生长发育，达到预期观赏效果的称为引种。当两地之间的自然生态环境差异较大，或引入物种本身适应范围较窄，引入的树种不适应当地的自然生态环境时，可通过人为的干预（如采用必需的农业措施）或通过其遗传性的改变使其产生新的生理适应性，进而逐渐适应当地的自然生态环境，这种方式称为引种驯化。通过引种驯化常可使种或品种在新的地区得到比原产地更好的发展，表现也更为突出。引种驯化是迅速而经济地丰富城市园林绿化树种的一种有效方法，与创造新品种相比，有简单易行和见效快的优点。野生植物一旦繁殖成功，管理可较粗放，自繁衍生能力较强，可大面积栽培，群体效果好，且适应性强。有的树种（品种）引入后，甚至可以直接用于园林绿化，有的树种则需要经过栽培试验。

2. 引种驯化在实践中的应用　我国园林植物种质资源十分丰富，其数量除巴西和印度尼西亚之外，排世界第三位，被称为世界"园林之母"，原产我国的乔灌木约有 7 500 种，许多珍贵稀有的植物，如银杉、水杉、银杏、金钱松、楠木、台湾杉、香檀、水松、云杉、珙桐和一些竹类等，都是举世闻名的。追本溯源，从根本上讲，所有栽培树种均源于自然界的野生树种，它们经过人类有计划的引种、栽培、选育，逐渐演化发展成当前具有各种用途的栽培树种。人类赖以生活的栽培植物约有 2 000 种，都是引种驯化的成果。长期以来，我国在植物的引种驯化方面，进行了大量的工作。比较成功的栽培品也较少，许多园林植物的种质资源遭受破坏和外流相当严重，很多优良的种质资源还处于野生状态、自生自灭，同时，相当一部分品种严重退化。随着科学技术的不断进步，通过对野生种质资源进行调查、搜集、保存研究和开发利用，使原有的、落后的、不适应环境条件要求的种质资源（品种）逐步被淘汰，更多具有生命力，能在环境保护、园林绿化美化及景观建造等方面发挥更大作用的优良种质资源得到发展。这除了育种工作外，引种驯化工作也发挥重要的作用。

（二）引种驯化的基本理论

1. 种质资源的搜集

（1）种质资源调查　种质资源调查应该在物种分布的大区范围内全面进行，使它能反映植物群体分布上的整体性、变异的多样性及丰富的基因资源。调查的对象包括品种、类型、近缘种和野生、半野生种。其主要内容有：

① 调查地区的概况，包括自然条件和社会经济条件；② 植被概况调查，包括植物的来源或栽培历史、分布、生长的立地条件、经营管理特点、繁殖方式、抗逆能力及经济价值等；③ 图案标本的采制，按要求填写调查表，并制作蜡叶或浸汁标本，附上图片和照片；④ 资料整理与总结。

（2）种质资源搜集　为了有效地利用种质资源，充分保持育种材料的变异，必须采取正确的搜集方法。

① 直接搜集　搜集的材料，有苗木、穗条或种子等。搜集的数量，以充分保持育种材料的广泛性为原则，对于具有鳞茎、球茎、块茎等植物的采集时间，最好在植株刚枯死，地面还可见到残留物时进行。搜集的材料要及时加以整理、分类、编号登记，包括搜集时间、地点、搜集者姓名、调查记录等。

② 交换或购买　可到各国植物园、花木公司等地方了解有关名录，需要的话可通过信函交换或购买。

2. 影响引种成败的要素　引种驯化是植物本身适应了新环境条件和改变对生存条件要求的结果。从根本上说，引种驯化就是研究和解决植物遗传性要求与引种地区生态因子之间的矛盾问题。因此，引种成功的关键，在于正确掌握植物与环境关系的客观规律，全面分析和比较原产地和引种地的生态条件，了解树木本身的生物学特性和系统发育历史，初步估计引种成功的可能性，并找出可能影响引种成功的主要因子，制定切实措施。

（1）限制植物引种的现实主导生态因子　对园林植物影响较大的生态因子有：温度、日照、降水和湿度、土壤酸碱度及土壤结构等。对主导生态因子进行分析和确定，对园林植物的引种驯化成败常起到关键的作用。

（2）引种植物的生态型　一般来说，分布区范围大的树种，存在的变异性较大。所以在引种时，要根据不同引种地的气候条件，引种不同的地理型和生态型。地理上距离较近，生态条件的总体差异也较小。所以，在引种时常采用"近区采种"的方法，即从离引种地最近的分布边缘区采种。如杭州植物园引种竹柏时发现，竹柏在浙江原产于南部，而天台山有栽培，从引种驯化的观点出发，天台山产的竹柏种子肯定比南部的耐寒，引种成功的可能性大，所以引种时要选择合适的种源。

（3）引种植物的历史生态因子　植物适应性大小不仅与现代分布区的生态因子有关，而且与系统发育过程历史上的生态条件有关。现在植物自然分布区域只是在一定地质时期，特别是最近一次冰川时期造成的结果。因此将这类植物引种到系统发育过程中曾经习惯的最适地区时，也即重新满足历史生态条件时，可能生长和发育得更好，并可能取得更好的经济效益。而且，生态历史愈复杂，植物的适应性愈广泛。如水杉，在冰川时期，那里的水杉因受寒害而灭绝了。到 20 世纪 40 年代，在我国四川和湖北交界处人们又发现了幸存的水杉。它的分布范围很小。当我国发现这一活化石植物后，先后被欧洲、亚洲、非洲、美洲等的 50 多个国家和地区进行引种，大都获得成功。与此相反，华北地区广泛分布的油松，因历史上分布范围狭窄，引种到欧洲各国却屡遭失败。

二、引种程序及方法

（一）引种驯化的程序

植物引种驯化程序是指从选择引种材料，进行引种驯化研究、栽培管理，直至适应当地生产栽培的全过程。一般要经过四个阶段，即引种材料的收集、种苗检疫、引种试验和栽培推广。

1. 引种种类的鉴定及有关材料调查及收集

（1）我国园林植物种类繁多，其中不少种类存在"同名异物"或"同物异名"情况，在分类上出现混乱。因此在引种前必须进行详细的调查研究，对植物种类加以准确的鉴定。要特别注意引种那些单种属的植物，所谓单种属就是只有一个种的属（如我国的杜仲、银杏等），这些单种属的植物的生长和使用性差别很大，往往不是生长快，就是使用性状性特别好，利用价值很高。并且还有一个共同的特点，它们不易受病虫害的袭击，这是引种工作者特别感兴趣的特性。

（2）了解和掌握引种植物的分布和种内变异。首先必须调查其自然分布、栽培分布及分布范围内的变异类型（生态型）。无数引种实践表明，树木在原产地的性状表现，是选择引种植物的重要依据。其次，就是要仔细地分析引入植物所处的生态条件和分布状况、原产地与拟引进地区的生态环境变化、引种植物的生物学与生态学物性，以便从中寻找影响引种的主要限制因子，并创造条件使之适应于新的环境条件。大多数引种成功的例子都是在气候相似的地区之间进行。

（3）分析引种植物的经济性状。引种实践证明，引种植物在新地区的经济性状和原产地时表现相似。这是选择引种植物的重要依据。如观赏价值、经济价值、抗性及环境保护等方面均应表现优良，或至少在某一方面胜过当地的乡土植物种或品种。

（4）制订引种计划。根据调查所掌握的材料和引种过程中可能出现的主要问题来制订引种计划。并提出解决上述问题的具体步骤和途径，待后付诸实施。

2. 种苗检疫　对引进的材料，特别是病虫害较多的植物来说，引种是传播病虫害和恶性有害杂草的一个重要途径，因此，要对引入的植物材料（包括种子和苗木）进行全面的检疫。对有疑问的材料应放在专门的检疫苗圃中观察、鉴定，并登记编号，项目包括种类、品种名称、繁殖材料种类、材料来源和数量、收到日期、收到后采用的措施，及时记载说明把这些种类的植物学性状、经济性状、观赏性状、原产地的风土条件等。对带有国家明令禁止传播的病菌种类的植物材料，应就地销毁，未经检疫的种子和苗木、不得引种。

3. 小面积定点隔离试种　通过小面积隔离试种，对引入树种的各种表现进行深入细致的观察记载。要善于发现问题和制定相应的技术措施。除可采用一些栽培措施外，为了丰富和改造其遗传性，也可以有计划地用人工杂交的方法导入新的（抗性）基因等，以利于适应当地的自然生态环境。

4. 引种试验　对引进的植物材料必须在引进地区的种植条件进行系统的比较观察鉴定，以确定其优劣和适应性。试验应以当地具有代表性的良种植物作为对照。试验的一般程序如下。

（1）种源试验　种源试验是指对同一种植物分布区中不同地理种源提供的种子或苗木进行的对比栽培试验。通过种源试验可以了解植物不同生态类型在引进地区的适应情况，以便从中选出参加进一步引种试验的植物。一般对有性繁殖的植物，种源选择不应少于 5 个，并选择接近树种分布极限的边缘地带，每个种源采种母树一般不少于 10 株，从抗性最强的单株上采种，每一母株后代不少于 50 株；对营养繁殖的植物，一般只选抗性较强、观赏性状、经济性状符合要求的若干无性系，每个无性系采种后获得的实生苗不少于 100 株。种源试验的特点是规模小，同一圃地试验的植物种类多，圃地要求多样化。

（2）品种比较试验　通过种源试验后，对表现优良的生态型，繁殖一定的数量，再进行品种试验。可在这个或这些植物的分布区中，分产地进行引种，甚至还可注意到单株的变异，这时主要了解掌握引种植物的生长情况、经济性状和保存率等。试验时应以当地有代表性的良种作对照。比较试验地的土壤条件必须均匀一致，耕作水平适当偏高，管理措施力求一致，试验应采用完全随机排列。时间根据植物的类型而定，一般木本植物需 2～5 年。

（3）区域化试验　区域化试验是在完成或基本完成品种比较试验后进行，选择极少数最有希望的植物作大面积的栽培试验，并研究其繁殖技术。区域化试验的目的是为了查明该植物的推广范围，试验内容应包括试验地点、试验面积、引种数量、试验设计及完成试验计划的措施等。

5. 推广应用　引种试验成功后，可在当地适宜的范围内推广应用。经过专家评审鉴定有推广应用价值的引入植物要遵循良种繁殖制度，采取各种措施加速繁殖，建立示范基地，应用单位及有关苗圃提供的优良合格种苗，使引种试验成果产生经济效益、社会效益和环境效益。

（二）引种基本方法

引种时必须根据环境条件的差异程度，并与各种措施密切配合，只有适宜的技术措施，才会收到良好的引种效果。根据原产地与引种地环境条件的差异程度，引种方法主要分为简单引种法和复杂引种法。

1. 简单引种法　是指在相同的气候带或环境条件差异不大的地区之间进行相互引种。不需要经过驯化，但需给植物创造一定的条件，可以采用简单的引种法。

2. 复杂引种法　复杂引种法是指在气候差异较大的两个地区之间，或在不同气候带之间进行相互引种，也称地理阶段法。如把热带和南亚热带地区植物引种到中亚热带等。

（1）进行实生苗（由播种得到的苗木）多世代的选择　在两地条件差别不大或差别稍稍超出植物所适应范围的地区，多采用此法。即在引种地区进行连续播种，从实生苗后代中选出抗寒性强的植株进行引种繁殖，一代代延续不断积累变异，以加强对当代生态环境的适应性。

（2）逐步驯化法　当两地生态条件相差较大，一次引种不易成功时，可将所要引种的园林植物，在一定的路线上分阶段逐步移到所要引种的地区。如南种北移，可在分布区的最北界引种；北种南移，可在分布区的最南端引种。这个方法需要的时间较长，一般较少采用。

（3）结合有性杂交　两地生态条件差异过大，植物在引进地往往很难生长，或虽然可生长但却失去经济价值。如果把它作为杂交亲本，与当地植物杂交，可以从中选择培育出具有经济价值，又能很好适应当地生态条件的类型，使引种成功。

（三）引种成功标准

1. 能在本地区自然生态环境条件下正常地生长、开花和结实；

2. 保持原种（品种）的观赏品质和经济实用价值；

3. 能用常规的方法进行繁殖；

4. 无严重的病虫害。

三、提高引种效果的措施

（一）应进行严格的检疫工作

引种是传播病虫害和杂草的一个重要途径。随着引种交换和园林苗木、花卉贸易的发展，病虫害及其他有害生物不再受到天然屏障的阻隔，一些危险的病虫害、杂草或其他有害生物随之侵入，致使在无天敌制约的情况下泛滥成灾。种子检验应注意种子含水量、发芽率、发芽势、纯度、净度等几方面的检查，符合各级种子规定标准的才可调动，否则，必须协同调出单位进行种子处理，防止伪劣带病菌种子流入。

（二）应处理好引种植物和当地物种的关系

一方面，外来物种的过分引进，不利于发展民族园林植物产业，使一些萌芽待发的民族花卉企业惨遭厄运；另一方面，某些物种或品种引进后，可能对当地物种形成威胁，甚至使当地物种退缩，外来种不断蔓延而成为杂草，严重影响当地的生态多样性。

（三）处理好多样性和稳定性的关系

单调的植物种类建立起来的园林失去人类的维护是不稳定的。要保护多样性，必须先丰富园林植物物种数量，要做到这一点，在注意引种种类的多样性的基础上，要保证引种植物生长的稳定性。

（四）必须仔细研究引种种类的生长及发展趋势

20 世纪 80 年代以后，我国园林和花卉行业掀起了植物引种的高潮，为我国城市绿化和相关绿色产业的发展起到了重要的促进作用。但同时也在我国部分地区引起了严重的生态灾难。例如凤眼莲（也称水葫芦），原产南美，1901 年作为一种花卉引入我国，结果成为目前我国危害最严重的多年生恶性水生杂草之一，尤以南方诸省危害最为严重。

（五）注意引种材料的选择及繁殖方式

种质资源引种驯化时，首先应注意野生的种质资源，因为野生的种质资源生态适应性较强，引种容易成功。同时种子繁殖的苗木，一般认为阶段发育较轻，容易适应新地区的环境条件，因此，在引种时，一般采用种子繁殖，但若播种育苗较难成功，可采用营养繁殖苗。

1. 什么叫引种驯化？引种驯化的应用有哪些？

2. 野生种质资源的引种驯化要注意哪些问题？

3. 选择本地引种成功和失败的外来树种各1～2个，分析其成败的原因。

第四节　良种繁育

园林植物种质资源丰富，但栽培的优良品种少，许多优良品种退化严重是当前我国园林苗木应用中存在的最大问题。现在种子采收得很多，但品质退化逐年加速，导致苗木应用落后。要改变这一情况，及时进行良种繁育是解决问题的关键。

一、良种繁育概述

（一）良种繁育的概念及任务

1. **良种繁育的概念**　良种繁育是指对通过审定的植物，按照一定的繁育规程扩大繁殖良种群体，使生产的种苗保持一定的纯度和原有种性的一整套生产技术。它是运用遗传育种学的理论与技术，在保持不断提高良种种性的生活力的前提下，迅速扩大良种数量，提高良种品质的一整套科学的种苗生产技术。

2. **良种繁育的主要任务**

（1）在保证质量的前提下迅速扩大良种数量；

（2）保持并不断提高良种性状，恢复已退化的优良品种；

（3）保持并不断提高良种的生活力。

（二）良种繁育的程序

1. **品种审定**　通过各种育种手段培育出来的新品种要经过品种的登录、审定。

（1）品种登录　品种登录的程序主要有：① 由育种者向品种登录权威机构提交要登录品种的文字、图片说明，育种亲本，育种过程等有关材料；② 由品种登录权威机构根据申报材料和已登录品种，对其进行书面审查，在特殊情况下要对实物进行审查；③ 对符合登录条件的品种，给申请者颁发登录证书。并收集在登录年报中，同时在正式刊物发表。

（2）品种审定　对新品种的各种性状鉴定。如我国设有农作物品种审定委员会和林木良种审定委员会。

① 审定的程序　符合申报条件的品种，可向全国品种审定委员会或专业委员会提交申报材料；各专业委员会根据审定标准进行品种审定；由全国品种审定委员会颁发合格证书。

② 申报条件　符合以下条件之一的品种，可申报品种审定：主要遗传性状稳定一致，经

连续3年左右国家作物品种区实验和2年左右生产实验，并达到审定标准的；经两个或两个以上省级品种审定委员会通过的品种；具有全国品种审定委员会授权单位进行的性状鉴定和多点品种比较试验结果，并具有一定应用价值的某些特有植物品种。

③ 申报材料　育种单位或个人名称；植物种类、类型和品种名称；品种选育过程；品种的园艺性状、抗逆性、品质、产量及生理特征和形态特征的详细说明；使用范围和栽培技术要点；保持品种种性和种子生产的技术要点。

④ 审定标准　与同类品种相比，具有明显的性状差异，并具有较好的观赏性；主要遗传性状稳定，具有连续两年或两年以上的观察材料；具有一定的抗病、虫能力，尤其是对主要的病虫害有较强的抗性。

2. 繁育程序　是指审定后的品种进行扩大繁殖以满足生产需要所必需的环节。

（1）原种（苗）生产　是指提供繁殖生产用种所需种苗的生产过程。繁殖原种所需的种苗叫超级原种，超级原种是指经审定的新的品种或原有良种提纯复壮后，符合品种标准的用作第一批繁殖的种苗。

原种生产地应具备严格的隔离条件，防止种性退化，且要求肥力均匀，种植密度合理，提供适合品种种性要求的有关技术。

（2）生产用种（苗）生产　是指以原种为繁殖材料，提供生产用种苗的繁殖过程。要注意保持和提高良种的种性。

二、品种退化原因

（一）良种退化的概念

狭义理解的良种退化（品种退化）是指原优良品种的基因和基因型的频率发生改变；广义的良种退化（品种退化）是指园林植物在长期栽培过程中，由于人为或其他因素的影响，其优良性状（形态学、细胞学、化学）变劣或生活力逐步降低的现象。主要表现有形态畸形、生长衰退、花色紊乱、花径变小、花期不一、抗性差等现象。

（二）良种退化原因

1. 机械混杂与生物混杂　机械混杂是在播种、采种、脱粒、晒种、贮藏、调运、育苗等过程中，混入了其他品种，人为地造成品种种子混杂，从而降低了品种的纯度。由于纯度的降低，其丰产性、物候期的一致性以及观赏性都降低了，同时又不便于栽培管理，所以失去了栽培的价值。随着机械混杂的发生，将会发生生物混杂，使品种间或种间产生一定程度的天然杂交，造成一个品种中渗入另一个品种的遗传因素，从而影响后代遗传品质，降低品种纯度和典型性，产生严重的退化现象。

2. 生活条件与栽培方法不适合品种种性要求，引起遗传性分离与变异　优良品种是长期培育形成的，如生长条件、栽培方法长期不适应品种的要求，其优良种性就会被潜伏的野生性状代替，隐性性状会代替原来的显性性状，品种特性便会因此而退化。另外，在缺乏选择的栽培条件下，某些花卉品种美丽的花色将逐渐减少，以至最后消失，而不良花色的比重却逐步增加。许多园林花木品种具有复色花、叶，在缺乏良种繁殖的栽培条件下，往往单一颜色的枝条在全株中所占的比重越来越大，最后可能完全丧失了品种的特点。

3. 生活力衰退引起良种的品质退化　长期营养繁殖和自花授粉会造成生活力衰退，此外长期在同一条件下栽培也会引起长势衰退，因此需要进行地区间的品种交流。

三、提高良种繁殖系数的措施

提高种子的繁殖系数的措施主要有：

（1）适当扩大营养面积，使植株营养体充分生长，这样就可以发挥每一粒种子的作用或每株种苗的生产潜力，生产更多的种子。

（2）对植物预先进行无性分割和摘心处理，可以增加采种母株，促进侧枝分生，提高单株的采种量。

（3）对于抗寒性较强的一年生植物，可以适当早播，以延长营养生长时期，提高单株产量。对于一些春化阶段要求条件严格的植物，可以控制延迟其春化阶段的通过，在充分增加营养生长期以后，再让其通过春化阶段，从而以少量的种子获得大量的后代。

（4）对于异花授粉和常异花授粉植物可进行人工授粉，这样可以显著增加种子产量。对于落花、落果严重的植物，可控制水、肥，以避免落花、落果，这也是提高繁殖系数的一个方面。

（5）利用植物营养器官的再生能力，通过正确的方法来产生大量的子株。① 充分利用植物具有较强的再生能力，采用营养繁殖方法生产大量的子株。对再生能力不强的植物利用生长素处理增加繁殖能力；② 尽量创造适宜的环境条件，延长营养繁殖的时间，增加繁殖系数；③ 在原种数量较少的情况下，在保证正常营养繁殖的前提下，尽量节约繁殖材料，可利用单芽扦插或芽接等方法进行营养繁殖。

随堂练习

1. 品种为什么会发生混杂退化？
2. 怎样防止品种混杂退化？
3. 良种繁殖的技术措施是什么？

综合测试

一、填空题

1. 园林植物种质资源又叫_____。
2. 植物从高纬度向低纬度引种，由于日照由长变短，会出现两种情况：_____、

_____。

    3. 优良种质资源经多年栽培常会发生退化，防止品种退化的比较有效的方法是_____

_____。

二、判断题

1. 自然选择对生物本身的生存发展是有利的，对人类的需要也有利。（　　）

2. 植物育种的原始材料往往就是直接利用种质资源，如植物栽培类型或品种，野生、半野生类型，人工诱变材料和杂交中间材料。（　　）

3. 搜集的园林植物种质资源的样本，应能充分代表搜集地的遗传变异性，并要求有一定的群体。如自交草本植物至少要从 5 株上采取 10 粒种子。（　　）

4. 从根本上讲，所有栽培树种均源于自然界的野生树种，它们经过人类有计划的引种、栽培、选育，逐渐演化发展成当前具有各种用途的栽培树种。（　　）

5. 没有良种繁育，选种成果便不能在园林中迅速发挥应有的作用。良种繁育即种苗繁殖。（　　）

三、单项选择题

1. 在选择育种的原始材料时，如果以增强植物的抗性、适应性为主要目的，最好采用（　　）的种质资源。

    A. 本地　　　　　B. 外地　　　　　C. 野生　　　　　D. 人工创造

2. 品种退化的原因很复杂，由于品种间或种间一定程度的天然杂交而导致的退化，属于（　　）的原因。

    A. 机械混杂　　　B. 生物学混杂　　C. 栽培方式不适　D. 生活力衰退

3. 对有性繁殖的植物，种源选择数量一般不应少于（　　）个。

    A. 5　　　　　　　B. 10　　　　　　　C. 15　　　　　　　D. 20

四、多项选择题

1. 世界广为栽培的园林植物中，有许多都是原产中国，如（　　）。

    A. 菊花　　　　　B. 翠菊　　　　　C. 凤仙花　　　　D. 风信子

2. 我国还生存着一些北半球其他地区早已灭绝的孑遗植物，如（　　）。

    A. 桂花　　　　　B. 银杏　　　　　C. 水杉　　　　　D. 荷花

3. 在遗传学上，（　　）称为生物进化的三要素。

    A. 选择　　　　　B. 基因　　　　　C. 遗传　　　　　D. 变异

4. 种质资源又称遗传资源、基因资源，是指决定生物体遗传性状，并能将遗传信息从亲代传递给子代的遗传物质的资源的总称。根据来源可分为以下几类（　　）。

    A. 本地种质资源　　　　　　　　　　B. 外地种质资源

    C. 野生种质资源　　　　　　　　　　D. 人工创造的种质资源

5. 良种退化原因有（　　）。

　　A. 机械混杂与生物混杂

　　B. 生活条件与栽培方法不适合品种种性要求，引起遗传性分离与变异

　　C. 生活力衰退引起良种的品质退化

　　D. 灾害性天气的影响

五、实训题

对本地区园林植物种类品种代表植株进行调查。

要求：1. 制订调查方案；2. 写出实训报告（包括实训目的，所需的材料、器具，操作方法步骤，注意事项等）；3. 实地考察当地的代表种类。

　🍃　考证提示

知识点：熟悉良种繁育的基本原理，掌握引种驯化程序及方法。

技能点：熟练掌握种质资源调查、引种驯化和优树选择方法，并对初、中级工进行示范操作，能解决操作中遇到的各种问题。

本章学习要点

知识点：

1. 种子结实的基本规律　理解种子结实年龄、开花结实的原因、结实间隔期及种子产量和质量的影响因子。

2. 种实采集的基本知识　熟悉采种地点、种子成熟特征、形态成熟和生理成熟的特点；掌握采种时间、采种方法、种实调制及种子贮运的过程和技术要求。

技能点：

正确掌握各类型种实的生产技术。

第一节　园林植物种实采集

园林植物种子是园林苗圃生产最基本的物质。种子质量的好坏直接关系到育苗的成败及苗木的质量。选择的种子应具有优良的遗传稳定性，而且要具有发芽率高、生活能力强等优良性状。

一、园林植物结实的基本规律

（一）园林植物结实的年龄

园林植物包括乔木、灌木和草木。一、二年生草本植物生长几个月即开花，一生仅开花一次，开花结实后植株就枯萎死亡。乔木和灌木（竹子例外），均为多年生、多次结实的木本植物，一旦进入开花结实期，将每年或隔几年开花结实，在连续若干年后才转入衰老死亡阶段。

园林树木从种子发芽到植株死亡，要经历四个年龄时期，即幼年期、青年期、成年期和衰老期。不同的树种，各时期开始的早晚和延续时间长短不一样。同一树种在不同外界环境条件影响下，每个年龄时期也有一定差异。幼年期以营养生长为主，未能结实；青年期的营养生长仍旺盛，但种子产量较少，空粒多，发芽率低；进入成年期，结实量逐年增加，达到结实盛期，种子产量高，质量好；衰老期的生长极为缓慢，枝梢开始枯死，种子产量少，品质也差。因此成年期是采种的重要时期。

(二) 园林植物结实的间隔期

树木进入结实阶段后，每年结实量常常有很大差异，有的年份结实较多，称为大年（丰年）；有的年份结实少，甚至不结实的称为小年（歉年）。各年中结实数量的这种波动称为结实周期，其相邻的两个大年之间相隔的年限称为结实间隔期。

树木结实的间隔期受树种生物学特性和环境条件的综合影响。树木结实产生间隔，一般认为是营养不良造成的，因树木花芽的形成主要取决于营养条件，结实后营养被消耗、树势减弱，尤其在大年后，树势恢复的状况不同，形成的结实间隔期也不同。不同种实结实间隔期的长短有较大差异，如杨、柳、桉等树种的种子形成时间短，种子小，营养物质消耗少，每年种子的产量比较均衡；落叶松、云杉等树种，结实间隔期较明显。此外，外界环境的不良影响，如风、霜、雹、冻害、病虫害等也会使树木的结实出现间隔期现象。

树木的结实间隔期，并不是树种固有的特征，也不是必定的规律，可以通过加强施肥、灌水、修剪、防治病虫害、克服自然灾害等抚育管理措施来协调树木的营养生长和开花结实的关系，消除或减轻大小年现象，避免或减少结实间隔期的产生。

(三) 影响园林植物开花结实的因子

1. 温度　每一种植物的花芽分化、开花结实都需要一定的温度，若超出其适应范围则受到影响。如山茶花在花芽分化期内，如果连续低温，夜间温度低于 15℃，花芽分化则受到抑制；而二年生草花花芽分化却需要一定低温的诱导。桃花、梅花等早春开放的植物，在花芽膨大时，如遇气温骤降，开花便会推迟，或者花芽受冻凋落而无法开放；若在开花期遇低温的危害，不但会推迟开花，而且会使花粉大量死亡。有些在果实发育期遇低温则会使幼果发育缓慢，种粒不饱满，降低种子质量。极端高温、干热也能伤害花及幼果，造成落花落果，影响种子的产量。

2. 光照　植物利用光照进行光合作用，制造生长发育、开花结实所需要的养分。光照条件的差异直接影响植物的开花与结实。孤立木、林带或林缘木光照充足，因此比林中木结实早、产量高、品质好。同一株树木，树冠上、中部及向阳面雌花量大，果实着生多，种粒大而重，发芽率高。阳坡树比阴坡树结实要早，且质量高。树木的北引或南移，在引种地常常能够生长而不能正常开花和结实，可能也和引种地与原产地的日照长短相差较大有关。

3. 降水　适宜的降水量使树木生长发育良好，开花结实正常。若开花期连续降雨，空气湿度过大，往往造成低温和日照不足而影响开花和花粉的成熟，进而影响授粉。大雨和冰雹还能摧毁花果，影响产量。若降水不足，则会影响花芽分化及花器和幼果的发育，造成落花落果，影响种子的产量和质量。

4. 土壤　土壤可供给植物所必需的养分和水分。一般情况下，生长在深厚、肥沃、湿润土壤上的植物生长发育好、结实多、种子品质好。从开花到种子成熟的任何时期缺水或缺肥，都会造成种子减产或品质下降。生产上通过施肥可以提高种子的产量和质量，一般在花芽分化前宜施氮肥，开花和结实时宜施磷、钾肥。

5. 生物因子　昆虫、病菌、鸟兽、鼠类对植物结实也有影响。昆虫有助于虫媒花植物授粉，但各种食叶、食果、蛀干害虫和病菌、鸟兽、鼠类等的危害，常使种实减产，品质下降，甚至收不到种实。

6. 开花习性　树木的开花习性也影响结实。树木有雌雄同株、雌雄异株之别，雌雄同株还有雌雄异花或异熟现象。由于传粉条件不同，结实质量也不同。雌雄异株的树种，如银杏，若两性植株的比例相差太大或分布不均，传粉困难，有些雌株就只能开花而难以结实。雌雄异熟较明显的树种，如鹅掌楸虽为两性花，但很多雌蕊在花蕾尚未开放时即已成熟，到花瓣盛开、雄蕊散粉时，柱头已枯萎，失去授粉能力，故结实率不高。一些雌雄花花期不同的树种，如雪松，雄花比雌花早开半个月左右，花期不遇，授粉困难。对于这些树种最好实行人工辅助授粉，以保证结实。

二、种实的采集时间

（一）种实的成熟过程

种实的成熟是受精卵细胞发育成完整种胚的过程。在这个过程中，受精卵细胞逐渐发育成具有胚根、胚轴、胚芽、子叶的完整种胚，同时伴随着营养物质的不断积累和含水量的不断下降。种子成熟包括生理成熟和形态成熟两个过程。

1. 生理成熟　当种子内部营养物质积累到一定程度，种胚形成，种实具有发芽能力时，称为生理成熟。这时种子的含水量高，内部的营养物质还处于易溶状态；种皮不致密，尚未具备保护种仁的能力；种子不饱满，抗性弱。此时采集种实，种仁易收缩而干瘪，不利于贮藏，常丧失发芽能力。同时对外界不良环境的抵抗力差，易被微生物侵害，因而大多数园林植物的种子不应在此时采集。但对一些休眠期很长且不易打破休眠的树种，如椴树、水曲柳、山楂等，可采收生理成熟的种子，采后立即播种，可以缩短休眠期、提高发芽率。

2. 形态成熟　当种子完成了胚的生长发育过程，而且种实外部呈现出固有的成熟特征时称为形态成熟。这时种子营养物质由易溶状态转为难溶状态的脂肪、蛋白质、淀粉等，含水量降低，呼吸作用微弱，种仁饱满，种皮致密、坚实，具有特定的色泽与气味，抗性增加，耐贮藏。大多数园林树木种子宜在此时采集。

对于大多数树种，种子的生理成熟在先、形态成熟在后。也有一些树种，种子的生理成熟和形态成熟的时间几乎是一致的，如白榆、泡桐、杨、柳、台湾相思、木荷、银合欢等，这些种子达到生理成熟后就自行脱落，生产上应注意及时采收。还有少数树种的生理成熟在形态成熟之后，如银杏、白蜡等，当种子外部表现出形态成熟特征时，种胚还未发育完全，种胚仍需要一段时间生长发育才具有发芽能力，这种现象称为生理后熟。

（二）种实成熟的特征

种子形态成熟后在颜色、气味和果皮方面表现出相应的特征。各个树种的果实达到形态成熟时，表现出各自不同的特征。

1. 球果类　果鳞干燥、硬化、微裂、变色。如杉木、落叶松由青绿色变为黄绿色或黄褐色；马尾松、油松、侧柏、云杉变为黄褐色；红松果鳞先端反曲，变黄绿色。

2. 干果类　果皮干燥硬化（紧缩或开裂），由绿色转为黄色、褐色乃至紫黑色。其中蒴果、荚果的果皮干燥后沿缝线开裂，如刺槐、乌桕、泡桐等；坚果类的栎属树种壳斗呈灰褐色，果皮呈淡褐色至棕褐色，有光泽；白蜡树属及槭树属翅果为黄褐色。

3. 肉质果类　果皮软化，色泽鲜艳，颜色由绿色转为黄色、红色、紫色等。如蔷薇、冬青、火棘、南天竹、珊瑚树多变为朱红色；樟、女贞、黄菠萝等由绿色变为紫黑色；银杏、山杏呈黄色。

（三）采种期的确定

采种期主要根据种实成熟期、脱落期、脱落方式等来定（表2-1）。有些树种采集过早，种子发芽力不高；采集过迟，种子易脱落飞散或遭鸟兽危害，影响种子的数量和质量。采种期确定的方法有以下几种：

（1）种粒小和易随风飞散的种子，如杨、柳、榆、桦木、泡桐、冷杉、落叶松、木荷、木麻黄等，应在成熟后脱落前立即采收。

（2）种子成熟后较长时间挂在树上不落，但色泽鲜艳，易招引鸟类啄食的种实。如樟、楠、女贞、乌桕等，应在形态成熟后及时采集。

（3）种子成熟后较长时间不脱落且鸟类不喜食的种实，如槐树、苦楝、水曲柳、槭树、悬铃木等，采种期可适当延长。

（4）种子成熟后易脱落的大粒种实，如栎类、核桃、红松、板栗、假槟榔等，一般应在种实落地后及时收集。

（5）对某些后熟种子或夏熟种子，如山楂、枫杨、柳、榆等，在生理成熟后、形态成熟前采种，采后立即播种，以缩短休眠期，提高种子发芽率。

表 2-1　部分树种的种实成熟特征、采种期、种子调制和贮藏方法

树种	种实成熟特征	采种期	种子调制和贮藏方法
桂花	果实紫黑色	4～5 月	搓洗，阴干；沙藏
油松	球果黄褐色	10 月	暴晒球果，翻动，种子脱出；干藏
落叶松	球果浅黄褐色	9～10 月	暴晒球果，翻动，种子脱出；干藏
侧柏	球果黄褐色	10～11 月	暴晒球果，敲打，种子脱出；干藏
马尾松	球果黄褐色	11 月	堆沤后暴晒，翻动，种子脱出；干藏
杨树	蒴果变黄，部分裂出白絮	4～5 月	阴干，揉搓过筛，种子脱出；密封干藏
白榆	果实浅黄色	4～5 月	阴干，筛选；密封干藏
麻栎	壳斗黄褐色	10 月	阴干，水选；沙藏或流水藏
国槐	果实暗绿色，皮紧缩发皱	11～12 月	水浸搓洗，阴干后略晒；干藏
桉树	蒴果褐色	8～9 月至翌年 2～5 月	阴干，翻动，种子脱出；密封干藏
木荷	蒴果黄褐色	10～11 月	阴干，翻动，种子脱出；干藏
臭椿	翅果黄色	10～11 月	日晒，筛选；干藏
刺槐	荚果褐色	9～11 月	日晒，敲打，筛选；干藏
香椿	蒴果褐色	10 月	阴干，揉搓去壳；干藏
苦楝	核果灰黄色	11～12 月	水浸搓洗，阴干后略晒；沙藏
白蜡	翅果黄褐色	10～11 月	日晒，筛选；干藏
枫杨	翅果褐色	9 月	稍晒，筛选；沙藏
悬铃木	聚合果黄褐色	11～12 月	日晒，轻敲脱粒；干藏
泡桐	蒴果黑褐色	9～10 月	摊晒脱粒；干藏
紫穗槐	荚果红褐色	9～10 月	日晒，风选或筛选；干藏
五角枫	翅果黄褐色	10～11 月	阴干，轻敲脱粒；干藏
乌桕	果实黑褐色	11 月	日晒；干藏
杜仲	果壳褐色	10～11 月	阴干；干藏
棕榈	果实青黄色	9～10 月	阴干，脱粒；沙藏
女贞	果实紫黑色	11 月	搓洗，阴干筛选；沙藏
香樟	浆果紫黑色	11～12 月	搓洗，阴干水选；沙藏
枇杷	果实黄色	5 月	取果肉后洗净，稍晾；沙藏或即播
广玉兰	蒴果黄褐色	10 月	阴干，翻动，种子脱出；沙藏或即播
紫薇	蒴果黄褐色	11 月	阴干，搓碎取种，筛选；干藏
石楠	果实红褐色	11～12 月	搓洗去果皮，阴干；沙藏
雪松	球果浅褐色	9～10 月	暴晒球果，翻动，种子脱出；干藏
合欢	荚果黄褐色	9～10 月	日晒，敲打，种子脱出，风选；干藏
紫荆	荚果黄褐色	10 月	日晒，敲打，种子脱出，风选；干藏
海棠	果实黄色或红色	8～9 月	除去果肉，洗净，水选，阴干；沙藏
无患子	果实黄褐色，有皱纹	11～12 月	搓洗去果皮，阴干；沙藏
青桐	果实黄色，有皱纹	9～10 月	阴干，风选；沙藏
南洋楹	荚果变黑色，干燥开裂	7～9 月	日晒，敲打，种子脱出；干藏
金钱松	球果淡黄或棕褐色	10 月中下旬	日晒，翻动，种子脱出；干藏

三、种实的采集方法

（一）选择优良的采种母树

采种母树应具备优良品种特性，如树形优美、花色纯正等；尽量选择生长发育旺盛，树体营养状况好，果实饱满，种子大小年现象不明显，抗逆性强，无病虫害发生的壮龄树。

（二）种实采集

1. 采种前的准备　主要是准备采种所需的各种工具。采种工具有修枝剪、高枝剪、采种镰刀、采种钩、采种布、采种袋、簸箕、扫帚等。安全工具有安全绳、安全带、安全帽、采种梯等。

2. 采集方法　根据种实的大小、种实成熟后脱落的习性，有以下采种方法：

（1）树上采集　适于种粒小或成熟后易脱落飞散的种子，如杨、柳、桦、泡桐、马尾松、落叶松等，以及成熟后虽不立即脱落但不宜从地面收集的种实，如针叶树类、刺槐等。

（2）地面采集　适于脱落后不易被风吹散的大粒种实，如栎类、核桃、板栗、七叶树等，可以摇动树干或敲打枝条，使果实落地后收集（有条件地区可用震动式采收机）。采种前需将地面清理干净，以便收集。

（3）水面收集　生长在水边的树种，如赤杨、榆树等，种实脱落后漂浮在水面上，可在水面收集。

采集完毕后，应填写种子收集登记表，见表2-2。

表2-2　种子收集登记表

树种名称			采收方式			自采、收购
采种地点						
采种时间			本批种子质量			kg
采种母树情况	母树类别	散生树	片状林	行道树	林带	
	年龄		光照情况			
调制	方法					
	时间		出种、果率			%
贮存	方法		容器、件数			
	地点		时间			

1. 种实采集的标志是什么？

2. 请比较生理成熟和形态成熟的异同点。

3. 种实采集的方法有哪几种？适用条件如何？

第二节 园林植物种实调制

一、种实脱粒

1. 球果类脱粒

（1）油松、侧柏、杉木、落叶松、云杉等球果，采后摊放在晒垫上晾晒，经常翻动，待鳞片开裂，用木棒敲打球果，种子即可脱出。

（2）马尾松和樟子松等球果含松脂较多，不易开裂，可在采收后，将球果堆积在一起，浇淋2%～3%的石灰水或草木灰水，每隔1～2 d翻动一次，经过6～10 d球果变黑褐色，再摊开暴晒，果鳞开裂种子即可脱出。

（3）冷杉球果在高温下易分泌松脂，影响球果开裂，故应摊在通风背阴处阴干，每天翻动2～3次，几天后种子即可脱出。

2. 干果类脱粒

（1）丁香、紫薇、木槿、泡桐等含水量低的蒴果，可用"阳干法"，采后直接摊开暴晒3～5 d，翻动果实或轻轻敲打脱粒。杨、柳等含水量较高的蒴果，一般不能暴晒，应放入室内阴干，当多数蒴果开裂后，用枝条敲打，使种子脱粒。

（2）栎类、板栗、榛子等含水量较高的坚果，在阳光暴晒下易失去发芽力，只能用"阴干法"。即把果实平摊在阴凉处，堆铺厚度不超过20～25 cm，经常翻动，数天后敲打脱粒。

（3）白蜡、臭椿、枫杨、械树等翅果，在处理时不必脱去果翅，干燥后清除混杂物即可。有些翅果如杜仲、榆树等，在阳光下暴晒易失去发芽力，只能阴干。

（4）刺槐、合欢、紫荆、紫藤、相思树等荚果含水量较低，多用"阳干法"，采后直接摊晒3～5 d，辅以棍棒敲打即可脱粒。有些荚果如皂荚，可用石碾压碎荚皮脱粒。

（5）绣线菊、珍珠梅、风箱果等蓇葖果类采后直接摊晒，辅以棍棒敲打即可脱粒。牡丹、玉兰等少数蓇葖果只能阴干。

3. 肉质果类脱粒

（1）一般果皮较厚的肉质果，如核桃、银杏等采用堆沤法，即将果实堆积起来盖草、浇水，保持一定温度，待果皮软化腐烂，搓去果肉取种。

（2）果皮较薄的中小粒肉质果，如山杏、樟树、楠木、女贞、重阳木等采用浸沤法，即将果实放在桶或缸中用水浸沤，待果肉软化，再捣碎或搓去果肉，加水冲洗，用木棍搅动，把浮在上面的渣滓捞出，重复冲洗，取出纯净种子。

（3）对果肉松软的樱桃、葡萄、枸杞等肉质果实，可直接用木棒将果实捣烂，再加水漂洗取种。

（4）对果皮较难除净的肉质果，如苦楝等，采后可将果实放入缸中，用石灰水浸沤一周左右，待果肉软化后取出，用木棒捣碎或搓去果肉，即可取出种子。

二、净种

1. 风选　利用风车、簸扬机、簸箕等工具借风力将饱满种子与夹杂物分开。此法适用于中、小粒种子。

2. 筛选　先用大孔径的筛子使种子与小杂物通过，大杂物被截留、倾出。再用小孔径的筛子将种子截留，小杂物除去。

3. 水选　将种子浸入水中，稍加搅拌后，饱满的种子因体积和质量大而往下沉，而杂物及空、秕、蛀粒均上浮，很易分离。如银杏、侧柏、栎类、松类及豆科的种子常用此法。

4. 粒选　从种子中逐粒挑选符合要求的种粒。这种方法适用于核桃、板栗等大粒种子的净种。

三、干燥

种子经过净种处理后，在调运或贮藏前还必须进行适当的干燥，但晾晒要适度，一般以干燥到种子的含水量能维持其生命活动所必需的含水量为准，这种含水量称为种子的安全含水量（标准含水量）。不同树种种子的安全含水量差异较大（表2-3）。

表2-3　主要园林树木种子的安全含水量

树种	安全含水量/%	树种	安全含水量/%	树种	安全含水量/%
油松	7～9	臭椿	9	杜仲	13～14
樟树	16～18	白蜡	9～13	杨树	5～6
马尾松	7～10	油茶	24～26	桦树	8～9
杉木	10～12	华北落叶松	11	元宝枫	9～11
椴树	10～12	侧柏	8～11	木荷	8～9
皂荚	5～6	柏木	11～12	麻栎	30～40
白榆	7～8	刺槐	7～8		

种子干燥的方法，根据种实的特性不同，可采用"阳干法"和"阴干法"。"阳干法"适用于种皮坚硬、安全含水量低的种子，如大部分针叶树和豆科树种的种子。"阴干法"

适用于种皮薄、种粒小、安全含水量高的种子，如杨、柳、榆、麻栎、板栗、荔枝、油茶等。

四、分级

种子分级是将同一批种子按种粒大小、轻重加以分类。大粒种子如栎类、核桃、油桐等可用粒选分级；中小粒种子如华山松、油松、侧柏等用筛选、风选分级。种子分级对育苗工作有很大意义。试验证明，同一批种子的种粒愈大，发芽率就愈高。如油松大粒种子的千粒重为 49.17 g，发芽率为 91.5%；小粒种子的千粒重为 23.9 g，发芽率为 87.5%。

🌱 随堂练习

1. 球果类种实脱粒的主要方法是什么？
2. 种实净种的方法有哪几种？适用条件如何？
3. 何谓安全含水量？

第三节 园林植物种子贮运

一、种子休眠

种子休眠是指有生命力的种子，由于某些内在因素或外界条件的影响，使种子一时不能发芽或发芽困难的自然现象。处于休眠状态的种子，新陈代谢缓慢，呼吸作用微弱，能量消耗少，耐贮藏。

（一）种子休眠的类型

1. 生理休眠（长期休眠）　有些种子成熟后，由于种子本身的特性，即使给予适宜的水分、温度、氧气等发芽条件，种子也不能立即发芽，需经过较长时间或给予特殊处理才能发芽，这类休眠称为生理休眠。如银杏、红松、漆树、椴树、山楂、珙桐、红豆杉等，都具有生理休眠的特性。

2. 被迫休眠（短期休眠）　一些种子成熟后，因得不到发芽所需的环境条件，种子处于休眠状态，如果给予适宜的水分、温度、氧气等发芽条件，种子便立即发芽，这类休眠称为被迫休眠。如刺槐、泡桐、麻栎、桉树、马尾松、杨、柳、榆等，大多数一、二年生草花种子也属于此类型。

（二）种子休眠的原因

除外界环境条件不适外，种子休眠的原因最常见的有以下几种：

1. 种皮的机械障碍　因种皮坚硬、致密，或有油脂、蜡质等，使种子不透气、不透水，种胚不能发育，因而种子不能发芽，如刺槐、文冠果、相思树、核桃、漆树、乌桕、花椒等。

2. 种子含抑制物质　有些园林植物种子的果皮、种皮、胚乳、胚等一部分或几部分含有发芽抑制物，如脱落酸、香豆素、单宁、乙烯等。不同的种子，抑制物的种类和含有部位不同，如红松、水曲柳在种皮中，女贞、山楂在果肉中，苹果、山杏在胚或胚乳中分别含有抑制物。

3. 种胚发育不全　这类种子属于生理后熟型，种子自然脱落时，种胚的发育尚未完成，如银杏、水曲柳、椴树、七叶树等。以银杏为例，当种实脱落后，种胚还很小，其长度只有成熟胚的 $1/3\sim1/2$，在贮藏期间种胚继续发育，经 $4\sim5$ 个月后，种胚才发育完全。

二、种子贮藏

园林植物种子经过调制处理后，除少数树种随采随播外，大多数树种的种子是秋采春播；结实间隔期明显的树种，丰年需多贮备种子，为弥补歉年种子不足，需要把种子贮藏。种子贮藏就是创造种子最适宜的环境条件，使种子处于休眠状态，保持其新陈代谢处于最微弱的程度，并设法消除导致种子变质的一切因素，最大限度地保持种子的生命力，保证种子发芽率，延长种子的寿命，以适应生产的需要。

（一）种子寿命与种子贮藏的关系

种子寿命是指种子在一定环境条件下保持生活力的期限，种子的寿命随树种不同而有很大差异。生产上根据种子寿命的长短，来选择适当的贮藏方式，这对于贮藏好种子至关重要。

1. 短寿命种子　指能保存几天、几个月至 $1\sim2$ 年的种子。这类种子主要是淀粉性的种子。由于淀粉容易分解，此类种子容易丧失生活力，对贮藏条件要求高。如杨、柳、榆等夏熟种子，种粒小，种皮薄，仅能保存几天，寿命很短，不易贮存，一般随采随播；栎类、板栗、银杏等含水量较高的种子，寿命也较短，能保存几个月，一般用湿藏法比较安全。

2. 中寿命种子　此类种子的保存期在 $3\sim10$ 年，大多数含脂肪、蛋白质多，如松、柏、云杉等，一般条件下可保持生活力 $3\sim5$ 年或更长。

3. 长寿命种子　此类种子的保存期在 10 年以上，主要是豆科种子，如合欢、刺槐、凤凰木、台湾相思等，它们的种皮致密、含水量低，用普通干藏法可保持生活力 10 年以上。据文献记载，法国巴黎博物馆存放的合欢种子 155 年后还有生活力。

（二）影响种子贮藏的条件

种子本身的特性是决定其寿命长短的内因，贮藏种子的环境因素，则是影响种子寿命长短的变化条件。种子的某些特性，很难人为地改变；而贮藏的环境条件，则能人为加以控制。短寿命种子贮藏得好，可大大延长寿命；长寿命种子贮藏得不好，会大大缩短寿命。如杨树种子在一般条件下,最多能保存30~40 d;但如果贮藏在用石蜡封口并放有氯化钙的瓶子里,3年后的发芽率仍可达90%。相反,如果把长寿命种子存放在温度高、湿度大的条件下,其也会很快地丧失发芽能力。因此,为了延长种子寿命,应了解各种贮藏环境对种子生命活动的影响,通过人工控制和调节达到延长种子寿命的目的。

1. 温度　种子的生命活动是在一定的温度条件下进行的。种子贮藏期间,在一定温度范围内(0~55 ℃),当温度升高时,其呼吸作用加强,酶的活性增强,加速了营养物质的消耗,从而缩短了种子寿命。如温度超过60 ℃,则酶的活性及呼吸强度便开始下降,蛋白质凝固变性,易引起种子死亡。研究证明,一般在0~50 ℃,种子温度每降低5 ℃,种子的寿命可增加1倍。但温度过低也不利于种子的贮藏,对含水量高的种子来说,当温度降低到0 ℃以下,种子内部自由水就会结冰,由于生理失水而导致种子死亡。

温度对种子的影响与含水量有密切的关系。种子含水量越低,细胞液浓度越高,则种子对高温及低温的抵抗力越强;相反,种子含水量越高,对高、低温的抵抗力越弱(图2-1)。

图2-1中4条曲线分别代表4种含水量(22%、18%、16%、14%)种子的呼吸变化。实践证明,大多数园林植物种子贮藏的适宜温度是0~5 ℃,在这种温度条件下,种子生命活动很微弱,同时不会发生冻害,有利于种子生命力的保存。近年来研究的种子超低温贮藏技术,即在降低种子含水量的同时,降低贮藏温度,以延长种子的贮藏时间。国外已用液态氮(-196 ℃)保存种质资源,即把种子含水量降至7%~10%,封入铝或塑料盒内,直接浸于液态氮中。

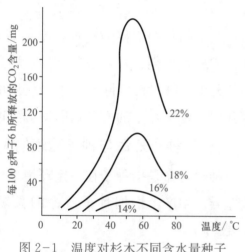

图2-1　温度对杉木不同含水量种子
呼吸强度的影响

2. 空气的相对湿度　种子有较强的吸湿能力,空气中相对湿度的变化,可以改变种子的含水量,对种子的寿命产生很大的影响。室内空气的相对湿度控制在50%~60%时,有利于多数园林植物种子的贮藏。在一般情况下,空气的相对湿度越低,贮藏时间越长,具体随种子的安全含水量高低而异。安全含水量低的种子应贮藏在干燥的环境中,安全含水量高的种子则应贮藏在湿润的环境中。

3. 通气条件　通气条件对种子生活力影响的程度同种子本身的含水量及贮藏温度有关。含水量低的种子,呼吸作用很微弱,需氧极少,在密封的条件下能长久地保持生活力。含水量高的种子,贮藏时应适当通气,以排除种堆中的水汽、二氧化碳和热量,避免无氧呼吸对种子的伤害。

4. 种子的含水量　贮藏期间种子含水量的高低,直接影响种子的呼吸作用,也影响种子表面微生物的活动。种子含水量较高时,呼吸作用加强,代谢旺盛,释放能量多,往往使种子本身产生自热，易发霉、腐烂，丧失生活力。种子含水量较低时，新陈代谢和呼吸作用极其微弱，抵抗外界不良环境的能力强，有利于种子贮藏和生活力的保持。一般种子含水量在4%～14%，含水量每降低1%，种子寿命可延长1倍。但种子含水量也不是越低越好，过分干燥或脱水过急也会降低某些种子的生活力。如钻天杨种子含水量在8.74%时，可保存50 d；而含水量降低到5.5%时只能保持35 d。壳斗科树木和七叶树、银杏等种子则需较高的含水量才有利于贮藏。总之，种子在保持安全含水量状态时最适宜贮藏，生命力保持时间最长。贮藏时，应根据不同树种种子的安全含水量（表2-3）进行控制，并分别采用不同的贮藏方法。

5. 生物因子　种子贮藏期间常遭受微生物、昆虫及鼠类的危害，其中以微生物的危害最为严重。微生物的大量增殖会使种子变质、霉坏、丧失发芽力。生产上通过提高种子纯度，降低种子含水量和控制环境的温度、湿度、通气条件，可以有效地防止微生物和昆虫的活动及繁殖。

（三）园林植物种子贮藏的操作方法

1. 干藏法　干藏法是将经过适当干燥的种子贮藏于干燥的环境中。此法要求一定的低温和适当干燥的环境，适用于安全含水量低的种子贮藏。

根据对种子贮藏时间长短的要求和采用的具体措施，可将干藏法分为以下2种：

（1）普通干藏法　大多数园林植物种子的短期贮藏都可用此法。将干燥过的种子装入袋、箱、桶、缸等容器中，放在低温、干燥、通风的室内。对富含脂肪有香味的种子，如松、柏等，最好装入加盖的容器中，以防鼠害。易遭虫害的种子如刺槐、皂荚等，可用石灰、木炭等拌种，用量为种子质量的0.1%～0.3%。

（2）密封干藏法　适用于对普通干藏法易丧失发芽能力的种子，如杨、柳、榆、杉木、桉等以及需长期贮藏的珍稀种子。

① 将种子精选，干燥到安全含水量。

② 用0.2%福尔马林溶液消毒装种容器，密封2 h，然后打开晾0.5～1 h。

③ 在容器中装入适量种子及少量木炭或氯化钙等吸湿剂，用石蜡或火漆将瓶口密封，也可把种子装入双层塑料袋内，装入干燥剂，热合封口。

④ 将盛种容器放入低温、干燥、通风的室内或种子库。

另外，有条件的话可在密封的容器中充以氮、氢、二氧化碳等气体以减少氧气的浓度，抑制呼吸作用。还可采用化学保管法，即用磷化氢、硫化钾等活力抑制剂抑制种子发热生霉。

2. 湿藏法　将种子贮藏在湿润、低温而通气的环境中。湿藏法适用于安全含水量高的种子或休眠期长需要催芽的种子。如银杏、栎属、栗属、核桃、樟树、油桐、椴树、玉兰、七叶树等。

（1）露天埋藏法

① 选择地势高燥、排水良好、土质疏松而又背风的地方。

② 挖贮藏坑，宽度为 1～1.5 m，长度视种子量而定，深度根据当地气候和地下水位而定，原则上要求将种子贮放在土壤结冻层以下、地下水位以上，一般为 80～150 cm。

③ 在坑底铺一层石砾，加铺一层粗沙，厚度 10～20 cm，再铺 5 cm 细沙（沙子湿度在 60% 左右），坑中央插一束高出坑面 20 cm 的秸秆或带孔的竹筒，以利于通气。将种子与湿沙按 1:3 的比例（体积比）混合后放入坑内，或一层沙子一层种子交替层积，每层厚 5 cm 左右。将种子堆到离地面 20 cm 左右为止，用湿沙填满坑，再用土培成屋脊形，坑上覆土厚度根据各地气候而定（图 2-2）。

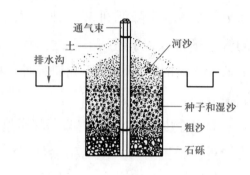

图 2-2　露天埋藏法

④ 在坑的四周挖排水沟，搭草棚遮阳挡雨。如有鼠害，四周可设铁丝网。

露天埋藏法贮藏的种量大，无须专门设备，但不便随时检查，在我国北方采用较多，在多雨潮湿和地温较高的南方较少采用。

（2）室内堆藏法

① 选择干燥、通风、阳光直射不到的室内、地下室或草棚，清洁消毒。

② 在地上洒水，铺一层 10 cm 厚的湿沙，然后将种子与湿沙分层堆积，每层厚 5～10 cm，或将种沙按 1:3 的比例混合后堆积，堆高 50～60 cm，堆内插通气草把，上覆湿沙后再盖草帘。

③ 种子数量不多时，也可在木箱或花盆内混合或层积堆藏，置于室内通风、阴凉处。

（3）窖藏法

① 选择地势干燥、阴凉、排水良好处挖地窖。

② 将种子用筐装好后放入地窖内；或先在窖底铺 10 cm 左右的竹席或草毯，再把种子倒在上面，窖口用石板盖严，再用土堆封好。

③ 四周挖排水沟。

此法在我国华北地区和南方山区贮藏含水量高的大粒种子时采用，如河北一带群众贮藏板栗常用窖藏。

（4）流水贮藏法　将种子装在竹篓或麻袋中，放入水流较缓又不冻结的溪涧或河流贮藏。此法适用于含水量高，又需保持水分的种子，如栎类、板栗等。

此外，种子贮藏还可采用雪藏、真空贮藏、低温贮藏等方法，尤其低温贮藏，近年来随冷藏技术的发展，应用得越来越多。

三、种子检疫与运输

1. 种子检疫　为了防止危害性病虫随着种子的调用而传播，一个国家或地区政府应设立专门的机构，采取一系列措施，对园林植物种子的调运进行管理、控制和检验，防止危险性病虫的蔓延。

种子检疫分为对外检疫和对内检疫两部分。对外检疫的任务在于防止国外的危险性病虫输入，以及按交往国要求控制国内发生的病虫向外传播，包括出口、进口和过境检疫。对内检疫的任务在于将国内局部地区发生的危险性害虫封锁在一定的范围内。无论对内或对外检疫，都要求种子的调运必须在取得检疫合格证后方可进行。

2. 种子运输　种子的运输实质上是在特定环境条件下的一种短期贮藏，为了确保种子的生活力，应重视运输中的包装。对含水量低、进行干藏的种子，如油松、马尾松、杉木、柏木、刺槐等可直接用布袋、麻袋包装运输。每袋不宜过重或过满，这样既便于搬运，又可减少挤压损伤。对含水量高的种子和易失水而影响生活力的种子，如油茶、油桐、板栗、银杏等可用箩筐、木箱、塑料容器等填入潮湿的锯末或稻草分层包装运输。对极易丧失发芽力的种子，在运输过程中最好采用密封包装，容器以瓶、桶、罐为好。注意在包装内外应放置标签，以防混杂。

种子在运输过程中要注意覆盖，避免风吹、日晒、雨淋和受冻，中途停放时要选在通风阴凉处，防止发热、受潮、发霉。运达目的地后应立即进行检查，并根据情况及时进行摊晾、贮藏或播种。

随堂练习

1. 种子贮藏的方法有几种？各适用于何种条件？

2. 种子贮藏的条件有哪些？

3. 种子检疫分为哪几种？

综合测试

一、填空题

1. 种子干燥的方法有_____、_____。

2. 种实的成熟过程可分为_____、_____。

3. 种子贮藏的方法分为_____、_____。

二、判断题

1. 种子内部营养物质积累到一定程度，种胚已具有发芽能力，称为形态成熟。（　　）

2. 球果类脱粒的主要工作是干燥球果。（　　）

3. 种子分级必须在种源相同的种子中进行。（　　）

4. 具有深休眠的种子适宜干藏。（　　　）

5. 低温层积催芽适用于深休眠种子催芽。（　　　）

6. 生产上通常以生理成熟作为采种期的标志。（　　　）

三、单项选择题

1. 种实应在达到形态成熟时及时采集的是（　　　）。

  A. 核桃   B. 樟   C. 油茶   D. 柳

2. 安全含水量高的种子适于（　　　）。

  A. 干藏   B. 普遍干藏 C. 密封干藏 D. 湿藏

3. 杨、柳种子最理想的贮藏方法是（　　　）。

  A. 普通干藏法   B. 密封干藏法

  C. 露天埋藏   D. 室内堆藏

四、多项选择题

1. 采用自然干燥法干燥种子时，下列林木的种子只能阴干、不能晒干的有（　　　）。

  A. 板栗   B. 油茶   C. 栎类   D. 杨树

2. 林木结实出现丰歉现象的主要原因是（　　　）。

  A. 营养不足   B. 树种自身的生物特性

  C. 某些不良的环境因子 D. 不合理的采种方法

3. 达到形态成熟的种子具有下列哪些特点（　　　）。

  A. 种皮坚硬、致密、抗性强 B. 呼吸作用微弱

  C. 营养物质处于易溶状态 D. 种子含水量高

4. 影响种子寿命的环境因素是（　　　）。

  A. 温度   B. 种子含水量 C. 种子成熟度 D. 空气相对湿度

五、实训题

现场操作当地常见园林树木的种子（实）调制技术。

要求：1. 现场操作；2. 写出实训报告（包括实训目的、所需的材料和器具、操作方法步骤、注意事项等）。

❀　考证提示

  知识点：熟悉园林植物结实的基本规律，掌握种实采集、调制和贮藏的各项内容。

  技能点：熟练掌握常见园林植物采种、种子（实）调制和贮藏方法，并对初、中级工进行示范操作，能解决操作中遇到的各种问题；对种子品质检验各项内容能熟练测定。

本章学习要点

知识点：

1. 园林苗圃建立的基本知识　根据不同的因素可把苗圃划分为不同的类型，各类型苗圃其经营的性质不同，要及时掌握市场信息，转变经营观念，及时调整苗圃的经营方针，满足园林绿化的需要；了解并分析园林苗圃的布局、规划、选择、整地、耕作整个过程的基本知识。

2. 建立园林苗圃的方法　掌握苗圃地确定的方法、苗圃规划设计及圃地的整地耕作等技术要求、操作方法。

3. 苗木的生产经营管理　掌握苗木的生产管理、质量管理、营销策略及苗圃档案管理等基本理论知识与技能。

4. 案例分析　在新形势下园林苗圃建立的实际操作过程中应该注意的问题，并通过具体的园林苗圃建立案例加深对园林苗圃建立的基本知识与操作技能的理解与掌握。

技能点：

1. 会选择和评价初设园林苗圃的地址。

2. 能正确布局园林苗圃的道路、水电、临时用房等，合理布局园林苗圃的种植树种。

3. 掌握园林苗圃生产计划编制的基本方法。

第一节　园林苗圃经营类型及特点

随着我国经济的高速发展，近几年来，城市特别是沿海城市的经济实力显著增强。城市改造建设、城市房产建设、城际道路建设、城市绿地建设、城镇城市化进程等各方面都在快速发展。园林绿化在其中发挥巨大作用。因此，在市场的引导下，各地园林苗圃无论在数量上、还是在规模上都得到空前的发展。许多地方的园林苗木培育在地方农业产业结构中占有很大的比重。然而，随着市场机制的不断完善，苗木市场竞争日趋激烈。如何科学、规范地经营管理园林苗圃，如何使苗木产业走上可持续发展的良性轨道，掌握园林苗圃的经营类型及其特点是十分重要的。

一、园林苗圃经营类型划分的意义及依据

不同经营目标的园林苗圃，其培育的苗木种类、规格和规模等不相同，管理方式和方法不同，市场定位也不同。因此，明确苗圃的经营类型是制定适宜的经营策略、使苗圃管理科学化和规范化的前提与基础。

我国传统的园林苗圃类型划分主要是根据苗圃规模或苗圃使用年限。其目的主要是为生产及管理服务的，但是实际作用不大。随着我国苗木产业的发展及市场经济的逐步发展与完善，苗木市场的竞争日趋激烈，园林苗圃类型应转移到侧重从考察苗圃的市场适应性、市场竞争能力、可持续发展等角度进行划分。参照企业类型划分依据，应以经营产品（树种和品种）、经营规格、经营方向、经营条件、经营方式、生产技术等为标志，结合苗木生产特点，以经营为核心划分园林苗圃经营类型更具有实际意义；以提高园林苗圃的经营管理水平，增强园林苗圃适应市场和地方经济的能力，实现可持续发展目标。

二、园林苗圃经营类型的划分

（一）单一园林苗木培育苗圃的经营类型

苗圃以苗木培育及销售为其唯一的经营内容，这种类型在我国各个地区十分普遍，尤其是以广大农户为基础的苗圃。按照苗圃经营的主要方式及其苗木培育种类又可以细分为以下几种类型：

1. 按苗圃经营苗木的规格分

（1）经营大树的苗圃　以大树（大苗）培育为主要经营产品，大树（大苗）主要是购进，苗圃实际起的作用是苗木的"假植"，即养根系和养树冠。购进来源主要有两种渠道：一是本地或异地自然资源的采挖；二是其他苗圃培育数年后的实生苗或营养繁殖苗的再次转移。这种苗圃的特点是一般建在城市周边，如上海、杭州、南京、合肥、宁波、南昌、北京、广州、福州、厦门等城市城郊及县（市）；交通方便；投资大、风险大；技术要求较高；回报率高。

（2）经营小苗的苗圃　以小苗培育为主要经营产品，以播种、扦插、嫁接等营养繁殖为主要繁殖方式。苗木繁殖的系数高、数量大；苗木经营周期短，技术要求低，单株苗木价格低，经营成本及风险低。如杭州萧山、宁波柴桥、湖南浏阳等地的大量苗圃。

（3）大小苗木综合经营的苗圃　该类型苗圃比较普遍，根据经营者的经济实力和条件，一部分苗圃以小苗为主，大苗为辅；一部分以大苗为主，小苗为辅。长短结合，充分利用苗圃地的空间，比较科学、合理地利用市场、交通、土壤等资源。

（4）经营地方特色苗木兼其他品种的苗圃　以本地区的特色、优势苗木品种为拳头产品，适度培育一些本地或外地引种的品种。苗圃的苗木品种较多，苗木规格比较齐全。如宁波奉化地区主要以红枫、樱花为主导的苗圃；宁波柴桥以杜鹃为主导的苗圃；江苏徐州地区以银杏为主导的苗圃等。

2. 按苗木培育方式分

（1）大田育苗苗圃　根据环境的特点，不加人为的辅助设施，因地制宜地开展苗木培育方式的苗圃。各地区大田培育苗木的面积最为广泛，是一种栽培方式最普遍的园林苗圃。

（2）容器育苗苗圃　容器育苗是利用各种容器装入培养基质进行苗木培育的一种方式。容器育苗节省种子、苗木产量高、苗木质量好、成活率高。目前各地区容器育苗的发展不平衡。如宁波天竺园艺苗圃，2003年以容器培育一品红100万盆，取得很好的经济效益。容器苗木在园林绿化工程反季节（如夏季）施工中具有适应性强、成活率高等显著优势。

（3）保护地育苗苗圃　利用人工方法创造适宜的环境条件，保证植物能够继续正常生长和发育或度过不良气候条件的一种培育方式。如温室育苗、塑料大棚育苗等方式。各个地区花卉栽培苗圃普遍利用保护地栽培方式，木本植物苗圃运用较少。

（4）组织培养育苗苗圃　在无菌的条件下，利用植物的组织或部分器官，并给以适合其生长、发育的条件，使之分生出新植株的一种苗木培育方式。

3. 按植物性质分

（1）花卉苗圃（花圃）　以培育一年或多年生草本花卉植物为主体的花卉苗圃。目前，各个地区花卉苗圃在品种、数量、质量、规模等方面都显得相对滞后。与国外相比，存在较大差距。

（2）木本植物苗圃　以培育乔木、灌木、藤本植物为主体的苗圃。各个地区发展十分迅速，树种、数量、面积等增长很快。

（3）草坪植物苗圃　以专业培育草坪植物种类（品种）为主体的苗圃。各个地区发展不平衡，总体面积不大，品种较少，生产水平不高。

（二）以公司为依托的苗圃经营类型

以某种形式的公司为依托举办苗圃，公司与苗圃相得益彰的一种苗圃经营类型。

1. 工程公司加苗圃　通常以园林绿化工程公司、建筑工程公司、房地产公司、市政工程公司等为主体，举办一定规模的苗圃。一般选择在城市周边，苗圃的树种及规格较多。

2. 外贸公司加苗圃　上海、宁波等沿海城市周边地区的部分苗圃，以"订单"方式培育生产符合外贸出口需要的花卉及苗木。苗木的品种、数量、规格、检疫等都有比较严格的标准要求。

(三) 其他类型

主要有以政府为依托的苗圃、以生态林带为依托的苗圃、以药用植物为依托的苗圃、以经济林为依托的苗圃、以生态旅游为依托的苗圃、以植物盆景为依托的苗圃。

因此，苗圃经营者要根据苗圃周边的市场、环境、资金、技术、物种资源、交通及气候等特点，选择适合苗圃优势发挥的经营类型。

随堂练习

1. 以小规格苗木培育为主的苗圃在经营上有什么特点？如何降低市场经营风险？
2. 以大规格苗木培育为主的苗圃在经营上有什么特点？如何降低生产管理风险？

第二节 园林苗圃地的布局和圃地选择

一、园林苗圃的基本概念

园林苗圃是为城市绿化和生态建设提供苗木的基地，也是城市绿化体系中不可缺少的组成部分。在城市绿化、美化、环境改善的过程中，建设一定数量、一定规模并适合城市建设和发展需要的园林苗圃是十分必要的。对一个城市苗圃的数量、地理位置及规模等进行科学、合理地布局与选择是十分重要的。

二、园林苗圃的布局与规划

城市园林苗圃的布局与规划，应根据城市绿化建设的规模以及发展目标而定。各城市要搞好园林建设工作必须对所要建立的园林苗圃的数量、用地面积和位置做一定的规划，使其均匀分布在城市近郊、交通方便之处，便于分别供应附近地区所需要的苗木，以达到就地育苗、就地供应、减少运输、降低成本、提高成活率的效果。尤其在大城市，合理布局园林苗圃十分必要。道路两侧的绿化防护林带，城市生态林带，远期要建立的公园、植物园、动物园、果园等绿地均可作为近期的园林苗圃用地。这种临时性苗圃可以利用土地就地育苗，既节省用地又可熟化土壤，改良环境。有的可以为将来改建成公园、植物园等创造有利条件。同时在这些圃地培育出来的大苗，可直接应用于将来的建园。而且苗木适应性强、生长好、成活率高。如从城市生态林带中间出的苗木，由于其密度相对较小、光照好、单位苗木营养面积大、树形饱满、姿态优美，是良好的绿化苗木。

在中小城市设置园林苗圃时，应根据城市规模大小、城市用苗量大小，适当考虑布局。园林苗圃的总面积要依城市的大小、用苗量的多少来合理安排。1986年，国家城乡建设环境保护部《城市园林苗圃育苗技术规程》（CJ/T 23—1999）规定："一个城市的园林苗圃面积应占建成区面积的 2%～3%"。根据这个标准可以计算出一个城市的园林苗圃面积的总数。

园林苗圃根据经营的苗木规格可以分为大树苗圃、小苗苗圃；根据培育的植物性质可以分为花卉苗圃（花圃）、木本植物苗圃、草坪植物苗圃等；根据面积大小一般分为大、中、小型苗圃。大型苗圃面积在 20 hm² 以上，中型苗圃面积为 3～20 hm²，小型苗圃面积在 3 hm² 以下。各城市依实际情况和需要，不同性质、不同规格苗木的结构要合理；大、中、小型苗圃相结合，布局要合理，为城市园林绿化提供规格多样、品种丰富、质量可靠的苗木。

三、园林苗圃用地的选择

确定苗圃建设方案，选定建设基本方位后，就要着手进行苗圃地的选址工作。一般从经营条件和自然条件两方面进行考察，并最后选址。

（一）园林苗圃的经营条件

1. 交通方便　要选择交通方便，靠近铁路、公路或水路的地方，以便于苗木的出圃和物质材料的运输。

2. 靠近居民点，劳动力、水、电有保证　苗圃地应设在靠近村镇的地方，以便于解决劳动力、水、电力等问题。苗木生产具有很强的季节性，尤其在春、秋苗圃工作繁忙的时候，要使用大量临时性的劳动力，靠近居民点，劳动力有保证。如能靠近有关的科研单位、大专院校、拖拉机站等地方建立苗圃，则更有利于对先进技术的学习和机械化的实现。

3. 靠近用苗区域　一方面可以减少苗木运输的成本，另一方面可以提高苗木对栽植环境的适应性，提高工程绿化苗木的成活率。

（二）园林苗圃的自然条件

1. 地形条件　苗圃地应建在排水良好、地势较高、地形平坦的开阔地带。坡度过大宜造成水土流失，降低土壤肥力，灌溉不均，也不便于机耕。南方多雨地区，为了便于排水，可选用 3°～5° 的坡地，坡度大小根据不同地区的具体条件和育苗要求来决定。较黏重的土壤，坡度可适当大些；沙性土壤的坡度宜小，以防冲刷。如果在坡度大的山地建立苗圃，需修水平梯田。积水的洼地、重盐碱地、寒流汇集地及峡谷、风口、林中空地等日温差变化较大的地方，均不宜选作苗圃。

2. 水资源条件　苗圃地应建在有可及水源或距离可及水源较近的地方，同时水质要符合苗木生长的需要。如尽可能建在江、河、湖、塘、水库等天然水源附近，以利于引水灌溉，也有利于使用喷灌、滴灌等现代化灌溉技术，若能自流灌溉则可降低育苗成本。如果水源不足，则应选择地下水源充足、可打井提水灌溉的地方作为苗圃；苗圃灌溉用水要求是淡水，且无严重污染，水中盐含量最高不得超过 0.15%。易被水淹和冲击的地方不宜选作苗圃。

地下水位状况也是苗圃选择的因素之一。适合苗圃的地下水位条件一般情况为沙土1～1.5 m、沙壤土2.5 m左右、黏性土壤4 m左右。

3. 土壤条件　苗木适宜生长于具有一定肥力的沙质壤土或轻黏质土壤上。过分黏重的土壤通气性和排水性都不良，雨后泥泞，易土壤板结，遇干旱易龟裂，不仅耕作困难，而且冬季苗木冻害现象严重，影响根系的生长。过于沙质的土壤疏松、肥力低、保水力差，夏季幼苗易被表土高温灼伤，移植或苗木出圃时不易做土球。同时还应注意土层的厚度、结构和肥力等状况。团粒结构的土壤透气性好，利于土壤微生物的活动和有机质的分解，土壤肥力高，利于苗木生长。重盐碱地及过分酸性土壤，不宜选作苗圃。苗圃地土壤的酸碱性依不同的树种而定，一般以中性、微酸性或微碱性的土壤为好。针叶树种通常要求 pH 值在 5.0～6.5；阔叶树种 pH 值在 6.0～8.0。

4. 病虫害　苗圃选择时，要重视病虫害状况，尤其是要重视与所育苗木有密切关系的病虫害情况。如松科植物不能选在松材线虫疫区育苗。选址前，一般应做专门的病虫害调查，了解当地病虫害情况和感染的程度，病虫害过分严重的土地和附近大树病虫害感染严重的地方或存在多种苗木病虫害检疫对象的，不宜选作苗圃，对松材线虫、根瘤病、金龟子、象鼻虫、蝼蛄及立枯病等主要苗木病虫害要特别注意。

四、园林苗圃面积的确定

一个苗圃的面积根据使用的性质分为生产用地面积与辅助用地面积两部分。生产用地与辅助用地面积之和就是苗圃的总面积。

1. 生产用地面积的计算　生产用地是指直接用来生产苗木的地块，包括播种区、营养繁殖区、移植区、大苗区、母树区、实验区以及轮作休闲地等。为了合理的使用土地，保证育苗生产任务的完成，对苗圃的用地面积必须进行正确的计算，以便于土地承租、征收、苗圃区划及施工等具体工作的顺利进行。

计算生产用地面积的依据是：计划培育苗木的种类、数量、规格要求、出圃年限、育苗方式以及轮作等因素，确定单位面积的产量，即可用如下公式计算：

$$S = \frac{NA}{n} \cdot \frac{B}{C}$$

式中：S——某树种所需的育苗面积（单位：hm^2）；

　　　N——该树种的计划年产量（单位：株/年）；

　　　A——该树种的培育年限（单位：年）；

　　　B——轮作区数；

　　　C——该树种每年育苗所占轮作的区数；

　　　n——该树种单位面积产苗量（单位：株/hm^2）。

根据实际情况，若不进行轮作制，而以换茬栽培为主，B/C可不作计算。

上述公式所计算出的结果是理论上的面积，实际生产中，苗木抚育、起苗、贮藏等作业环节，苗木常会受到不同程度的损失。为了确保生产任务的完成，每年一般增加3%~5%的产量。也就是在计算面积时要留有一定的余地。某树种在各育苗区所占面积之和，即为该树种所需的用地面积，各树种所需用地面积总和就是全苗圃的生产用地的总面积。

2. 辅助用地面积的计算　辅助用地包括道路、排灌系统、防风林以及管理区各种建筑物等的用地。辅助用地以合理、够用为基本原则。在建设过程中，尽可能采取措施，少占圃地，例如可以通过铺设地下管道、开设暗渠等措施节约圃地。一般一个苗圃的辅助用地不超过苗圃面积的20%为宜。

随堂练习

1. 园林苗圃地选择应全面考虑哪些方面问题？
2. 从哪些方面考虑合理确定苗圃地实际用地面积？

第三节　园林苗圃的调查设计与施工

一、园林苗圃的调查设计

（一）园林苗圃规划设计的准备工作

1. 踏勘　由设计人员会同施工和经营人员到已确定的苗圃地范围内进行实地踏勘和调查访问工作，了解圃地的现状、历史、地势、土壤、植被、水源、交通、病虫害以及周围自然人文环境等基本情况，提出设计的初步意见。

2. 测绘地形图　在踏勘基础上，测绘地形图。平面地形图是进行苗圃规划设计的依据，也是苗圃区划与最后成图的底图。比例尺一般为1/500~1/2 000，等高距为20~50 cm。同时应标明圃地的土壤分布和病虫害情况。

3. 土壤调查　根据圃地的地形、地势及指示植物的分布选择样点，挖土壤剖面，分别观察和记载土层厚度、地下水位、机械组成，测定土壤酸碱度、全氮量、有效磷含量等理化性质。调查圃地内土壤的种类、分布、肥力状况和土壤改良的基本情况。土壤调查结束后，把有关信息标注在苗圃规划图上，以便生产上合理使用土地。

4. 病虫害调查　主要调查圃地内的土壤地下害虫，如金龟子、地老虎、蝼蛄等。可采用抽样方法，每公顷挖样方土坑10个，每个面积在0.25 m²，深10 cm，统计害虫种类、数量、密度、分布等基本情况。并通过前茬作物和周围树木的情况，了解害虫感染程度，提出预防措施。

5. 气象资料的收集 气候条件是影响苗木生长的重要因素之一，也是合理安排苗木生产的重要依据。通过向当地的气象台或气象站了解有关的气象情况，如生长期、早或晚霜期、全年及各月平均气温、绝对最高和最低的气温、年降雨量及各月分布情况、最大一次降雨量及降雨历时数、空气相对湿度、台风情况、主风方向等。特别要重视极端气候条件资料。

（二）园林苗圃规划设计的主要内容

1. 生产用地的区划原则

（1）耕作区是苗圃中进行育苗的基本单位。

（2）耕作区的长度依机械化程度而异，完全机械化的以 200～300 m 为宜，畜耕者以 50～100 m 为好。耕作区的宽度依圃地的土壤质地和地形是否有利于排水而定，排水良好者为宽，排水不良时要窄，一般宽 40～100 m。

（3）耕作区的方向，应根据圃地的地形、地势、坡向、主风方向和圃地形状等因素综合考虑。坡度较大时，耕作区长边应与等高线平行。一般情况下，耕作区长边最好采用南北向，可使苗木受光均匀，利于生长。

2. 各育苗区的配置

（1）播种区 培育播种苗的地区，是苗木繁殖任务的关键部位。应选择全圃自然条件和经营条件最有利的地段作为播种区。幼苗对不良环境的抵抗力弱，要求精细管理，人力、物力、土壤状况、生产设施均应优先满足。具体要求为：地势较高且平坦，坡度小；接近水源，灌溉方便；土壤深厚肥沃，理化性质适宜；背风向阳，靠近管理区。如是坡地，则应选择最好的坡向。

（2）营养繁殖区 营养繁殖区是培育嫁接苗、扦插苗、压条苗、分株苗等无性繁殖苗木的地区，自然条件及经营条件与播种区要求基本相似。应设在土层深厚和地下水位较高、灌溉方便的地方，但不像播种区那样要求严格。嫁接苗区往往主要为砧木苗的播种区，宜土质良好，便于接后覆土，地下害虫要少，以免危害接穗而造成嫁接失败；扦插苗区则应着重考虑灌溉和遮阴条件；压条、分株育苗采用较少，育苗量较小，可利用零星地块育苗。

（3）移植区 移植区是培育各种移植苗的地区。由播种区、营养繁殖区中繁殖出来的苗木，需要进一步培养成较大的苗木时，为了增加单位苗木的营养面积、促进根系生长，则应移入移植区中进行培育。移植区占地面积较大，设在土壤条件中等、地块大而整齐的地方。

（4）大苗或大树区 培育植株的体型、苗龄均较大并经过整形的各类大苗或大树的耕作区。大苗区的特点是株行距大，占地面积大，培育的苗木大、规格高、根系发达，可以直接用于园林绿化建设，满足绿化建设的特殊需要，利于加速城市绿化效果和保证重点绿化工程的提早完成。一般选用土层较厚、地下水位较低，而且地块整齐的地区。

（5）母树区 经营周期比较长的苗圃，可以设立母树区，主要是为了获得优良的种子、插条、接穗等繁殖材料。一般母树区占地面积小，可利用圃地的零散地块，但土壤要深厚、肥沃，地下水位要较低。对一些乡土树种可结合防护林带和沟边、渠旁、路边进行栽植。

（6）引种驯化区　是用于种植新树种或新品种的区域，要选择小气候环境、土壤条件、水分状况、管理条件等相对较好的地块，使引进的新树种或新品种逐渐适应当地的环境条件，为引种驯化成功创造良好的外部环境条件。

（7）其他　规模较大的苗圃，一般还建有温室区、大棚区、温床等现代化育苗设施。温室、大棚等设施投资大，技术及管理水平要求高，故一般要选择靠近管理区、地势高、土质好、排水畅的地块。

3. 辅助用地的设置　苗圃的辅助用地，又称为非生产用地。主要包括道路系统、停车场、排灌系统、防护林带、管理区的房屋建筑物等，这些用地是直接为苗木生产服务的。辅助用地的确定以能满足生产的需要为原则，尽可能减少用地。

（1）道路系统的设置　苗圃中的道路是连接外部交通和各耕作区与开展育苗工作有关的各类设施的交通网络。一般设有一、二、三级道路和环路。各苗圃依自身特点而定。道路系统的总面积通常不超过苗圃面积的 $7\% \sim 10\%$。

一级路（主干道）：是苗圃内部和对外运输的主要道路，以苗圃管理区为中心（一般在圃地的中央附近）。向外连接外部交通，向内连接圃内二级道路。通常路宽为 $6 \sim 8$ m，其标高应高于耕作区 20 cm。

二级路：与各耕作区相连接。一般宽 $4 \sim 5$ m，其标高应高于耕作区 10 cm。

三级路：是沟通各耕作区的作业路，一般宽 $2 \sim 3$ m。

环路：在大型苗圃中，为了车辆、机具等机械回转方便，可依需要设置环路。环路要与一级路以及二级路相通。

（2）灌溉系统的设置　苗圃必须有完善的灌溉系统，灌溉系统由水源、提水设备和引水设施三部分组成。

① 水源　一类是地面水，主要指河流、湖泊、池塘、水库等；另一类是地下水，主要指泉水、井水等，水温较低，宜设蓄水池，以便缩短引水和送水的距离。

② 提水设备　一般使用抽水机（水泵）作为主要提水设备。根据苗圃育苗的需要，选用不同功率的抽水机。

③ 引水设施　分地面渠道引水和暗管引水两种。

（3）排水系统的设置　排水沟分为明沟和暗沟两种。排水沟的宽度、深度和设置，根据苗圃的地形、地势、土质、雨量、出水口的位置等因素而确定，应以保证雨后能很快排除积水而又少占土地为原则。排水系统的设置恰好与灌溉系统网络相反，即由三级流向二级，经二级流向一级，再经一级排向苗圃出水口。苗圃出水口应设在苗圃最低处，直接通入河、湖或市区排水系统；中小排水沟通常设在路旁；耕作区的小排水沟与小区步道相结合。

（4）防护林带的设置　防护林带的设置规格，依苗圃的大小和具体灾害情况而定。一般小型苗圃与主风方向垂直设一条林带；中型苗圃在四周设置林带；大型苗圃除设置周围环圃林带外，并在圃内结合道路等设置与主风方向垂直的辅助林带。一般防护林带的防护范围是树高的 15～17 倍。

林带的树种选择，应尽量选用适应性强、生长迅速、树冠高大的乡土树种；同时也要注意到速生和慢长、常绿和落叶、乔木和灌木、寿命长和寿命短的树种相结合，亦可结合采种、采穗母树和有一定经济价值的树种。

（5）管理区建筑物的设置　包括房屋建筑和场院等基本设施。房屋主要指办公室、宿舍、食堂、仓库、种子贮藏室、工具房等；场院主要包括劳动集散地、苗木集散地、停车场、运动场以及晒场、肥场等。苗圃管理区建筑物应设在交通方便，地势高，接近水源、电源的地方或不适宜育苗的地方。大型苗圃管理区的建筑物最好设在苗圃中央，以便于苗圃的经营管理。畜舍、猪圈、积肥场等应设在较隐蔽和便于运输的地方。

（三）园林苗圃设计图的绘制和设计说明书的编写

1. 设计图绘制前的准备工作　在绘制设计图前首先要明确苗圃的具体位置、圃界、面积、育苗任务、苗木供应范围；要了解育苗的种类、培育的数量和出圃的规格；确定苗圃的生产和灌溉方式、必要的建筑和设备等设施以及育苗工作人员的编制等。同时应有建圃任务书，各种有关的图面材料如地形图、平面图、土壤图、植被图等，搜集自然条件、经营条件以及气象资料和其他有关资料等。

2. 园林苗圃设计图的绘制　在各有关资料搜集完整后应对具体条件进行全面综合，确定大的区划设计方案，在地形图上绘出主要路、渠、沟、林带、建筑区等位置。再依其自然条件和机械化条件，确定最适宜的耕作区的大小、长宽和方向，再根据各育苗的要求和占地面积，安排出适当的育苗场地，绘出苗圃设计草图，草图经多方征求意见，再进行修改，确定正式设计方案，即可绘制正式图。正式设计图的绘制，应依地形图的比例尺将道路、沟渠、林带、耕作区、建筑区、育苗区等按比例绘制，排灌方向要用箭头表示，在图外应列有图例、比例尺、指北方向等，同时各区应加以编号，以便说明各育苗区的位置等。设计图的比例一般为 1∶500～1∶2 000。

3. 园林苗圃设计说明书的编写　苗圃设计包括设计图与设计说明书两部分。设计说明书是与园林苗圃规划设计相配套的文字材料，说明书与设计图是苗圃设计两个不可缺少的组成部分。图纸上表达不出的内容，都必须在说明书中加以阐述与补充。设计说明书一般分为总论和设计两部分进行编写。

（1）总论　概述该地区的经营条件和自然条件，分析其对育苗工作的有利和不利因素，提出相应的改造措施。

① 经营条件　包括圃地位置及当地居民的经济、生产及劳动力情况，苗圃的交通条件、机械化条件，周围的环境条件（如有无天然屏障、天然水源等）；

② 自然条件　包括气候条件、土壤条件、病虫害及植被情况、地形条件等；

③ 意见与建议。

（2）设计部分

① 苗圃的面积计算；

② 苗圃的规划说明　包括耕作区的大小，各育苗区的配置，道路系统的设计，排、灌系统的设计，防护林带及篱垣的设计；

③ 育苗技术的设计；

④ 建圃的投资和苗木成本计算。

二、园林苗圃地的施工

（一）基础设施建设

园林苗圃的施工与建立，主要指开建苗圃的一些基本建设工作，其主要项目是各类房屋的建筑和路、沟、渠的修建，以及防护林带的种植和土地平整等工作。一般房屋的建设宜在其他各项之前进行。工作过程大致如下（有些工作可以同步进行）：

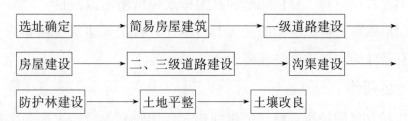

1. 圃路的施工　施工前先在设计图上选择两个明显的地物或两个已知点，定出主干道的实际位置，再以主干道的中心线为基线，进行圃路系统的定点放线工作，然后方可进行修建。建圃初期，主干道可以简单实用一些，如土路、石子路即可，防止建设过程中对道路的损坏。待整个苗圃施工基本结束后，可以重新修建主干道，提高道路等级，如柏油路、水泥路等，使交通更加便捷，苗圃形象更好。大型苗圃中的高等级主干路可外请建筑部门或道路修建单位负责建造。

2. 房屋建造　苗圃建设初期，可以搭建临时用房，以满足苗圃建设前期的调查、规划、道路修建等基本工作的需要。逐步建设长期用房，如办公大楼、水源站点、温室等。

3. 灌溉渠道的修筑　灌溉系统中的提水设施即泵房和水泵的建造、安装工作，应在引水灌渠修筑前请有关单位协助建造。在圃地工程中主要修建引水渠道，修筑引水渠道最重要的是渠道纵坡、落差要求均匀，符合设计要求。在渗水力强的沙质土地区，水渠的底部和两侧要求用黏土或三合土加固。修筑暗渠应按一定的坡度、坡向和深度的要求埋没。

4. 排水沟的挖掘　一般先挖掘向外排水的总排水沟。中排水沟与道路的边沟相结合，可以结合修路时进行。小区内的小排水沟可结合整地时进行挖掘，亦可用略低于地面的步道来代替。要注意排水沟的坡降和边坡都要符合设计要求。为防止边坡下塌、堵塞排水沟，可在排水沟挖好后，种植一些护坡树种。排水系统建议尽量与市政排水系统能够沟通。

5. 防护林的营建　为了尽早发挥防护林的防护效益，根据设计要求，一般在苗圃路、沟、渠施工后立即进行。根据环境条件的特点，选择适宜的树种，树种规格适当大些，最好使用大苗栽植，栽后要注意养护。

6. 土地平整　土地平整要根据苗圃的地形、耕作方向、排灌方向等进行。坡度不大者可在路、沟、渠修成后结合翻耕进行平整；坡度过大时，一般要修水平梯田，尤其是山地苗圃；总坡度不太大，但局部不平的，选用挖高填低，深坑填平后，应灌水使土壤落实后再进行平整的措施。

7. 土壤改良　苗圃土壤的理化性质比较差的，要进行土壤改良。如在圃地中有盐碱土、沙土、重黏土或城市建筑垃圾等情况的，应在苗圃建立时进行土壤改良工作。对盐碱地可采取开沟排水，引淡水冲碱或刮碱、扫碱等措施加以改良；轻度盐碱土可采用深翻晒土、多施有机肥料，以及灌冻水和雨后（或灌水后）及时中耕除草等农业技术措施，逐年改良；对沙土，最好用掺入黏土和多施有机肥料的办法进行改良，并适当增设防护林带；对重黏土则应用混沙、深耕、多施有机肥料、种植绿肥和开沟排水等措施加以改良。对城市建筑垃圾或城市撂荒地的改良，应以除去耕作层中的砖、石、木片、石灰等建筑废弃物为主，清除后再进行平整、翻耕。有条件的，可适度填埋客土。

（二）苗圃地的耕作

土壤是苗木生长发育的场所。通过精耕细作、合理施肥等措施来提高土壤肥力，改善土壤的水分、温度和空气状况，为种子发芽、苗木生长创造良好环境，是培育壮苗首先应当解决的问题。

整地的基本要求是：及时平整、全面耕到、土壤细碎、清除草根石块，并达到一定深度。概括起来就是"四字"要诀：平、松、匀、细。具体操作过程如下：

1. 浅耕灭茬　针对不同土壤状况，应采用不同的灭茬措施。如果在农田或撂荒地、生荒地上新建苗圃，主要以消灭杂草、农作物、绿肥茬口等为主要目的的表土耕作措施。如果是苗圃进行轮作，以农作物、绿肥等前茬为主要消灭对象，在春播的前一个秋季，作物收获后，就要进行浅耕灭茬。浅耕的深度农田一般在 4～7 cm，荒地为 10～15 cm。浅耕可以防止土壤水分蒸发，消灭杂草和病虫害，增加土壤有机质含量，切碎盘根错节的根系，减少耕作阻力。

2. 耕地　耕地是整地的中心环节，具有整地的全部作用。

（1）耕地深度　耕地的深度应根据育苗要求和苗圃地条件而定。播种苗区一般为 20～25 cm，扦插苗区为 25～35 cm。耕地深度也和土壤条件有关。南方土壤黏重，北方土壤干旱，适当深耕，可改良土壤，增加蓄水。沙土地和土层薄的地方，适当浅耕以防止风蚀、减少蒸发。土层薄的地方，逐年增加耕地深度 2~3 cm，可加厚土层。耕地深度还和季节有关，一般秋耕深一些，春耕浅一些。耕地最好能达到上层翻土、下层松土的目的。

（2）耕地季节　耕地一般在春、秋两季进行，具体时间应视土壤含水量而定。土壤含水量达饱和含水量的 50%~60% 时耕地，效果好、又省力。实际工作中，可以通过经验来判断，用手抓一把土捏成团，在 1 m 高处自然落下，土团摔碎，即可耕作。北方一般在浅耕后的半个月进行。秋耕能消灭病虫害和杂草，改良土壤，还能有效地利用冬季积雪增加土壤含水量。但秋季风蚀严重的地方，可进行春耕。春耕常在土壤解冻后立即进行，耕后及时耙地，防止水分散失。冬季土壤不冻结的地区，可在冬季或早春耕作。

3. 耙地　耙地是在耕地后进行的土表耕作措施。耙地的目的是把土壤耙碎，切断土壤表层毛细管，混拌肥料，平整土地，消除杂草，保蓄土壤水分。耙地一般在耕地后立即进行，有时也要根据苗圃地的气候和土壤条件灵活掌握。土壤黏重的地方，也可在翌年春耙地，通过土壤晒垡来改良土壤。耙地要求耙平耙透，达到平、松、碎。

4. 镇压　镇压的作用是破碎土块，压实松土层，减少土壤中较大的缝隙和空间，减少水分蒸发，促进耕作层的毛细管作用。镇压可在耙地后，或作床作垄后，或播种前和播种后进行。黏重的土地或含水量较大时，一般不能镇压，以防土壤板结，不利于出苗。

5. 中耕　中耕是在苗木生长季节进行的松土作业，一般结合除草进行。中耕的目的是除草，破碎土壤板结，疏松表层土壤，切断土壤毛细管，减少土壤水分蒸发，改善通气条件，为根系生长创造良好的土壤环境条件。

（三）作床与作垄

育苗方式在生产上可分为苗床育苗和大田育苗两种。

1. 苗床育苗　苗床适宜培育需要精细管理，特别是种粒小、生长慢的树种。苗床分为高床、低床和平床。

（1）高床　床面高于步道 15~25 cm。从步道起土覆于床面。床缘呈 45° 斜坡。一般床面宽 80~100 cm，床高 20~30 cm。适用于降水多、排水不良的黏壤土地区。优点是：排水良好，能提高地温，增加苗床土层厚度，便于侧方灌溉，床面不易板结，步道还可以用来排灌。缺点是：作床及以后的管理较费工，成本高。

（2）低床　床面低于步道 15~25 cm。先将表土拢在中央，以底土筑硬（即步道），然后再将表土摊平。一般床面宽 100~120 cm，埂宽 30~40 cm，埂高 15~20 cm，适用于气候干旱、水源不足地区。优点是：便于灌溉，有利于保蓄土壤水分。缺点是：土壤温度较高床差，苗木生长较慢，而且容易积水引起病害。

（3）平床　床面与步道基本同高。在整好的圃地，每隔一定宽度和长度各踩出一条步道即可。适用于水分条件好、不需要灌溉和排水的地方。优点是作床比较简单、省工。缺点是干旱或易积水的地区使用受到限制。

2. 大田育苗　大田育苗分为垄作和平作两种。

（1）垄作　在平整好的苗圃地上按一定距离、一定规格堆土成垄，垄底宽 50～60 cm、垄面宽 30～40 cm、垄高 15～20 cm。

高垄作业，垄上土层肥沃疏松，垄内通风透光，排水和灌溉方便，是一种较好的育苗方式。垄以南北走向为好，这样垄的两侧受光均匀。

（2）平作　不作床不作垄，整地后直接进行育苗的方式。平作适用多行式带播，也有利于育苗操作机械化。

大田式育苗便于使用机械，工作效率高，节省劳力。比较适合管理比较粗放的苗木。

（四）土壤处理

土壤处理包括土壤消毒和杀虫两个方面。

1. 土壤消毒　生产上常用药剂进行土壤消毒，其方法有：

（1）硫酸亚铁　硫酸亚铁不仅具有杀菌作用，而且还可以改良碱性土壤，供给苗木可溶性铁质，在生产上应用极为普遍。一般播种前 5～7 天，在床面喷洒 2%～3% 硫酸亚铁水溶液 3～4.5 kg/m²。也可将硫酸亚铁粉均匀地撒于床面或播种于沟内。

（2）硫化甲基胂（苏化 911）　其是常用的土壤消毒剂。用量为每平方米施用 30% 的粉剂 2 g，先与细沙土混合均匀作为药土，播种前撒入播种沟底，并用药土覆盖种子。药土中的加土量以满足上述需要为准。注意此药对人畜有毒害作用。

（3）五氯硝基苯混合剂　以五氯硝基苯为主加代森锌（或苏化 911、敌克松等）。混合比例为：五氯硝基苯占 75%，其他药剂为 25%，每平方米用药量为 4～6 g。用法同苏化 911。五氯硝基苯对人畜无害。

（4）甲基托布津　其是难溶于水、性质稳定的广谱性内吸杀菌剂，对人畜安全。常见剂型为 70% 可湿性粉剂，常用浓度为 1 000～2 000 倍。甲基托布津不能与含铜制剂混用，需在阴凉、干燥的地方贮存。

（5）消石灰　结合整地同时施入，每公顷用量 150 kg。在酸性土壤上，可适当增加用量。

（6）福尔马林（甲醛）　播种前 10～20 天用浓度为 40% 的福尔马林，按照每平方米用药 50 mL 加水 6～12 kg，喷洒在播种地上，并用塑料薄膜加以覆盖，到播种前一周揭去。

此外，对小面积土壤消毒时也可用福尔马林稀释喷洒苗床。

2. 杀虫　一般通过作业措施及化学药剂对土壤进行处理。如采用秋冬深耕，不施未充分腐熟的有机肥料，清除落叶等措施，以减少或消灭地下害虫。常用的化学处理药剂有：

（1）西维因（氨甲萘）　是一种氨基酸酯杀虫剂，每公顷施 0.5% 西维因粉剂 52.5～75 kg。选无风天气，用喷粉器喷粉，并随即翻耕。用量不能过多，以免发生药害。施药到播种应间隔一定时间。如临近播种期施药，药量应适当减少，以免影响种子发芽。

（2）辛硫磷　辛硫磷制剂为50％乳油及5％颗粒剂。颗粒剂每公顷用量在45～75 kg。辛硫磷光解速度快，宜在傍晚或阴天使用，无光下稳定，可持效1～2个月。它是一种高效、低毒、低残留、广谱性的杀虫螨剂，主要是用于触杀，并兼胃毒作用。杀毒地下害虫极为有效。

（3）呋喃丹　其为3％颗粒剂，每公顷用量15 kg左右，撒在苗床翻入耕作层。它是具有触杀、胃毒和强内吸作用的高效特广谱杀虫、杀螨、杀线虫剂，持效长，主要用于土壤处理。呋喃丹的毒性高，切勿加水喷雾使用。

（4）甲基异柳磷　常见制剂有20％、40％甲基异柳磷乳油，外观为棕黄色油状液体，常温下贮存两年基本稳定，常用来处理土壤。用药量的有效成分为1～1.25 g/m^2。纯品为淡黄色油状液体，常温下贮存较为稳定，较强酸和碱易分解，光和热也能加速分解。甲基异柳磷对害虫具有较强的触杀和胃毒作用，杀虫谱广、残效期长，是防治地下害虫的优良药剂，对茎线虫、根结线虫、孢囊线虫也有较好的防治效果。

生产中要十分注意甲基异柳磷是高毒药剂，只能用于土壤处理和种苗，药剂处理苗圃地，在处理4～6周后才能让动物和家畜进入。

（五）苗圃施基肥

人工施肥是培育壮苗的一项重要措施。通过施肥补充土壤中植物生长所需要的各种营养元素，满足苗木对养分的需要；可以改善土壤的理化性状，特别是有机肥料，有利于土壤形成团粒结构，协调土壤中水、肥、气、热的供应状况；还能促进土壤微生物的活动和繁殖，加速土壤难溶养分的分解；产生激素、抗生素以刺激植物生长。

1. 肥料的种类与性质　肥料的种类可分为有机肥、无机肥和生物肥三种。

（1）有机肥　又称农家肥，是由植物的残体或人畜的粪尿等有机物经过微生物分解腐熟而成的完全肥料。苗圃中常用的有机肥主要有泥炭肥、厩肥、堆肥、绿肥、人粪肥、家畜粪肥、饼肥、鱼粉、腐殖质肥等。有机肥含多种营养元素，是一种迟效肥。因此，在苗木年生长的长期过程中，有机肥能源源不断地为苗木提供养料。但是，有机肥营养成分的数量与比例很难完全保证苗木需要，在苗木培育过程中，还应补充一定数量的无机肥。

（2）无机肥　又称矿物质肥料，包括矿质氮肥、矿质磷肥、矿质钾肥、草木灰、复合肥、微量元素肥和钙肥等。其中氮肥常用的有硫酸铵、碳酸氢铵、氯化铵、硝酸铵、氨水和尿素等。磷肥常用的有水溶性磷肥（如过磷酸钙）、弱酸溶性磷肥（如钙镁磷肥）和难溶性磷肥（如磷矿粉）等。钾肥常用的为氯化钾、硫酸钾、草木灰等。这些无机肥，一般易溶于水，便于苗木吸收和利用，肥效快。但养分单一，长期单纯施用，会破坏土壤物理性状。此外，还有微量元素肥料（如硫酸亚铁、硫酸铝、硫酸锌、硼酸等），对酶的组成和活化有一定作用，土壤中缺乏时，可用水溶液进行根外追肥。复合肥是含有两种以上营养元素的肥料。

（3）生物肥料　其是从土壤中分离出来的，对植物生长有益的微生物制成的肥料。如真菌肥料（菌根菌），细菌肥料（根瘤菌、固氮菌、磷细菌）以及能刺激植物生长、并能增强抗病能力的抗生菌5406等。

2. 施肥的原则和方法

（1）施肥的原则　苗圃施肥的基本原则是为苗木生长提供营养元素，改善土壤的理化性质。具体工作中要根据实际出发，有针对性地施肥。

首先根据施肥目的选用肥料。如施肥是为了使苗木获得丰富营养物质，以促进苗木营养生长为主时，施肥要集中、分层、适时、适量，搞好四个结合，包括迟效肥与速效肥相结合，有机肥和矿质肥相结合，基肥与追肥相结合，氮、磷、钾和其他营养元素相结合，施肥时候要集中靠近苗木根系，以利苗木吸收利用。如果施肥是以改良土壤物理性质为主时，以有机肥料为主，充分腐熟，全面、足量，达到肥、土相融。以改变土壤酸碱度为目的时，要对症下药，甚至可使用不含肥料三要素（氮、磷、钾）的物质，如用石灰来改变酸性土，用硫黄、石膏来改良碱性土等。

其次要考虑环境条件与苗木特性。环境条件主要是指气候条件（包括生长期的长短、各个时期温度的高低、降水量的多少和分配状况以及苗木越冬时的气候条件）和土壤条件（包括土壤的质地与结构、土壤的酸碱度、土壤养分状况等），这些条件是确定施肥次数、施肥量、施什么肥、什么时候施肥和如何施肥的依据，而且也直接影响着施肥的效果。施肥还应考虑苗木特性，不同的苗木种类、同种苗木的不同年龄，以及同龄苗木的生长发育时期所需肥料的种类和数量也各不相同，必须做到因苗制宜、因时制宜。如豆科苗木（本身有固氮作用）可少施氮肥、多施磷肥，而一般苗木可多施氮肥。在苗木不同发育时期中，幼苗期多施磷肥，速生期多施氮肥，后期多施磷、钾肥。在所需养分的数量上，一般阔叶树两年生苗比一年生苗可大3～5倍。此外，苗木密度愈大，需要肥料也多。

最后，要考虑施肥季节与节约的原则。苗木不同季节生长特性不一样，不同肥料肥力特性也不一样，要把苗木的生长特性与肥料的特性有机结合起来。如秋季是苗木生长的末期，逐渐转入到木质化期，此时就不宜大量施用肥料，尤其是不宜施用大量氮肥，以免引起苗木徒长，遭受冻害。要充分了解肥料本身的特性及在不同土壤上对苗木的反应以及是否符合节约的原则。氮肥要集中使用，少量氮肥在土壤中往往没有显著的增产效果。磷、钾肥只有在氮肥充足的情况下使用，才能发挥肥效。同种肥料在同一地块长期使用或者同一厂家的同种肥料在同一地块长期使用，其肥力都会下降或肥力不明显。实践证明，在肥力越差的土壤上，施肥效果越明显。所以施肥并非越多越好，而是在一定的生产技术措施配合下，根据苗圃地养分的状况而定，缺什么施什么，缺多少施多少，肥料施用是有一定的用量范围。

（2）施肥的方法　施肥的方法主要有基肥、种肥和追肥。本章只介绍基肥的使用方法。

基肥也称底肥，是播种前施入土壤的肥料。用作基肥的肥料一般为有机肥和不易被土壤固定的矿质肥料。如厩肥、堆肥、绿肥、人粪肥、家畜粪肥、饼肥、鱼粉、腐殖质肥及硫酸铵、氯化钾等。有机肥必须充分腐熟，以免灼伤幼苗并带来杂草种子、病原菌和虫害。一般每公顷施饼肥 1 500～2 250 kg，厩肥、堆肥 60 000～75 000 kg。

（六）轮作

轮作，在北方又称为换茬，是指在同一块苗圃地上轮换种植不同树种的苗木，或者是苗木与其他作物（如绿肥、牧草等）轮换种植的一种耕作方法。在同一块苗圃地上连续种植同一种树种苗木的方法称为连作。轮作是提高苗木产量、质量，改良土壤，增加经济效益的有效途径。

我国轮作的方法很多，可以归纳为以下几种：

1. 树种与树种轮作　一个苗圃上往往有多个树种的苗木在培育，可以根据各树种苗木对土壤的不同要求进行轮作。如针叶树种与阔叶树种、豆科树种与非豆科树种、深根树种与浅根树种等进行轮作。

树种与树种进行轮作的时候，要特别注意的是不要选择具有共同病虫害的树种进行轮作。如桧柏不要与海棠、花楸、苹果、梨等苗木进行轮作，以防止锈病。

2. 苗木与农作物轮作　在农作物收获后，大量根系遗留在土壤中，增加土壤中的有机质，因此苗木与农作物轮作不仅可以增加粮食收入，更重要的是可以补偿起苗时土壤中所消耗的大量营养元素。如我国东北地区采用的水曲柳—黄豆—杨树—榆树—黄菠萝—休闲的轮作方式，取得良好的轮作效果。

3. 苗木与绿肥（牧草）轮作　紫云英、苕子、苜蓿、三叶草等草本植物既是良好的牧草植物，又是良好的绿肥。在南方，水稻田的紫云英每亩可以固氮 7.5 kg，紫苜蓿每亩可以固氮 13.5 kg。生产上采用苗木与紫云英、苕子、苜蓿、三叶草等进行轮作是一种很好的经验。实践证明，采用这种轮作方式可以有效增加土壤中的有机质含量，改善土壤肥力。尤其在土壤肥力比较差的地区，更值得提倡采用这种轮作方式。

随堂练习

1. 园林苗圃规划设计的准备工作包括哪些内容？
2. 园林苗圃地施工包括哪些内容？
3. 苗圃地的土壤如何改良？

第四节　苗圃生产计划与管理

苗圃生产管理是苗木生产经营管理的基础。多数苗圃没有把"苗圃"当作"企业"来经营，没有把"苗木"视作"产品"来生产，苗木培育过程粗放，生产管理观念落后。由于急功近利的思想，短期行为明显。苗木生产的科技含量普遍较低，缺乏先进的生产技术和拥有先进生产技术的劳动力。市场意识淡薄，缺乏苗木生产的计划性。因此，提高苗圃的生产管理水平，要做好苗木的生产计划管理、生产技术管理、质量管理以及生产成本管理等工作。

一、苗木生产计划管理

苗木生产计划是苗木生产经营计划中的重要组织部分，通常是对园林苗圃在计划期内的生产任务作出统筹安排，规定计划期内生产的苗木品种、规格、质量及数量等指标，是苗木日常生产管理工作的依据。生产计划是根据苗木生产的性质、苗圃的发展规划及生产需求，特别是市场供求状况来制定的。

制订苗木生产计划的任务就是充分利用苗圃的生产能力和生产资源，保证各类苗木在适宜的环境条件下生长发育，进行苗木的市场供应，按质、按量、按时提供苗木产品，并按期限完成订货合同，满足市场需求，尽可能地提高苗圃的经济效益，实现利润的最大化。

园林苗圃通常有年度计划、季度计划和月份计划，对苗木每月、季、年的生产及管理做好计划安排，并做好跨年度苗木的培养计划。生产计划的内容包括苗木的种子采购计划、播种计划、种植计划、移植计划、技术措施计划、用工计划、生产物资的供应计划及苗木销售计划等。其具体内容为生产苗木的种类与品种、数量、规格、出圃时间、工人工资、生产所需材料、种苗、肥料、农药、维修及产品收入和利润等。季度和月份计划主要是确保年度计划的实施。在生产计划实施过程中，要经常督促和检查计划的执行情况，以保证生产计划的落实完成。

二、苗木生产技术管理

苗木生产技术管理是指苗木生产过程中对各项技术活动过程和技术工作的各种要素进行科学管理的总称，是苗木质量管理的基础和保证。技术工作的各种要求包括：技术人才、技术装备、技术信息、技术文件、技术资料、技术档案、技术标准规程、技术责任制等。但技术管理主要是对技术工作的管理，而不是技术本身。苗圃苗木培育的效果好坏决定于技术水平，但在相同的技术水平条件下，如何发挥技术则取决于对技术工作的科学组织和管理。

（一）苗木技术管理的特点

1. 多样性　不同树种或相同树种的不同生长阶段，对生产技术管理的要求不同。苗木种类繁多，业务涉及面广，如苗木的繁殖、生长、移栽，苗木的出圃、销售，苗木应用及养护管理等。形式多样的业务管理，必然带来不同的技术和要求，以适应苗木生产的需要。

2. 多学科性　苗木的生产技术管理，涉及众多学科领域，如树木学、植物学、植物遗传育种学、土壤学、植物生态学、农业气象学、植物栽培学、规划设计等。

3. 季节性　苗木的繁殖、栽培、养护等均有较强的季节性，季节不同，采用的各项技术措施也不同，同时还受自然因素和环境条件等多方面的制约。如播种时期、扦插时期、嫁接时期、移栽时期、修剪时期等，各树种皆有明显的季节性。为此，各项技术措施要相互配合，才能发挥苗木生产的效益。

4. 阶段性与连续性　苗木有其不同的生长发育阶段，不同的生长发育阶段要求不同的技术措施，如出苗期要求出苗多而整齐、长势旺盛；养护管理则要求保存率，营养生长旺盛。各阶段均具有各自的质量标准和技术要求，但在整个生长发育过程中，各阶段不同的技术措施又不能截然分开，每一阶段的技术直接影响下一阶段的生长，而下一阶段的生长又是上一阶段技术的延续，每个阶段都密切相关，具有时间上的连续性，缺一不可。

5. 自然劳动与社会劳动结合性　苗木生长发育少则一年，多则数十年，在这个过程中需要社会劳动的投入，如整地、播种、灌溉、养护等，具有社会劳动性。同时，苗木生长在相当长的时期内是以自然生长为主的，不需要人力、物力、财力的投入，是自然劳动的结果。

（二）苗木生产技术管理的任务

1. 要符合科学技术规律　苗木技术管理要符合苗木生长发育的规律，遵循科学技术的原理，用科学的态度和工作方法进行技术管理。

2. 要切实贯彻国家技术政策　认真执行国家对苗木生产及涉及苗木生产所规定的技术发展方向和技术标准。

3. 要讲求技术工作的综合效益　苗木技术管理工作一定要最大限度地发挥社会效益、经济效益和环境效益，同时要求在管理工作中力求节俭，以降低管理费用，实现利益最大化。

（三）苗木生产技术管理的内容

1. 建立健全技术管理体系　建立健全技术管理体系的目的在于加强技术管理，提高技术管理水平，充分发挥科学技术优势。大型苗圃可设立以总工程师为首的三级技术管理体系，即苗圃设总工程师和技术部（处），部（处）设主任工程师和技术科，技术科内设各类技术人员。小型苗圃可不设专门机构，但要专人负责，负责苗圃的技术管理工作。

2. 建立健全技术管理制度

（1）技术责任制　一般分为技术领导责任制、技术管理责任制、技术管理人员责任制和技术员技术责任制。为充分发挥各级技术人员的积极性和创造性，明确职权和责任，以便很好地完成各自分管范围内的技术任务。

技术领导的主要职责是：执行国家技术政策、技术标准和技术管理制度；组织制定保证生产质量、安全的技术措施，领导组织技术革新和科研工作；组织和领导技术培训等工作；领导组织编制技术措施计划等。

技术管理机构的主要职责是：做好经常性的技术业务工作。检查技术人员贯彻技术政策、技术标准、规程的情况；管理科研计划及科研工作；管理技术资料，收集整理技术信息等。

技术人员的主要职责是：按技术要求完成下达的各项生产任务，负责生产过程中的技术工作，按技术标准规程组织生产，具体处理生产技术中出现的问题，积累生产实际中原始的技术资料等。

（2）制定技术规范及技术规程　技术规范是对苗木生产质量、规格及检验方法作出的技术规定，是从事苗木生产活动的统一技术准则。技术规程是为了贯彻技术规范对生产技术各方面所作的技术规定。技术规范是技术要求，技术规程是要达到的手段。技术规范及规程是进行技术管理的依据和基础，是保证生产秩序、产品质量，提高生产效益的重要前提。

技术规范可分为国家标准、部门标准及苗圃标准，而技术规程是在保证达到国家技术标准的前提下，可以由各地区、部门企业根据自身的实际情况和具体条件，自行制定和执行。

三、苗木质量管理

苗木质量管理是苗圃生产管理的重要内容，实生苗从种子生产（或采购）经播种、施肥、灌溉、养护到成苗，再到出圃，甚至包装、运输的各个生产环节都会影响到苗木的质量。

1. 园林苗木质量评价的主要指标　苗木质量评价的指标主要有：地际直径、苗高、根系数量与长度、高径比、冠形、干形、树形、顶芽状况、病虫害状况等。不同树种、不同规格、不同用途的苗木，其质量评价的主要指标不一。如行道树对于苗木的冠形、干形、枝下高要求比较高。

2. 制订苗木质量标准　因树种不同、树龄不同、繁殖方式不同、使用方向不同、地区不同等，苗木的质量标准也不一样。园林苗圃应结合地区实际，制订适合苗圃苗木培育的质量标准，规范苗圃的生产经营管理活动。全国目前未有统一的苗木质量标准，也不太可能制定全国统一标准，因为各地自然条件差别很大，具体要求各不相同。因此各地只能根据本地实际，制订符合该地园林绿化的地方标准。

3. 落实质量管理责任制　苗木质量是苗圃生产管理的核心，是苗圃技术责任制落实效果的体现，苗圃生产的各个环节都会关系到苗木的质量。

四、苗木生产成本核算管理

苗木的种类繁多，生产形式多种多样，其生产成本核算也不尽相同。通常在苗木生产成本核算中分为单株成本核算、大面积种植苗木的成本核算两种方式进行。

（一）单株成本核算

单株成本核算采用的方法是单件成本法，核算过程是根据单株设制成本核算单，即将单株的苗木生产所消耗的一切费用，全归集到该苗木成本计算单上。单株苗木成本费用一般包括种子购买价值（或扦插、嫁接价值），培育管理中耗用的设备价值及肥料、农药、栽培容器的价值，栽培管理中支付的工人工资，以及其他管理费用等。

（二）大面积种植苗木的成本核算

关于大面积种植苗木的成本核算，首先应明确成本核算的对象，即明确承担成本费用的苗木对象，其次是对产品生产过程消耗的各种费用进行认真的划分。其费用按生产费用要素可分为：

1. 原材料费用　包括购入种子、种苗的费用，以及在生长期间所施用的肥料和农药等生产资料费用。

2. 燃料动力费用　包括苗木生产中进行的机械作业、排灌作用，遮阳、降温、加温供热所耗用的燃料费、燃油费和电费等。

3. 生产及管理人员的工资及附加费用。

4. 折旧费　在生产过程中使用的各种机具及栽培设备按一定折旧率提取的折旧费用。

5. 废品损失费用　苗木在生产过程中，未达到苗木质量要求的应由成苗分摊的费用。

6. 其他费用　指管理中耗费的其他支出，如差旅费、技术资料费、邮电通信费、利息支出等。

（三）苗木生产成本核算

根据苗圃苗木生产的实际，在苗木生产管理中，可制成苗木成本项目表，科学地组织好费用汇集和合理的费用分摊，以及总成本和单位成本的计算，还可通过成本项目表分析产品成本构成，寻求降低苗木成本的途径。表3-1所示为苗木生产成本核算项目。

表3-1　苗木生产成本核算项目

名　　称	项　目												
	种子或种苗	土地租金	水电费	肥料	农药	机械作业费	排灌作业费	工人工资	设备折旧费	废品损失	其他支出	成本合计	产成品数量	单位成本
银杏														
雪松														
红枫														

五、苗木经营管理

苗木生产与其他产品的生产一样，经营也是以营利为目的的。但由于苗木生产周期长，而且是具有生命的产品，因此经营策略与措施要符合苗木自身规律，要适合苗木自身的特点。

（一）苗木经营的策略

经营策略是指园林苗圃在经营方针的指导下，为实现苗圃的经营目标而采取的各种对策，如市场营销策略、品种开发策略等。苗木品种和质量是经营管理的重点。培育什么样的品种、如何培育优质的苗木、如何适应市场的需要，是苗圃苗木经营管理最基本的经营方针。

经营方针是由经营计划来具体实现的。经营计划的制定，取决于具体的条件，如资金、技术、市场预测、苗木种类和品种的选择等。此外，还要根据选择的苗木种类和品种，确定栽培的地区，包括栽培区的气候、土质、交通运输以及市场、设备物资的供应、劳动力技术水平以及报酬等。

在经营方针的指导下，苗圃能够最有效地利用经营计划所确定的地理条件、自然资源和苗木生产的各种要素，合理地组织生产，如进行各种技术研究、开发市场适销产品等，尽一切可能地充分利用自然条件和各种栽培设施，降低成本，生产最优质廉价的苗木产品，并运用各种运销渠道和策略，扩大市场份额，以获得最佳的经济效益。

（二）苗木市场的预测

苗木市场的预测是指导苗木生产经营活动的重要手段与信息，是苗木生产单位对苗木市场的需求、变化和发展趋势作出的预计和推测。

1. 苗木市场需求的预测　苗木市场的预测要综合考虑许多因素。一是要了解目标市场社会经济发展水平、城市建设与发展的规划、城市改造的计划、园林绿化项目开展的状况等；二是要了解目标市场绿化树种的需求结构及发展趋势；三是要熟悉目标市场苗木生产的状况、竞争激烈的程度等；四是要熟悉苗木产业发展的趋势。如乐昌含笑、拟单性木兰等树种，市场最终消费量很小，而市场上的流通量（从商品学的角度分析，实际是属于一种"流转"行为）很大，即从一个苗圃流向另一个苗圃，并没有实现真正意义上的消费（即没有用到绿化上）。其实质是一种"库存"——苗圃库存。"库存"大了，而市场不大，价格崩溃，经营者势必损失。再如近年来的杜英现象，杜英使用初期，价格很高、市场活跃，但是由于其繁殖与栽培十分容易，生长速度很快，苗圃生产量剧增，导致价格暴跌，即使还有市场需求，经营的利润已经十分淡薄。

2. 苗木市场占有率的预测　市场占有率是指企业的某种产品的销售量或销售额与市场上同类产品的全部销售量或销售额之间的比率。影响市场占有率的因素主要有苗木的品种、质量、价格、销售渠道、运输成本和广告宣传等。同一种苗木往往有许多苗圃生产，可任意选择。苗木能否被销售，主要取决于与同类苗木相比，在质量、价格、距离、信誉等方面处于什么地位。若处于优势，则销售量大，市场占有率高，反之则占有率低。

3. 科技发展的预测　科技发展预测是指预测科学技术的发展对苗木生产的影响。随着现代科技的发展，特别是组织培养、容器育苗、无土育苗、生物技术、无毒种苗繁育工程的发展运用，智能化、自动化温室的建立，苗木生产的工厂化、规模化运作等，对苗木的质量、价格具有决定性的影响。由于新产品的质优价廉，进而会挤掉老产品的市场份额。因此，要保证苗圃长期稳定发展，必须对科学技术的发展作出预测，以便及早掌握运用高新技术，开发生产优质产品。

4. 资源预测　资源预测是指苗木企业在生产活动中对所使用的或将要使用资料的保证程度和发展趋势的预测。资源供应直接关系到苗木的生产，是苗木生长发育所必需的，如土地资源、栽培基质、栽培容器、电力、水等。资源预测包括资源的需要量、潜在量、可供应量和可代用量等。资源供应不仅影响苗木的生长发育，而且对苗木的生产成本也会产生一定的影响。如容器育苗的容器，随着容器生产技术的提高，容器生产成本的降低，容器育苗的成本逐渐降低，市场竞争力不断得到提高。

(三) 苗木的营销渠道

苗木的营销渠道是指苗圃把所生产的苗木转移到市场，实现销售所经过的途径，是苗木生产发展的关键。当前苗木主要的一级营销渠道是绿化工程公司、苗木电子商务、苗圃、花卉苗木市场和个体苗木营销员等。

1. 绿化工程公司　绿化工程公司是绿化工程的施工者，是苗木最终消费的消耗者，是苗圃苗木的主要销售对象。各个地区，如北京、上海、广州、杭州等城市，有许许多多的绿化工程公司，他们是苗木的最大销售渠道。

2. 花卉苗木市场　花卉苗木市场是苗木生产者、经营者和消费者从事苗木交换活动的场所。花卉苗木市场的建立，可以促进苗木的生产和经营活动的发展，促使苗木生产逐步形成产、供、销一条龙的生产经营网络。

3. 苗木电子商务　随着计算机的普及，运用计算机信息技术、计算机网络作为平台，建立苗木销售网站，实施电子商务营销。跨时间、跨空间实现苗木交易，开拓苗木销售新渠道。

4. 苗圃　在不同苗圃之间，实现不同苗木品种、不同苗木规格的相互销售是苗木销售的重要渠道。

5. 个体苗木营销员　由具有苗木销售市场和渠道的个体人员组成的专业从事苗木销售活动的销售队伍。他们是当前广大以农户为基础的苗圃苗木的重要销售渠道。

6. 其他　有特种用途的苗木，如需外贸加工出口。以订单方式委托苗圃生产，成苗后，由委托单位或企业直接收回，实现销售。

(四) 苗木促销

苗木促销是指运用各种方式和方法，向消费者传递苗木信息，实现苗木销售的活动过程。

苗木促销首先要正确分析市场环境，确定适当的促销形式。其次，应根据企业实力来确定促销形式。苗圃规模小、产量少、资金不足，应以人员推广为主，反之，则以广告为主，人员推广为辅。再次，还应根据苗木的性质来确定促销方式。如对小苗，生产周期短，销售时效性强，多选用人员推销的策略。对大苗、大树、盆景等商品，应通过广告宣传、媒体介绍来吸引客户。最后，根据产品的寿命周期确定产品的促销形式。此外，苗木的促销还可通过参加各种花卉苗木展览会、博览会等来进行促销。

🌳 **随堂练习**

1. 苗圃生产计划与管理包括哪些主要内容？
2. 请问你对苗木电子商务平台的构建有何设想？

第五节　苗圃技术档案建立

一、苗圃的档案管理

（一）苗圃档案建立的意义

苗圃档案是苗木生产经营管理的历史记录，是总结生产、经营、管理经验与教训的宝贵材料，是提高苗木生产经营管理水平的重要手段。因此，建立苗圃档案具有十分重要的意义。苗圃档案主要包括苗圃建立档案、苗圃技术档案、苗圃营销档案等。

（二）苗圃建立档案

苗圃建立档案是把苗圃建立过程的相关文件和信息整理并妥善地保存下来，为苗圃生产经营管理活动提供依据和参考。

（三）苗圃技术档案

技术档案是人们从事生产实践活动和科学研究活动的真实历史记录和经验总结。苗圃技术档案是苗圃生产档案的一个重要组成部分，通过经常的记录、整理、统计分析和总结苗圃的土地、劳力、机具、物料、药料、肥料、种子等的利用情况，各项育苗技术措施的应用情况，各种苗木的生长状况以及苗圃其他一切经营活动等。

1. 苗圃技术档案的主要内容

（1）圃地的利用档案　可用表格形式，把各作业区面积、土质、育苗树种、育苗方法、整地方法，施肥和施用除草剂的种类、数量、次数和时间，病虫害的种类和危害程度，苗木的产量和质量等，逐年记载，并应每年绘出一张苗圃土地利用情况平面图，一并归档备用。

（2）育苗技术措施档案　把苗圃每年所育各种苗木的整个培育过程中所采取的一系列技术措施，分树种填表登记，以便分析总结育苗经验，提高育苗技术。

（3）苗木生长调查档案　观察苗木生长状况，用表格形式，记载苗木的生长过程，以便掌握其生长周期以及自然条件和人为因素对苗木生长的影响，适时采取正确的培育措施。

（4）气象观测档案　记载气象的变化，可以分析气象与苗木生长和病虫害发生发展之间的关系，并确定适宜的措施及实施的时间，利用有利气象因素，避免和防止自然灾害，确保苗木优质高产。在一般情况下，气象资料可从附近气象站抄录，必要时可自行观测，按气象记载的统一表式填写。

（5）作业日记　记录苗圃每日工作，便于检查总结，并可根据作业日记，统计各树种的用工量和物料使用情况，核算成本，制定合理定额。

2. 建立苗圃技术档案的要求

（1）认真落实，长期坚持，保持技术档案的连续性和完整性。

（2）设专职人员管理或由负责安排生产的技术人员兼管，把档案的管理和使用结合起来。

（3）观察和记录要认真负责、及时准确。要做到边观察边记录，文字简练、字迹清晰。

（4）一个生产周期结束后，对记载材料要及时汇集整理、分析总结，从中找出规律性的东西，及时提供准确、可靠的科学数据和经验总结，指导今后苗圃生产和科学实验。

（5）按照材料形成的时间先后顺序或重要程度，连同总结分类装订，登记造册，长期妥善保管。

（6）档案管理人员要保持工作的稳定性。工作调动时，要及时另配人员，并做好交接工作。

（7）苗圃技术档案建立的形式主要有各种表格（见第八章有关表格）、文字材料和各种图面资料。

二、苗木营销档案的建立

苗圃营销档案建立的主要内容是苗木营销队伍档案、苗木销售对象的基本信息。具体包括：销售对象的单位地址、单位主营业务、联系电话、联系人，苗木采购时间、采购品种、采购数量，以及用户反馈意见等（表3-2）。

表3-2　苗木销售对象的基本信息档案

销售单位	地址	联系人	联系电话	采购品种	采购数量	采购日期	反馈意见

通过建立以客户为基本信息的营销档案，可以进一步加强与客户的沟通与联系，了解市场的变化趋势，调整苗木生产结构，促进苗木的销售。

随堂练习

1. 苗圃技术档案包括哪些内容？

2. 如何构建苗木客户档案？

第六节　新建园林苗圃实例

各个园林苗圃建立的背景、规模、目标、环境、特点等不一样，建设的过程与环节也不一样。下例是一个真实的园林苗圃建立的全过程（部分信息用虚名表示），比较完整地体现了园林苗圃建设的基本环节及要点。

苗圃名称：杨氏苗圃；

苗圃地点：浙江省绍兴市；

苗圃面积：67 hm²；

苗圃定位：以培育中高档树种、大中规格绿化苗木为主；

市场定位：以周边城市为主要销售对象，重点是绍兴、杭州、宁波、上海、苏州、南京；

建立时间：2003 年 9 月；

背景资料一：浙江省绍兴市某农业示范园地，面积 300 余 hm²，地势平坦，距离最近的县城约 15 km。园地西边为丘陵山地，并建设有一个小型水库，东南北有零星村庄分布。整个园地原来以种植水稻、小麦等农作物为主。园地内水到地块，主水渠以混凝土筑建。地方政府以农业项目形式招商开发利用此园地。

背景资料二：某外商长期在内地投资服装、玩具、医药、海产等项目，具有雄厚经济实力。本人爱好广泛，包括对花卉、盆景、苗木有特别感情。根据国内苗木产业发展的形势及市场判断，有意投资苗木产业，建立苗圃。

苗圃建立的整个工作过程（按照整个工作过程的时间先后表述）：

1. 了解苗木市场行情（通过朋友、学者、专家、网络信息等）。

2. 了解园林苗圃设立的一些基本知识（通过朋友、学者、专家、网络信息等）。

3. 成立筹建小组，确定临时负责人。

4. 获取"背景资料一"的信息，并与有关部门进行初步接触，了解相关优惠政策及其他政策，初步达成意向。

5. 聘请有关专家、学者、生产经验丰富者等人员到实地考察，了解农业示范园区的自然条件、经营条件、民风及周边环境等信息。得出结论：基本满意。

6. 召集相关人员商讨地块的选择、面积的大小、树种选择、苗圃定位、预计投资额、尚存在的疑问等问题，形成初步意见。

7. 与地方有关部门密切接触，反复磋商，具体商谈项目开发事宜，并最终办理有关具有法律效力的文书（包括水库水资源使用协议书）。

8. 根据生效的法律文书，到现场选择并丈量确定具体的地块，标注边界线，选定苗圃地块。并进一步补充法律文书，避免苗圃地块以后发生纠纷。

9. 聘请专业人员，测绘苗圃地块，形成苗圃平面图，标注基本信息，录入计算机系统。

10. 聘请有关专业人员对苗圃地土壤肥力、厚度、含水量、地下水位等基本信息进行测定与测量。访问周边有经验的农民。建立基本档案信息，录入计算机系统。

11. 提出本人的苗圃建设的思路与设想，聘请有关专业人员对苗圃地进行功能区划，确定管理区、苗木生产区及其他功能区。并形成苗圃设计图、设计说明书、施工图、进程图等文件资料。

12. 实施主干道施工，简易房屋建设，土地翻垦（机械作业）、平整、局部改良，排灌设施建设，水塘建设等施工活动。

13. 建筑物设计及施工，生活用水、电、通信设施建设。

14. 生产、管理机构设置，人员招聘与培训，制度建设。

15. 苗圃栽植树种的规划与设计，市场调查与询价，采购意向确定等工作。

16. 土地耕作与土壤处理，苗木购进与种植，种子计划及落实。

17. 建立苗圃建设档案，苗圃初步建立。

综合测试

一、填空题

1. 苗圃地常用的施肥方法有种肥、_____、基肥三种，_____也称底肥，是播种前施入土壤的肥料。

2. 园林苗圃的规划设计准备工作包括_____、_____、_____、_____、气象资料的收集等。

3. 市场占有率是指企业的某种产品的_____与市场上同类产品的_____之间的比率。

4. _____及_____是进行技术管理的依据和基础，是保证生产秩序、产品质量，提高生产效益的重要前提。

5. 苗圃地选址一般从_____和_____两方面进行考察，并最后选址。

6. 苗圃档案主要包括苗圃建立档案、_____、_____档案等。

二、判断题

1. 苗圃地一般应选择在交通方便、靠近村镇、靠近用苗区域的地方。（　　）

2. 地下水位状况也是苗圃选择的因素之一，适合苗圃的地下水位条件一般情况为沙土 1～1.5 m、沙壤土 2.5 m 左右、黏性土壤 4 m 左右。（　　）

3. 苗圃大苗或大树区尽量选择在苗圃地隐蔽处，以便于防止偷盗。（　　）

4. 苗圃引种驯化区要选择小气候环境、土壤条件、水分状况、管理条件等相对较好的地

块。（　　　）

5. 苗圃道路系统总面积通常不小于苗圃面积的 10%。（　　　）

6. 苗圃中一般设有一、二、三级道路，其设计宽度一般依次分别为 6～8 m、4～5 m、2～3 m。（　　　）

7. 排水沟的边坡与灌水渠相同，但落差应大一些，一般为 3%～6%。（　　　）

8. 苗圃生产用地是指直接用来生产苗木的地块，包括播种区、营养繁殖区、移植区、大苗区、母树区、实验区以及轮作休闲地等。（　　　）

🌾 综合实训

实训 3-1　苗圃地耕作

要求：指导老师结合本地特点和学校苗圃地规模的现状，安排学生进行一定面积的整地实训。建议以 3～4 人为一个小组，完成 1～2 个苗床的耕地、耙地、镇压、苗床（种类由指导老师确定）制作、土壤处理（消毒材料由指导老师确定）等整个苗圃地耕作过程。并建议已完成的苗床用于后续教学内容的学生实训操作（如播种、扦插等）。学生独立完成，并根据整地的质量要求进行评定。学生完成实训后，书写实训报告。

实训 3-2　苗圃规划设计实训

要求：指导老师选定一定面积的地块或者提供一定面积的地形平面图，提出规划设计的基本要求，由学生完成苗圃规划设计平面图，提供一份规划设计图，并完成设计说明书。

实训 3-3　建成苗圃考察

要求：指导老师选择本地区具有一定代表性的苗圃，组织学生参观或由学生自己选择已建成的苗圃考察。学生书写苗圃考察报告，要求结合苗圃建立的基本条件和要求，简单分析所考察苗圃存在的优点或缺陷，提出自己的见解。

实训 3-4　制订苗圃苗木年度生产计划

要求：根据当地苗木生产实际情况，选择有关苗圃，调查生产规模、生产苗木种类及以往生产经营情况及市场需求情况。根据所调查的情况，制定苗圃下一年度苗木生产计划及具体实施策略。学生提交计划书及计划制订说明书各一份。

🌿 考证提示

知识点：掌握中、小苗圃的建圃知识，掌握建圃工料估算和苗圃土地区划的基本方法，掌握苗圃全年工作计划及育苗全过程的质量管理内容。

技能点：掌握苗木生产经营管理各种档案建立的方法，能进行小型苗圃建圃的施工。

本章学习要点

知识点：

1. 了解种子休眠的原因，掌握播种前种子处理的方法。

2. 熟悉苗圃地土壤改良、整地、作苗床的基本知识。

3. 掌握播种期及播种方法的确定依据，播种后及苗期的管理措施和方法。

4. 了解人工种子与种子大粒化的概念和制种技术。

技能点：

1. 掌握播种前种子的消毒和催芽处理技术。

2. 掌握苗圃地的准备和苗床的制作技术。

3. 掌握播种育苗的常规操作技术。

通过种子繁衍后代的方法称为有性繁殖，也叫播种繁殖。由种子萌发长成的苗木称为实生苗。播种育苗是现阶段一般苗圃育苗的主要方式。播种育苗的操作相对简单、技术成熟，可在短期内培育大量苗木。播种苗的优点是根系发达、适应性和抗性强、寿命长。缺点是苗木变异性大、易失去母本的优良特性、开花结实晚。

第一节　播种前的种子处理

用作播种的种子，必须是检验合格的种子。为了保证种子具有良好的播种品质，达到出苗快、齐、匀、全、壮的目的，缩短育苗年限，提高苗木产量和质量，播种前必须进行种子处理，措施主要包括精选、消毒、催芽。

一、精选种子

种子经过贮藏，可能发生虫蛀、霉烂等现象。为了获得净度高、品质好的种子，并确定合理的播种量，播种前还需要进行精选。精选的方法与种实处理时的净种相同。

采用筛选或手选的方法净种、选种，将变质、虫蛀的种子清除，选出新鲜、饱满的种子。湿沙层积催芽的要筛去沙子，未经分级的种子，还需按种粒大小进行分级，以便分别播种，使种子发芽整齐、苗木生长一致，便于管理。

二、种子消毒

在播种前要对种子进行消毒，一方面消除种子本身携带的病菌；另一方面防止土壤中病虫危害。常用的种子消毒方法有紫外光消毒、药剂浸种、药剂拌种等。

（一）紫外光消毒

将种子放在紫外光下照射，能杀死一部分病毒。由于光线只能照射到表层种子，所以种子要摊开，不能太厚。消毒过程中要翻搅，半小时翻搅一次，一般消毒一小时即可。翻搅时人要避开紫外光，避免紫外光对人造成伤害。

（二）硫酸铜浸种

播种前，用 0.3%～1% 硫酸铜溶液浸种 4～6 h，用清水冲洗后晾干播种。

（三）高锰酸钾浸种

适用于尚未萌发的种子。播种前，用 0.5% 高锰酸钾溶液浸种 2 h，或用 3% 高锰酸钾溶液浸种 30 min，然后用清水冲洗。

（四）甲醛浸种

播种前，用 0.15% 甲醛溶液浸种 15～30 min，然后闷 2 h，用清水冲洗后，将种子摊开晾干即可播种。

（五）药剂拌种

药剂有防治病菌的药剂，有防治虫害的药剂，还有综合防治药剂，根据不同需要选择使用。如用敌克松药剂混合 10 倍左右的细土，配成药土后进行拌种，这种方法对预防立枯病有很好的效果。此外，药剂拌种也可结合杀菌剂和种肥，制作种衣，可以保护种子，提高种子抗性和发芽率，防止病虫害发生。

三、种子催芽

催芽是用人工的方法打破种子休眠，促进种子萌芽的过程。催芽可以使幼芽适时出土，发芽迅速而整齐，缩短出苗期，提高场圃发芽率，增强幼苗的抗性，提高幼苗的产量及质量。

根据植物特性、休眠深度、催芽时间长短等，生产上常用的有以下几种种子催芽方法：

1. 低温层积催芽　有些深休眠的种子如银杏、假连翘、丁香、山楂等，可将种子与湿润物质（沙子、泥炭、蛭石等）混合放置，在 0～10 ℃ 的低温下，解除种子休眠，促进种子萌发，这种方法称为低温层积催芽（表 4-1）。

（1）种子预处理　干燥的种子需要浸种，一般浸种 24 h，种皮厚的种子浸种时间可适当长一些。浸种后要对种子进行消毒处理，消毒后需用清水冲洗。

（2）催芽坑的准备　选择地势高、地下水位低、向阳的地方挖催芽坑。催芽坑的构筑方法与种子湿藏的方法相同。

（3）种子层积　种子与干净湿润的沙子（或泥炭等）混合，种子与沙子的比例为 1∶3，沙子含水量为 60％ 左右。按种子湿藏的方法，将种子入坑，保持低温、湿润、通气状态。

表 4-1　部分园林树种种子低温层积催芽天数

树种	催芽天数/d	树种	催芽天数/d
银杏、栾树、毛白杨	100～120	山楂、山樱桃	200～240
白蜡、复叶槭、君迁子	20～90	桧柏	180～200
杜梨、女贞、榉树	50～60	椴树、水曲柳、红松	150～180
杜仲、元宝枫	40	山荆子、海棠、花椒	60～90
黑松、落叶松、	30～40	山桃、山杏	80

也可采用室内自然温度堆积催芽法。其方法是：种子按上述方法预处理后与 2～3 倍湿沙混合，置室内地面上堆积，高度不超过 60 cm，利用自然气温变化促进种子发芽。种沙混合物要始终保持 60％ 左右的湿度。如果气温较高每周要翻动 2～3 次。

低温层积催芽适用于休眠期长、含有抑制物质、种胚未发育完全的种子，如银杏、白蜡、山楂等。

2. 水浸催芽　将种子放在水中浸泡，使种子吸水膨胀、软化种皮、解除休眠，促进种子萌发的方法，称为水浸催芽。有冷水、温水和热水浸种法。浸种前种子要进行消毒。

（1）冷水浸种　将种子放入冷水（25～30 ℃）中浸泡 1～3 d，即可捞起，作进一步催芽。

（2）温水浸种　一般使用初始温度 40～55 ℃ 的温水催芽。将种子倒入温水中，不停地搅动，使种子受热均匀，使其冷却至自然温度。催芽后即可播种。如仙客来、秋海棠等种子在 45 ℃ 温水中浸泡 10 h 后，滤干催芽，可顺利发芽。

（3）热水浸种　适用于种皮坚硬、含有硬粒的种子，如刺槐、皂荚、合欢等，可用初始温度 70～90 ℃ 的热水浸种。浸种时将种子倒入盛热水的容器中，不停地搅动使水和种子在容器中旋转，使种子受热均匀，直到热水冷却，然后捞出装入蒲包中催芽。如火炬松、椰子类的植物种子用开水烫种处理后，可顺利发芽。

浸种超过 12 h 的，要进行换水，保证水中有足够的氧气，有利于种子萌发。对泡桐等杂质多、易发黏的小粒种子，浸种过程要注意淘洗干净。

浸种的水温和时间，根据种粒大小、种皮厚薄和化学成分的不同而不同。常见的几种植物浸种水温和时间如表4-2所示。

表4-2　常见植物浸种水温（初始温度）及浸种时间表

植物	水温/℃	浸种时间（昼夜）
杨、柳、榆	冷水	0.5
悬铃木、桑、臭椿、金弹子	30左右	1
樟、楠、油松、落叶松	35	1
紫荆、珍珠梅、旱金莲	40～50	0.5～2
槐树、苦楝、君迁子	60～70	1～3
核桃、刺槐、合欢、紫穗槐	80～90	1～3

浸种后进行种子催芽，常用的方法有两种：一是将湿润种子放入容器中，上用湿布或苔藓覆盖，放温暖处催芽。另一种是将经水浸捞出的种子，混以3倍湿沙放温暖处层积催芽。以上两种方法应注意温、湿度及通气状况的调节。发芽快的植物经2～3 d发芽，发芽慢的7～10 d（如苦楝等）。当种子中咧嘴露白的种子数目占30%时即可播种。

3. 药剂催芽

（1）化学药剂催芽　对种皮具有蜡质、油脂的种子，如乌桕、黄连木等的种子，用1%碱水或1%苏打水溶液浸种后脱蜡去脂。对种皮特别坚硬的种子，如油棕、凤凰木、皂荚、相思树、胡枝子等，可用60%以上浓硫酸浸种半小时，然后用清水冲洗。漆树可用95%浓硫酸浸种1 h，再用冷水浸泡2 d，第三天露出胚芽即可播种。此外，用柠檬酸、碳酸氢钠、硫酸钠、溴化钾等分别处理池杉、铅笔柏、杉木、桉树等种子，可以加快发芽速度，提高发芽率。

（2）植物生长激素浸种催芽　用赤霉素、吲哚乙酸、吲哚丁酸、萘乙酸、2，4-D等处理种子。如用赤霉素发酵液（稀释5倍）浸种24 h，对臭椿、白蜡、刺槐、乌桕、大叶桉等种子，有较显著的催芽效果，不仅提高了出苗率，而且显著提高了幼苗长势。

（3）微量元素浸种催芽　用钙、镁、硫、铁、锌、铜、锰、钼等微量元素浸种，可促进种子提早发芽，提高种子发芽率和发芽势。如用0.01%锌、铜或0.1%高锰酸钾溶液浸泡刺槐种子1昼夜，出苗后一年生幼苗保存率比对照提高21.5%～50.0%。

4. 混雪催芽　混雪催芽其实也是低温层积催芽，只不过与种子混合的湿润物质是雪。在冬季积雪时间长的地区可以采用。

具体操作方法是：土地冻结之前，选择排水良好、背阴的地方挖坑，深度一般在100 cm左右，宽1 m，长度按种子数量而定。先在坑底铺上蒲席或塑料薄膜，再铺上10 cm厚的雪，然后将种子与雪按1：3的比例混合均匀，放入坑内，上边再盖20 cm雪并使顶部形成屋脊状。来年春季播种前将种子取出，让雪自然融化，并在雪水中浸泡1～2 h，然后高温催芽，当胚根露出或种子裂口的种子数目达到30%左右时，即可播种。

5. 机械损伤催芽　对于种皮厚而坚硬的种子，可利用机械的方法擦伤种皮，改变其透水、透气性，从而促进种子萌发。小粒种子混沙摩擦，大粒种子混碎石摩擦（可用搅拌机进行），或用锤砸破种皮，或用剪刀剪开种皮，如油橄榄和杧果种子顶端剪去后再播种，能显著提高发芽率；香豌豆在播种前用65 ℃的温水浸种，大约有30%的种子不吸胀、不发芽。解决的方法是用快刀逐粒划伤种皮（千粒重80 g），操作时不要伤到种脐，刻伤后再浸入温水中1～2 h即可。

6. 催芽新技术　近年来，种子催芽技术又有新的进展，主要包括：① 汽水浸种。将种子泡在不断充气的4～5 ℃水中，并保持水中氧气含量接近饱和，能加速种子发芽。② 播种芽苗或称为液体播种。即在经汽水浸种时，水温保持在适宜的发芽温度，直到胚根开始出现，这时种子悬浮在水中，将其喷洒在床面上。据研究，此方法能使层积催芽60 d后的火炬松种子在4～5 d内发芽长出胚根，而且发芽整齐。③ 渗透调节法。用聚乙二醇（PEG）等渗透液处理种子，使其处于最适宜的温度，但又能控制不让其发芽，等到播种后发芽更整齐而迅速。④ 稀土处理。如用稀土处理的油松种子，发芽率、发芽势明显提高。

　随堂练习

1. 播种前种子处理的目的是什么？

2. 引起种子生理休眠的原因有哪些？分别用什么方法解除休眠？

3. 种子层积催芽时，种子与干净湿润的沙子（或泥炭、木屑）混合，种子与沙子的比例1∶3，沙子含水量为30%。（　　　）

4. 种子催芽的方法有_____、_____、_____、_____、_____等。

5. 种子休眠有哪两种类型？种子休眠的原因是什么？

6. 介绍一种园林植物种子的催芽方法。

第二节　播种技术及播种地管理

一、播种期的确定

播种时期的确定是育苗工作的主要环节，适宜的播种时期可使种子适时发芽，提高发芽率，出苗整齐，苗木生长健壮，抗旱、抗寒、抗病能力强，节省土地和人力。播种期要根据植物的生物学特性和当地的气候条件来确定。

1. 春播　春播是种苗生产应用最广泛的季节，我国的大多数树木都适合春播，其原因包括：① 从播种到出苗的时间短，可以减少圃地的管理次数；② 春季土壤湿润、不板结，气温适宜种子萌发，出苗整齐，春季播种的苗木，生长期较长；③ 幼苗出土后温度逐渐增高，可以避免低温和霜冻的危害；④ 较少受到鸟、兽、病、虫为害。一年生秋季草本花卉、沙藏的木本花卉均可在春季播种。春播宜早，在土壤解冻后应开始整地、播种，在生长季短的地区更应早播。早播苗木出土早，在炎热夏季来临之前，苗木已木质化，可提高苗木抗日灼伤的能力，有利于培养健壮、抗性强的苗木。

2. 夏播　一些夏季成熟不耐贮藏的种子，可在夏季随采随播，如樱花、腊梅、柳、桑、桦等。但夏季天气炎热、太阳辐射强、土壤易板结，对幼苗生长不利。最好在雨后播种或播前浇透水，利于发芽，播后要保持土壤湿润，降低地表温度。夏播尽量提早，以使苗木在入冬前充分木质化，以利于安全越冬。

3. 秋播　有些树木的种子在秋季播种比较好，秋季播种还有变温催芽的功能：① 可使种子在苗圃地中通过休眠期，完成播前的催芽阶段；② 幼苗出土早而整齐，幼苗健壮，成苗率高，增强苗木的抗寒能力；③ 减免了种子贮藏和催芽处理，并可缓解了春季作业繁忙和劳动力紧张的矛盾。经秋季的高温和冬季的低温过程，起到变温处理的作用，翌年春季出苗。秋季播种不宜太早，有些树种的种子没有休眠期，播种后发芽的幼苗越冬困难。秋播时间一般可掌握在 9～10 月份。适宜秋播的植物有：休眠期长的植物如红松、水曲柳、白蜡、椴树等；种皮坚硬或大粒种子的植物如栎类、核桃楸、板栗、文冠果、山桃、山杏、榆叶梅等；二年生草本花卉和球根花卉较耐寒的可以在低温下萌发、越冬生长，如郁金香、三色堇等。

4. 冬播　冬播实际上是春播的提早及秋播的延续。我国北方一般不在冬季播种，南方的冬季温暖地区可以冬播。

我国北方地区以早春（2 月份）播种为主。南方地区冬春都有播种。长江中下游的大部分地区分为春播（4～5 月）、秋播（9～10 月）。随着苗木生产的发展，越来越多地采用保护地生产。更多地考虑开花期，播种时间的限制越来越少，只要环境条件适合。

二、苗木密度

苗木密度是单位面积上种植苗木的数量。适宜的苗木密度是培养质量好、产量高、抗性强苗木的重要条件之一。确定合理的密度，应根据花木的生物学特性、育苗环境和育苗目的。一般一年生播种苗木的密度为 150～300 株/米^2，速生针叶树可达 600 株/米^2，一年生阔叶树播种苗、大粒种子或速生树为 25～120 株/米^2，生长速度中等的树种为 60～160 株/米^2。

三、播种量的确定

播种量是单位面积或单位长度播种沟上播种种子的数量。大粒种子可用粒数来表示，如核桃、山桃、山杏、七叶树、板栗等。

播种苗的稠密可用间苗办法来调控，但造成种子浪费，费时、费工。种子短缺或珍贵种子不宜采用间苗方式，因此播种前要计算好播种量，不要盲目播种造成浪费。

计算播种量要考虑以下因素：

（1）树种的生物学特性、苗圃地条件、育苗技术水平；

（2）单位面积的产苗量；

（3）种子品质指标，包括种子净度、千粒重、发芽率等；

（4）种苗的损耗系数。

计算公式如下：

$$X = \frac{A \cdot W}{P \cdot G \cdot 1000^2} \cdot C$$

式中：X——单位长度（或面积）实际所需的播种量（kg）；

A——单位长度（或面积）的产苗数；

W——种子千粒重（g）；

P——种子净度（小数）；

G——种子发芽势（小数）；

C——损耗系数；

1000^2——常数。

C 值因植物种类、圃地条件、育苗技术水平而异，一般变化范围如下：

$C \geqslant 1$ 时，适用于千粒重在 700 g 以上的大粒种子；

$1 < C \leqslant 5$ 时，适用于千粒重在 3~700 g 的中、小粒种子；

$C > 5$ 时，适用于千粒重在 3 g 以下的极小粒种子。

播种量按苗床净面积（有效面积）计算，苗床净面积按国家标准（GB 6001—1985）为每公顷 6 000 m^2。

四、播种技术

（一）播种

常用的播种方法有条播、撒播和点播。应根据植物特性、种子情况、育苗技术及自然条件等因素选用不同的播种方法。

1. 撒播 撒播就是将种子均匀地撒在苗床上，适用于细小粒种子和小粒种子。如桉树、杉木、木荷、枫香等树种。特点是产苗量高，播种方式简便；但由于株行距不规则，不便于锄草等管理。另外，撒播用种量较大，不宜大面积播种。

撒播时为了撒得均匀，应按苗床面积分配种子数量，将一个苗床的种子量分成 3 份，分 3 次撒入苗床，小粒种子撒后立即盖土。细小粒种子还需要加黄心土或沙等基质，随种子一同撒到苗床上，撒后可以不盖土。

2. 条播　条播是按一定的行距，将种子撒播在播种沟中或采用播种机直接播种，覆土厚度视树种而定。可采用手工或机具播种。手工条播的做法是在苗床上按一定行距开沟，行间距 10~25 cm、播幅 10~15 cm，播种沟深为种子直径的 2~3 倍。在沟内均匀撒播种子，覆土至沟平。条播一般是南北方向，因有一定的行距，利于通风透光；便于机械作业，省工省力，生产效率高。大多数树种适合条播。条播适用于小粒和中粒种子，如杉木、湿地松、樟、檫。

3. 点播　首先在平整的苗床上按株行距划线开播种穴或按行距划线开播种沟，再将种子均匀点播于穴内或沟内。一般行距为 30~80 cm、株距 10~15 cm。播后立即覆土，点播适用于大粒种子，如银杏、山桃、山杏、核桃、板栗、七叶树等，也适用于珍贵树种播种。株、行距按不同树种和培养目的确定。点播由于有一定的株、行距，节省种子，苗期通风透光好，利于苗木生长，点播育苗一般不进行间苗。

（二）施种肥

种肥是在播种或幼苗栽植时施用的肥料。种肥不仅给幼苗提供养分，又能提高种子的场圃发芽率，因而能提高苗木的产量和质量。种肥以速效性的肥料为好，氮肥、磷肥、钾肥、泥土肥、草木灰、腐熟的有机肥等多施在播种沟、穴内，而微量元素肥料多用于浸种或拌种。

（三）覆土

播种后要立即覆土，以免土壤和种子干燥，影响发芽。一般覆土采用疏松的苗床土即可。如苗床土壤黏重，可采用细沙或腐殖土、锯屑等。为了减少病害和杂草，也可采用黄心土、火烧土等。覆土厚度对种子发芽和幼苗出土关系极为密切。过厚，缺乏氧气、土壤温度低，不仅不利于种子萌芽，而且幼苗出土困难；过薄，种子容易暴露，不仅得不到水分，而且易受鸟、兽、虫侵害，甚至使育苗遭到失败。一般覆土厚度以种子短轴直径的 2~3 倍为宜。但仍需根据种子发芽特性、圃地的气候、土壤条件、播种期和管理技术而定。不同大小种子覆土厚度参照表 4-3。

（四）镇压

为使种子和土壤紧密结合，促进种子发芽整齐，播种细小粒种子或在土松、干旱、水分不足的条件下，播种前或覆土后要进行播种地的镇压。

（五）覆盖

盖土后一般需要覆盖。覆盖有助于早春提高地温、保持床面湿润、调节地温，可使幼苗提早出土，防止杂草滋生。覆盖材料一般有草帘、秸秆、树枝、塑料薄膜等。覆盖材料不要带有杂草种子和病原菌，覆盖厚度以不见地面为度。也可用地膜覆盖或施土面增温剂。覆盖材料要固定在苗床上，防止被风吹走、吹散。

表 4-3　不同大小种子覆土厚度参照表

种子大小	覆土厚度/cm	植物举例
极小粒种子	0.1~0.5	杨、柳、桤木、泡桐、西南桦、海棠
小粒种子	0.5~1.0	石楠、含笑、杉木、矮牵牛、五彩椒、雪松
中粒种子	1~3	冬樱花、滇润楠、樟、青桐、桂花
大粒种子	3~5	油桐、麻栎、核桃

（六）浇水

播种后或者覆盖后，再用细雾喷头喷一次水，浇透，让种子与基质和覆盖材料充分接触。

五、播种地的管理

播种后出苗前的管理主要是提供适宜种子发芽出土的温度、湿度，预防鸟鼠害，促使种子尽快发芽，出苗整齐。

（一）覆盖物的管理

如果播种期较早，为了提高地温在床面上覆盖物时，白天要打开覆盖物以升温，夜间盖上保温；注意不要因覆盖物过厚而降低了土温；通过覆盖可以保持床面湿润，因此要减少浇水次数。在播种季节气候干旱或风大的地区，微粒、小粒种子下播后必须用地膜或草帘等材料进行覆盖，保持床面湿润，避免种子被风刮走。

（二）灌溉

种子发芽以前要保持土壤湿润，但并不是越湿越好。较黏重土壤透水性差，浇水量要少一些。种子小，则需覆土薄，灌溉方法以多次少量、经常保持土壤湿润为原则。种粒大，则需覆土厚，浇水不要太勤，在播种层土壤水分不足时再浇水，浇水后要结合松土，以防土壤板结。有覆盖物的床面因蒸发量小，浇水量要少一些。

（三）松土除草

没有覆盖物的床面，经灌溉和雨淋后，土壤会变得紧密板结，对幼苗出土不利，因此需要进行松土。有的苗床还会有杂草滋生，需要在松土同时一并清除，或使用除草剂清除。

（四）预防鸟、鼠害

有些种子带壳出土，会受到鸟的啄食，折断幼芽。生产中用铅丹将种子染成红色，以避免鸟的危害，铅丹与种子的比例一般为 1:10。

一般壳斗科类树种播种后出苗前往往受到老鼠危害，生产中用煤油或磷化锌拌种，可减少鼠害，或者用灭鼠药灭鼠后再播种。

1. 常用的播种方法有_____、_____和_____。

2. 细小粒种子播种时可加_____等基质，以播撒均匀；大粒种子播种时要_____放。

3. 苗木苗期的管理措施有_____、_____、_____、_____、_____等。

4. 确定播种量时，应考虑哪些因素？

5. 播种后覆盖的作用以及材料是什么？

6. 简述常规播种育苗的主要过程。

第三节　苗期管理技术

一、年生播种苗的年生长规律

苗木的管理必须根据其生长发育规律进行才能收到好的效果。播种苗在一年当中，从播种开始到秋季苗木生长结束，不同时期苗木对环境条件的要求不同。一年生播种苗的年生长周期可分为出苗期、幼苗期、速生期和硬化期。各时期的特点及主要育苗技术见表4-4。

表4-4　一年生播种苗各时期生长特点及育苗技术要点

时期	时间范围	生长特点	管理技术要点	持续期
出苗期	从播种到幼苗出土、地上长出真叶（针叶树种脱掉种皮）、地下发出侧根时为止	子叶出土尚未出现真叶（子叶留土树种，真叶未展开），针叶树种壳未脱落；地下只有主根而无侧根；地下根系生长较快，地上部分生长较慢；营养物质主要来源于种子自身所贮藏	为幼苗出土创造适宜的温湿条件，使幼苗出土早而多；种子催芽、适时早播、覆盖、灌溉	1~5周
幼苗期	自幼苗地上生出真叶、地下开始长侧根开始，到幼苗的高生长量大幅度上升时为止	幼苗期是苗木幼嫩时期。地上部分出现真叶，地下部分出现侧根；光合作用制造营养物质；叶量不断增加，叶面积逐渐扩大；前期高生长缓慢，根系生长较快，吸收根分布可达10 cm以上，到后期，高生长逐渐转快	保证苗木的存活率，防治病虫害；促进根系生长，为速生期打好基础；及时中耕除草、施肥、灌溉；适当进行间苗	多数为3~8周
速生期	从苗木高生长量大幅度上升时开始，到高生长大幅度下降时为止	地上、地下部分生长量大；已形成了发达的营养器官，能吸收与制造大量营养物质；叶子数量、叶面积迅速增加；气温高、湿度大，有利于木生长；在速生期中，一般出现1~2个高生长暂缓期，形成2~3个生长高峰。高生长量约占全年生长量的60%~80%	加强抚育管理，病虫防治；追肥2~3次；适时适量灌溉；及时间苗和定苗	1~3个月

时期	时间范围	生长特点	管理技术要点	持续期
硬化期	从苗木高生长量大幅度下降时开始，到苗木进入休眠时为止	高生长急剧下降直至停止，径生长逐步停止，最后根系生长停止；出现冬芽，体内含水量降低，干物质增加；地上地下都逐渐达到木质化；对高温、低温抗性增强	停止一切促进苗木生长的措施，促进苗木木质化，防止徒长，提高苗木对低温和干旱的抗性	6~9周

二、苗期管理技术

（一）撤除覆盖物

种子发芽后，要及时揭去覆盖物。有 60%~70% 的种子子叶展开后应将膜揭去，同时仍然要保持基质的湿度，从而使未发芽的部分种子的子叶从种壳中成功伸出。撤覆盖物最好在多云、阴天或傍晚进行，可分几次逐步撤除。覆盖物撤除太晚，会影响苗木受光，使幼苗徒长、长势减弱。注意撤除覆盖物时不要损伤幼苗。在条播地上可先将覆盖物移至行间，直到幼苗生长健壮后，再全部撤除。但对细碎覆盖物，则无须撤除。

（二）遮阴

有些树种幼苗时组织幼嫩，对地表高温和阳光直射抵抗能力很弱，容易造成日灼而受伤害，因此需要采取遮阴降温措施。遮阴同时可以减轻土壤水分蒸发，保持土壤湿度。遮阴主要是苗床上方搭遮阴棚，也可用插枝的方法遮阴。

遮阴在覆盖物撤除后进行。采用苇帘、竹帘或遮阴网，设活动荫棚，其透光度以 50%~80% 为宜。荫棚高 40~50 cm，每天上午 9 点到下午 4~5 点时放帘遮阴，其他时间或阴天可把帘子卷起。也可在苗床四周插树枝遮阴或进行间作。如采用行间覆草或喷灌降温，则可不遮阴。对于耐阴树种和花卉及播种期过迟的苗木，在生长初期要采用降温措施，减轻高温热害的不利影响，如搭荫棚、采用遮阴网等。

（三）松土除草

幼苗出齐后即可进行松土除草。一般松土与除草结合进行。松土宜浅，保持表土疏松，要逐次加深，要注意不伤苗、不压苗。松土常在灌溉或雨后 1~2 d 进行。但当土壤板结，天气干旱，或是水源不足时，即使不除草也要松土。一般苗木生长前半期每 10~15 d 进行一次，深度 2~4 cm；后半期每 15~30 d 一次，深度 8~10 cm。除草要做到除早、除小、除了。除草采用人工除草、机械除草和化学除草。人工除草应尽量将草根挖出，以达到根治效果。撒播苗不便除草和松土，可将苗间杂草拔掉，再在苗床上撒盖一层细土，防止露根透风。

（四）化学除草剂使用技术

化学除草是利用化学药剂对杂草的抑制作用杀死杂草。若使用得当，则效率高、成本低、减轻人工劳动强度。但其缺点不能忽视：一是如五氯酚钠、百草枯等毒性很大，对人畜危害严重；二是对栽培植物的安全性，如果选用药剂不当、施用方法不当，会对苗木产生危害；三是化学药剂对土壤、环境和水体产生污染。苗圃在使用除草剂时首先应认真进行小面积的试验，选择安全、高效的药剂和采用恰当的剂量及使用方法，可参照表4-5。

表4-5　苗圃常用的化学除草剂及其使用方法（孙石轩，1991）

药名及用量 /(kg/hm²)（有效量）	主要功能	适用树种	使用时间及方法	注意事项
除草醚 4.5～7 果尔 2.2～2.5	选择性、触杀性、移动性小，药效期在20～30 d；果尔药效期3～6个月	针叶树类、杨柳科插条苗、白蜡属、桉树等播种苗	播后出苗前或苗期，喷雾法、茎叶、土壤处理	1. 针叶树用高剂量；2. 杨、柳插条出土后要用毒土法
草枯醚 3.75～7.5	选择性、触杀性移动性小，药效期在20～30 d	针叶树类、杨树插条、白蜡属、桉树等	播后出苗前或苗期，喷雾法、茎叶、土壤处理	1. 喷药均匀；2. 杨、柳插条出土后要用毒土法
灭草灵 3～6	选择性、内吸型，药效期在20～60 d	针叶树类，插条苗、播种苗	播后出苗前或苗期，喷雾法、茎叶、土壤处理	1. 施药后保持土壤湿润；2. 用药时气温不低于20 ℃
茅草枯 3～6	选择性、内吸型，药效期在20～60 d	杨、柳科播种苗、插条苗	播后出苗前或苗期，喷雾法、茎叶、土壤处理	药液现用现配，不宜久存；高剂量可为灭生性
五氯酚钠 4.5～7.5	灭生性、触杀性，药效期在3～7 d	针、阔叶树播种苗或插条苗	插前、播后出苗前、苗期，喷雾茎叶土壤处理	出芽期、苗期禁用；用药时土壤保持湿润
西玛津、扑草净、阿特拉津、去草净 1.88～3.75	选择性、内吸型，溶解度低、药效期长	针叶树类，棕榈、凤凰木、女贞播种苗，悬铃木、杨树插条苗	播后出苗前或苗期，喷雾法、茎叶、土壤处理	注意后茬苗木的安排；针叶树用高剂量，阔叶树用低剂量
草甘膦 1.5～3	灭生性、内吸型，药效期长	道路、休闲地的针、阔叶树	杂草萌发时茎叶处理	果树及经济树种苗木采用喷雾器施药

1. 施药时期　春季第一次施药，一般在杂草种子刚萌发、出芽时，除草效果好。播种苗床可在播后苗前施药，移植苗床可在缓苗后施药，留床苗可在杂草发芽时施药。如需灌溉，要在灌溉后施药。其他时间使用除草剂，可根据苗木、杂草的种类及生长情况，选择最佳的施药时间。

2. 用药量　根据苗木种类、除草剂种类、杂草种类及环境状况，参考小面积试验取得的数据和他人使用经验，严格掌握用药量。用药量是指单位面积的药量，与施药时的载体关系不大，但载体量小则施药不均匀；载体量大，施药工作量大。防止载体量少，未施完规定的面积造成用药过量。可根据除草剂的剂型、使用器械确定适量的载体。茎叶处理一般使用水溶液喷雾，喷雾时溶液要均匀，防止药物沉淀；土壤处理可使用水溶液喷雾或用沙土作毒土，将除草剂与沙土混合后闷一段时间，效果更好。背负式喷雾器一般每公顷用水 450 L，毒土每公顷 450 kg。

3. 使用方法

（1）浇洒法　适用于水剂、乳剂、可湿性粉剂。先称出一定数量的药剂，加少量水使之溶解、乳化或调成糊状；然后加足所需水量，用喷壶或洒水车喷洒。加水量的多少，与药效关系不大，主要看喷水孔的大小而定。一般每亩用水量为 400 kg 左右。

（2）喷雾法　适用剂型和配制方法同浇洒法，不同点是用喷雾器喷药。每亩用水量比浇洒法少，约 50 kg 左右。

（3）喷粉法　适用于粉剂，有时也用于可湿性粉剂。施用时应加入重量轻、粉末细的惰性填充物，再用喷粉器喷施。多用于幼林、防火线和果园，亦可用于苗圃地。

（4）毒土法　适用于粉剂、乳剂、可湿性粉剂。取含水量 20%～30% 的潮土（手捏成团、手松即散），过筛备用，称取一定数量的药剂，先加少许细土，充分搅匀，再加适量土（一般每亩 20～25 kg），粉剂可直接拌土；用乳剂可先加少量水稀释，用喷雾器喷在细土上拌匀撒施，但应随配随用，不宜存放。

（5）涂抹法　适用于水剂、乳剂、可湿性粉剂。将药配成一定浓度的药液，用刷子直接涂抹欲毒杀的植物。一般用来灭杀苗圃大草、灌木和伐根的萌芽。

（6）除草剂的混用　有些除草剂之间，除草剂与农药、肥料可以混用，混用可以减少劳动工作量，发挥除草剂的效力。但混用要谨慎，特别是与农药和肥料混用更应慎重，不要图省事，忽略了除草剂的药害。多种除草剂的混用，可同时防除多种杂草，提高除草效率。但混用首先要考虑药剂能否混合，有没有反应，混合后药物是否有效、有害。其次是考虑除草剂的选择性，如果混合后既能杀死单子叶杂草，又能消灭阔叶杂草，还能保证苗木不受危害，这种混合是成功的，否则是失败的。应根据除草剂的化学结构、物理性质、使用剂量、剂型及选择性进行试验，选出适合某种或某类苗木的除草剂混合及混合比例。

（五）灌溉

1. 合理灌溉　苗期灌溉的目的是促进苗木的生长。应把握五个时机：① 苗木播种前灌水。此时灌水应观察土壤是否湿润，视墒情灌水。首次水一定要灌足。② 苗木出齐后灌水。此时灌水不宜过大，以保持圃地湿润、提高地温为原则。③ 苗木追肥后灌水。此时灌透水，不仅能防止苗木产生肥害，而且能使肥料尽快被苗木吸收。④ 苗木封头后灌水。此时灌水有利于提高苗木地径，延长落叶时间。⑤ 苗木冬眠后灌水。此时灌水既能保护苗木根系，使之继续吸收营养，又能渗透于土壤中，使苗木不被冻伤。

灌溉要适时、适量，要考虑不同树种苗期的生物学特性。有些树种种子细小、播种浅、幼苗细嫩、根系发育较慢，要求土壤湿润，出苗期灌溉次数要多些，如杨、柳、泡桐等。幼苗较强壮、根系发育快的树种，灌溉次数可少一些，如油茶、刺槐、元宝枫等。

苗期不同发育阶段，树苗的需水量和抗旱能力有所不同。灌溉次数和灌溉量应有所不同。出苗期及幼苗期，苗弱、根系浅，对干旱敏感，灌溉次数要多，灌溉量要小；速生期苗木生长快、根系较深、需水量大，灌溉次数可减少，灌溉量要大，灌足、灌透；进入苗木硬化期，为加快苗木木质化，防止徒长，应减少或停止灌溉。北方越冬苗要灌防冻水，则属防寒的范畴。

2. 灌溉方法

(1) 侧方灌溉　适用于高床和高垄作业，水从侧面渗入床、垄中。侧方灌溉的优点是土壤表面不易板结，灌溉后保持土壤的通气性；缺点是用水量大，床面宽时灌溉效率较低。

(2) 畦灌　用作低床和大田平作，在地面平坦处进行，省工、省力，比侧方灌溉省水。缺点是易破坏土壤结构，造成土壤板结，地面不平时造成灌溉不均匀，影响苗木正常生长。

(3) 喷灌　喷灌与降雨相似，有固定式和移动式两种。喷灌省水、便于控制水量，灌溉效率较高；减少渠道占地面积，对地面、床面平展要求不严，土壤不易板结。缺点是灌溉受风力影响较大，风大时灌溉不均；容易造成苗木"穿泥裤"现象，影响苗木生长，设备成本高。

(4) 滴灌　滴灌是通过管道的滴头把水滴到苗床上。滴灌让水一滴一滴地浸润苗木根系周围的土壤，使之经常处于最佳含水状态，非常省水。缺点是管线需要量大，投资更高。

(六) 间苗与定苗

间苗宜早不宜迟，具体时间要根据树种的生物学特性、幼苗密度和苗木的生长情况确定。间苗的原则是"适时间苗，留优去劣，分布均匀，合理定苗"。

间苗一般分两次进行。阔叶树第一次间苗一般在幼苗长出 3～4 片真叶、相互遮阴时开始，第一次间苗后，比计划产苗量多留 20%～30%。第二次间苗一般在第一次间苗后的 10～20 d。间苗时用手或移植铲将过密苗、病弱苗及生长不良和不正常的幼苗间除，"霸王苗"也要及时间除。第二次间苗可与定苗结合进行，定苗时的留苗量可比计划产苗量高 6%～8%。

间苗与补苗应结合进行。选择生长健壮、根系完好的幼苗，用小棒锥孔，补于稀疏缺苗之处。间苗后应及时灌溉，防止因间苗松动暴露、损伤留床苗根系。

(七) 合理追肥

追肥是在苗木生长期间施用的肥料。一般情况下，苗期追肥的施用量应占 40%，苗期追肥应本着"根找肥，肥不见根"的原则施用。施用追肥的方法有土壤追肥和根外追肥两种。

1. 土壤追肥　一般采用速效肥或腐熟的人粪尿。苗圃中常见的速效肥有草木灰、硫酸铵、尿素、过磷酸钙等。一般苗木生长期可追肥2~6次。第一次宜在幼苗出土后1个月左右，以后每隔10 d左右追肥1次，最后一次追肥时间要在苗木停止生长前1个月进行。对于针叶树种，在苗木封顶前30 d左右，应停止追施氮肥。追肥要按照"由稀到浓、少量多次、适时适量、分期巧施"的原则进行。

2. 根外追肥　是将液肥喷雾在植物枝叶上的方法。对需要量不大的微量元素和部分速效化肥作根外追肥效果好，既可减少肥料流失又可收效迅速。在进行根外追肥时应注意选择适当的浓度。一般微量元素浓度采用0.1%~0.2%；化肥采用0.2%~0.5%，在上午或下午进行。

（八）苗木防寒

在冬季寒冷、春季风大干旱、气候变化剧烈的地区，对苗木特别是对抗寒性弱和木质化程度差的苗木危害很大。为保证其免受霜冻和生理干旱的危害，必须采取有效的防寒措施。苗木的防寒有以下两方面：

1. 提高苗木的抗寒能力　选育抗寒品种，正确掌握播种期，入秋后及早停止灌水和追施氮肥，加施磷、钾肥，加强松土、除草、通风透光等管理，使幼苗在入冬前能充分木质化，增强抗寒能力。阔叶树苗休眠较晚的，可用剪梢的方法，控制生长并促进木质化。

2. 保护苗木免受霜冻和寒风危害

（1）覆盖　在土壤结冻前，对幼苗用稻草、麦秸等覆盖防寒。对少数不耐寒的珍贵树种苗木可用覆土防寒，厚度均以不露苗梢为度。翌年春土壤解冻后除去覆盖物。

（2）设防风障　土壤结冻前，在苗床的迎风面用秫秸等风障防寒。一般风障高2 m，障间距为障高的10~15倍。翌年春晚霜终止后拆除。设风障不仅能阻挡寒风、降低风速，使苗木减轻寒害，而且能增加积雪，利于土壤保墒，预防春旱。

（3）设暖棚　暖棚应比苗木稍高，南低北高，北面要紧接地面不透风，用草帘夜覆昼除，如遇寒流可整天遮盖。暖棚能减弱地表和苗木夜间的辐射散热，缓和日出时的急剧增温，阻挡寒风侵袭。

（4）熏烟　有霜冻的夜间，在苗床的上风，设置若干个发烟堆，当温度下降有霜时即可点火熏烟。尽量使火小烟大，保持较浓的烟雾，持续1 h以上，日出后若保持烟幕1~2 h，效果更佳。熏烟可提高地表温度，有效地防霜冻。

（5）灌水　土壤结冻前灌足冻水可防止抽条、减轻冻害。早春在晚上灌水，能提高地表温度，防止晚霜的危害。

（6）假植防寒　将在翌年春需要移植的不抗寒小苗在入冬前挖起，分级后假植在沟中防寒。严寒地区也可将苗木全部埋入土中，防止抽条失水。

（九）防治病虫害

很多苗木易发生立枯病、根腐病等病害，可喷洒敌克松、波尔多液、多菌灵、甲基托布津等药物防治。防治食叶、食芽害虫可喷洒敌敌畏、敌百虫等药剂。地下害虫金龟子、蝼蛄、蟋蟀等可用敌百虫、乐果喷洒，也可用辛硫磷稀释后灌根防治或进行人工捕捉。

🌳 随堂练习

1. 一年生播种苗的年生长周期可分为_____、_____、_____和_____。

2. 苗期管理措施有_____、_____、_____、_____、_____、_____等。

3. 除草剂的使用方法有_____、_____、_____、_____等。

4. 苗木防寒的措施有_____、_____、_____、_____等。

第四节　人工种子与种子大粒化处理

一、人工种子概述

（一）人工种子的概念

人工种子是相对于天然种子而言的。植物人工种子的制作，是在组织培养基础上发展起来的一项生物技术。所谓人工种子，就是将组织培养产生的体细胞胚或不定芽包裹在能提供养分的胶囊里，再在胶囊外包上一层具有保护功能和防止机械损伤的外膜，造成一种类似于种子的结构，并具有与天然种子相同机能的一类种子（图4-1）。

植物人工种子的制作首先应该具备一个发育良好的体细胞胚（即具有能够发育成完整植株能力的胚）。为了使胚能够存在并发芽，需要有人工胚乳，其内含胚状体健康发芽时所需的营养成分、防病虫物质、植物激素；还需要能起保护作用以保护水分不致丧失和防止外部物理冲击的人工种皮。通过人工的方法把以上3个部分组装起来，便创

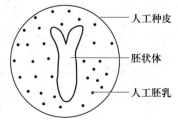

图4-1　人工种子结构示意图

造出一种与天然种子相类似的结构——人工种子。在人们喜爱的蔬菜、名贵花卉，以及人工造林中，人工种子具有广阔的应用前景。

（二）人工种子的特点

人工种子本质上属于无性繁殖，与天然种子相比，具有以下优点：

1. 通过植物组织培养产生的胚状体具有数量多、繁殖速度快、结构完整等特点，对那些名、特、优植物有可能建立一套高效快速的繁殖方法。

2. 体细胞胚是由无性繁殖系产生的，一旦获得优良基因型，可以保持杂种优势，对优异的杂种种子可以不需要代代制种，可大量地繁殖并长期加以利用。

3. 对不能通过正常有性途径加以推广利用的具有优良性状的植物材料，如一些三倍体植株、多倍体植株、非整倍体植株等，有可能通过人工种子技术在较短的时间内加以大量繁殖、推广，同时又能保持它们的种性。

4. 在人工种子的包裹材料里加入各种生长调节物质、菌肥、农药等，可人为地影响控制植物的生长发育和抗性。

5. 可以保存及快速繁殖脱病毒苗，克服某些植物由于长期营养繁殖所积累的病毒病等。

6. 通过基因工程可能获得的含有特种宝贵基因的工程植物的少量植株，通过细胞融合获得体细胞杂种和细胞质杂种，通过人工种子可以在短时间内快速繁殖。

7. 与试管苗相比成本低、运输方便（体积小），可直接播种和进行机械化操作。

（三）人工种子的主要制种技术和研究热点

1. 人工种子的制种技术　制种技术包括胚状体的诱导与形成、人工种皮的制作与装配两个主要步骤（图4-2）。制作人工种子对胚状体的要求是：形态应和天然胚相似，其发育须达子叶形成时期，萌发后能生长成具有完整茎、叶的正常幼苗；其基因型应等同于亲本；耐干燥且能长期保存。要求人工胚乳内应富含营养物质、激素、维生素、菌肥及化学药剂等，供胚状体萌发生长等需要。还要求有一定的硬度。

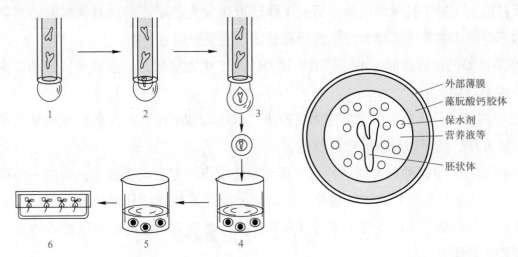

外部薄膜
藻朊酸钙胶体
保水剂
营养液等
胚状体

图4-2　人工种子制作示意图

2. 人工种子的研制热点　人工种子的研制内容主要包括：外植体的选择和消毒；愈伤组织的诱导；体细胞胚的诱导；体细胞胚的同步化；体细胞胚的分选；体细胞胚的包裹（人工胚乳）；包裹外膜；发芽成苗试验；体细胞胚变异程度与园艺研究。研究热点主要集中于以下方面：

（1）高质量体细胞胚的诱导　目前利用胚状体为包埋材料制作人工种子的比例大大下

降，而用芽、愈伤组织、花粉胚等胚类似物为制种材料的比例呈上升趋势。研究范围也从过去的模式植物转向具有较高经济价值的粮食作物、观赏植物、药用植物等。

（2）体细胞胚的包埋方法　主要有液胶包埋法、干燥包埋法和水凝胶法等。液胶包埋法是将胚状体或小植株悬浮在一种黏滞流体胶中直接播入土壤的方法。干燥包埋法是将体细胞胚经干燥后再用聚氧乙烯等聚合物进行包埋的方法。水凝胶法是指用通过离子交换或温度突变形成的凝胶包裹材料进行包埋的方法。

（3）人工种皮　研究表明，海藻酸钠价值低廉且对胚体基本无毒害，可作为内种皮。但它固化成球的胶体对水有很好的通透性，使种皮中的水溶性物质及助剂易随水流失，且胶球易粘连和失水干缩。有人认为，对包埋基质的研究应集中在改善其透气性来提高胚的转化率上。为解决单一内种皮存在的问题，人们又着手于外种皮的研究。

（4）贮藏　因农业生产的季节性所限，需要人工种子能贮藏一定时间。但人工种子含水量大，常温下易萌发，易失水干缩，贮藏难度较大。目前报道的方法有低温法、干燥法、抑制法、液状石蜡法等，其中干燥法和低温法相结合是目前报道最多的方法，也是目前人工种子贮藏研究的主要热点之一。

（5）工艺流程　人工种子的机械化、工厂化生产是从实验到推广的关键环节。目前报道的有人工种子制种机、人工种子滴制仪等。

（四）人工种子存在的问题

尽管目前人工种子技术的实验室研究工作已取得较大进展，但从总体来看，目前的人工种子还远不能像天然种子那样方便、实用和稳定。主要原因有：

1. 许多重要的植物目前还不能靠组织培养快速产生大量的、出苗整齐一致的、高质量的体细胞胚或不定芽。

2. 包埋剂的选择及制作工艺方面尚需改进，以提高体细胞胚到正常植株的转化率，并达到加工运输方便、防干防腐耐贮藏的目的。

3. 如何进行大量制种和田间播种、实现机械化操作等方面配套技术尚需进一步研究。由于人工种子是由组织培养产生的，需要一定时间才能很好地适应外界环境，因此人工种子在播种到长成自养植株之前的管理也非常重要，在推广之前必须经过农业试验，并对栽培技术及农艺性状进行研究。

二、种子大粒化处理

（一）种子大粒化的概念

种子大粒化即为种子丸粒化。种子丸粒化处理属于种子包衣技术。包衣种子是指通过处理将非种子材料包裹在种子表面，形成形状类似于原来的种子单位。非种子材料主要指杀虫剂、杀菌剂、微肥、染料和其他添加物质。种子经过包衣后，使小粒种子大粒化、不规则种子成形化，促进种子标准化、机械化的发展和推进种子产业化的进程。既能防虫防病、省工省药又增产增收，是继种子包膜技术之后的又一项种子处理新技术。

（二）种子大粒化处理的特点

通过种子丸粒化包衣使种子大粒化，不仅能够增加种子的粒度和重量，有利于机播和精量播种，而且能够提供较为充分的药、肥及其他功能物质。国内近年来开展了大量的种子丸粒化包衣剂及包衣技术的研究，并应用于生产。据报道，利用包衣种子可以综合防治苗期病虫害，促进作物苗期生长，增产8%～10%，苗期可省3～5个工时，同时可减少用药2～3次，有利于环境保护。据测试，包衣对环境污染的程度只相当于根施农药的1/3、喷施农药的1/100。我国玉米、小麦、大豆种子在包衣处理后，大面积连片应用效果显著，尤其在玉米丝黑穗病、小麦纹枯病、大豆重迎茬问题严重的地区。我国多年研究的烟草种子丸粒化包衣剂已广泛用于烟草种子包衣，江苏里下河地区农业科学研究所研制开发的旱育保姆已用于水稻种子丸化等。对小而轻又不规则的蔬菜、花卉及牧草等种子的丸化技术成为近年来研究的热点，一些成果已申请了专利。

随着种子包衣研究的进一步深入，种子包衣配方亦将更趋于精细及专一。如生长调节物质、释氧物质、除草剂的应用及通过亲水及憎水物质的应用来调节种子的吸水及萌发过程。将来的种子包衣将会根据种子及土壤的需要而更趋专一，从而提高包衣种子的品质，为种苗的优化提供更有利的环境。

（三）种子丸粒化包衣技术

种子丸粒化包衣技术的制种过程是将具有不同活性组分的杀菌剂、杀虫剂或其他营养成分的种衣剂黏结液在喷雾状态下喷洒到种子表面上，紧接着再喷洒一层粉末状的填充料，干燥后再喷洒种衣剂黏结液和填充料，反复交替进行多次，直到丸化后的种子粒径达到要求的标准。种子丸粒化包衣一般要用专门的包衣丸粒化机械来完成（图4-3）。种子丸粒化包衣质量的好坏与使用的黏结剂有很大关系。这种黏结剂必须是水溶性的，这样才能保证种子播到土壤中遇到水能破裂，使种子能发芽，同时要求包裹层黏结牢度适宜。黏结牢度太高，会影响种子在运输和播种时因相互摩擦碰撞造成包裹层脱落（图4-4）。

图4-3　种子包衣机　　　　　　　　　　　图4-4　包衣种子

目前生产上有专业的种衣剂，它用于花卉种子包衣时，能快速固化成膜状种衣。种衣在土壤中吸水膨胀而几乎不会被溶解，也不易脱落，可保证种子正常发芽、生长和缓慢释放药肥。植物种子包衣处理要抓好以下两个方面：

一是选择种衣剂。根据不同地区和不同作物种类的生态特点、土壤营养和病虫种类等综合因素，并经过区域试验示范优化选择种衣剂。

二是把好花卉种子质量关。供包衣的种子应具备3个条件：① 种子的纯度、成熟度、发芽率、破损率、含水量等指标必须达到良种标准。② 品种必须是经过精选的优良品种或杂交种的花卉种子。③ 掌握药种比例标准。无论手工包衣还是机械包衣，都需要严格按科学的药种比例标准操作，切勿使种子包衣不全或过厚，同时要确保计量观察装置的可靠性。

山西省农业种子总站于1998年立项，对种子丸化技术进行了开发，于1999年完成项目开发并经原省科委验收。项目成果主要包括丸粒化工艺研究、种子丸粒剂研究、种子制丸设备。

主要技术指标包括：① 丸粒近圆形、大小适中、表面光滑、色泽鲜亮。② 单粒抗压力$\geqslant 15$ N。③ 单粒率$\geqslant 95\%$。④ 有籽率$\geqslant 98\%$。⑤ 整齐度$\geqslant 98\%$。⑥ 裂解度适时裂解。⑦ 不抑制或很少抑制原来种子的优良农艺性状。⑧ 具备丸化目标性状。

我国生产的种衣剂多为复合型的。在种衣剂中同时加入杀虫剂、杀菌剂、激素和某些微量元素，不同型号只是使用的药剂等在种类和数量上有所差别。

随堂练习

1. 人工种子一般包括_____、_____、_____三部分。

2. 人工胚乳内应富含营养物质_____、_____、_____及化学药剂等，供胚状体萌发生长等需要，还要求有一定的_____。

3. 人工种子对胚状体的要求有哪些？

4. 请列举3～5种生产上使用的包衣种子。

综合测试

一、填空题

1. 播种前常用的种子消毒方法有_____、_____、_____等。

2. 适宜的苗木密度是培养_____、_____、抗性强苗木的重要条件之一。

3. 人工种子含水量_____，常温下易萌发，易_____，贮藏难度_____。目前报道的方法有低温法、干燥法、抑制法、液状石蜡法等，其中_____和_____相结合是目前报道最多的方法。

4. 用于种子包衣的物质（种衣剂）包括_____、_____、_____、_____等。

二、判断题

1. 湿沙层积催芽的种子播种前要筛去沙子再精选。（　　）

2. 水浸催芽时，每 12 h 应换水一次。（　　）

3. 播种前种子用药剂浸种消毒后，可直接播种。（　　）

4. 播种量是单位面积或单位长度播种沟上播种种子的数量。（　　）

5. 一般在播种前灌足底水有利于种子发芽。（　　）

6. 苗床上的覆盖物一般一次全部撤除。（　　）

三、单项选择题

1. 以下氮肥，含氮量最高的是（　　）。

　　A. 硝酸铵　　　　　B. 氨水　　　　　C. 尿素　　　　　D. 硫酸铵

2. 以下树种，适宜点播的是（　　）。

　　A. 核桃　　　　　B. 白玉兰　　　　　C. 香樟　　　　　D. 樱花

3. 人工种子的胚状体是（　　）。

　　A. 人工合成的　　　B. 利用植物组织或器官培养的　　　C. A 和 B 都有

四、简答题

1. 举例说明如何根据种子的休眠特性选择催芽方法。

2. 你所在地区一般在什么季节播种？为什么？

五、实训题

实训 1　园林植物播种：掌握园林植物播种地准备、种子处理及露地播种技术。

实训 2　播种苗的苗期管理：掌握播种苗木管理技术。

🌿　考证提示

知识点：识别播种繁殖小苗 20 种以上；熟悉常用肥料的特性和使用方法，及生长激素和除莠剂的配制、保管、使用。

技能点：掌握常见树种的催芽、播种繁殖及苗木抚育管理技术。

本章学习要点

知识点：

1. 扦插育苗技术　了解扦插育苗的概念及扦插成活原理，熟悉促进插穗生根的方法，掌握扦插育苗方法及扦插苗管理技术。

2. 嫁接育苗技术　了解嫁接成活原理，熟悉砧木和接穗母本的培育，掌握采穗技术，学会枝接和芽接的各种嫁接方法及嫁接苗管理技术。

3. 分株、压条育苗技术　熟悉分株、压条时期，掌握分株和压条育苗的方法。

技能点：

1. 正确掌握硬枝扦插、嫩枝扦插和根插技术。

2. 掌握枝接（切接、劈接、插皮接）和芽接（T形芽接、嵌芽接）的嫁接技术。

3. 学会分株和压条育苗的操作要领。

营养繁殖又称无性繁殖，是指利用植物的营养器官（如根、茎、叶、芽等）繁殖新植株的方法。采用营养繁殖方法培育的苗木，称为营养繁殖苗或无性繁殖苗。营养繁殖是利用植物的再生能力、分生能力及与另一植物嫁接合为一体的亲和力进行繁育新植株的。其具有如下特点：能保持母本的优良性状，成苗迅速，提早开花结果，适用于某些用种子繁殖困难的树种，繁殖方法简便，经济实用。但营养繁殖苗没有明显的主根，苗木根系不如实生苗根系发达（嫁接苗除外），抗逆性较差，寿命较短，有些树种多代重复营养繁殖可能引起品种退化。

营养繁殖常用的方法有扦插、嫁接、压条、分株、组织培养等。

第一节　扦插育苗技术

扦插育苗是指在一定条件下，将植物营养器官的一部分（如枝、芽、根、叶等）插在土、沙或其他基质中，使其生根发芽，成为一个完整新植株的育苗方法。扦插育苗的方法简单、材料来源广泛、成本低、成苗快，能保持母本的遗传性状，开花结实早，是园林植物的主要繁殖方法之一。经过剪截用于扦插的部分营养器官叫插穗，通过扦插方法繁殖培育的苗木称为扦插苗。

一、扦插成活的原理

扦插繁殖的生理基础是植物的再生作用（植物细胞全能性）。利用植物的枝、叶等器官进行扦插育苗，能够成活的首要条件是生根。由于大多数的枝、叶等器官不具备根原始体（根原基），发根位置不固定，其上产生的根称为不定根。插穗形成不定根的部位因植物种类而异，通常可以分为以下三种类型：

（一）皮部生根型

皮部生根型即以皮部生根为主，从插条周身皮部的皮孔、节等处发出很多不定根，皮部生根数占总根数量的 70% 以上，如柳树、金银花等。属于此种类型的插条在生长期间能形成大量薄壁细胞群，这就是不定根的原始体，这种薄壁细胞多位于枝条内最宽髓射线与形成层的结合点上。插穗入土后，在适宜温度、湿度条件下，根原始体先端不断生长发育，并穿越韧皮部和皮层长出不定根，迅速从土壤中吸收水分、养分，成活也就有了保证。这种生根型的植物扦插成活容易，生根较快。

（二）愈合组织生根型

愈合组织生根型即以愈伤组织生根为主，从基部愈伤组织或愈伤组织邻近的茎节上发出很多不定根，愈伤组织生根数占总根数量的 70% 以上，如悬铃木、银杏、雪松等。此种生根型的插条，其不定根的形成要通过愈合组织的分化来完成。首先，在插穗下切口的表面形成一种半透明的、不规则的瘤状突起物，这是具有明显细胞核的薄壁细胞群，称为初生愈合组织，进一步分化出与插穗组织相联系的木质部、韧皮部和形成层等组织。最后充分愈合，在适宜的温度、湿度条件下，从生长点或形成层中分化出根原始体，进一步发育成不定根。此类植物生根需要的时间长，生长缓慢，要求较高的外界条件与扦插技术，故属难生根的类型。

（三）复合生根型

复合生根型是指不定根既能从皮部生长，又能从愈合组织生长的生根形式，两者生根的数量大体相同，如葡萄、杨树、石楠等。这种生根型的植物易生根。

此外，插根成活的原理是由根穗中原有根原基长出新根或由愈合组织长出新根，由根部微管束鞘发生的不定芽发育成新梢。

插穗上、下两端具有形态上和生理上的不同特征，即所谓极性现象。插穗有两个切口，形态学上端称为茎极即长枝叶，形态学下端称为根极即长根。极性现象产生的原因主要与植物体内生长素转移有关，生长素在顶端形成，有规律地向下运输（极性运输）刺激下切口细胞活动和分裂，从而促进愈合组织和不定根的形成。根插也有极性，靠根尖部位长根，靠茎干位置长枝叶，故枝插、根插都不能倒插。

二、影响扦插成活的因素

（一）内在因素

1. 树种遗传特性　不同的树种生根能力强弱不同，按生根难易可分成以下三类：

（1）容易生根　在一般扦插条件下，能获得较高的成活率，如杨、柳、杉、黄杨、冬青和悬玲木等。

（2）不太容易生根　需较高技术和集约经营管理才能获得较高成活率，如水杉、池杉、雪松、龙柏、含笑、桂花、石楠和银杏等。

（3）生根困难　经特殊处理仍难生根，如板栗、马尾松、樟和檫等。

有些树种枝插不易产生不定根，但其根部容易形成不定芽，这类树种可用根插繁殖，如泡桐、杜仲、香椿等。

2. 母树及枝条的年龄

（1）母树年龄　随着母树年龄的增加，枝、根的扦插成活率是逐步降低的，这种现象与母树枝条内部积累的抑制生根物质增多、促进生根物质减少有关。因此，较难生根的树种和难生根的树种，应从年幼的母树上采集插穗，最好选用1～2年生实生苗上的枝条。如楝树一年生幼树枝条，扦插能够成活（极难生根类型）。水杉、池杉、雪松用4～5年生幼树枝条扦插成活率高。雪松10年生以上一般不采插穗，通常用5年生以下幼树枝条扦插，容易成活。

（2）枝条年龄　少数树种（杨、柳）能用多年生枝条扦插繁殖，大多数树种扦插通常用一年生枝条剪插穗，如水杉、池杉一年生枝条再生能力强，二年次之（不定芽萌发能力弱）；生长慢的针叶树，一年生枝条短、纤细，可带2～3年生枝条。

3. 枝条的部位及生长发育状况　一般树冠上的枝条生根率低，而树根和干基部萌发枝的生根率高。因为母树根颈部位的一年生萌蘖条发育阶段最年幼，再生能力强，同时其生长部位靠近根系，得到营养物质较多，扦插后易于成活。另外，母树主干上的枝条生根力强，多次分枝的侧枝生根力弱，分枝级数越高，生根能力越弱。

一般来说，常绿植物扦插以中上部枝条为优，中上部枝条生长旺盛，营养物质含量多，代谢作用强，光合作用强度大，对生根有利。落叶植物硬枝扦插时，以中下部较好，因为枝条中下部发育充实、贮藏的营养物质多，有利于生根；落叶树嫩枝扦插，则中上部枝条较好，由于嫩枝上部生长素含量高，代谢作用旺盛，细胞分裂能力强，对生根有利。

4. 插穗的叶数和芽数　插穗上的芽和叶能供给插穗生根所必需的营养物质和生长激素、维生素等，能促进插穗生根。常绿针、阔叶树以及各种嫩枝插穗，保留适当叶子尤为重要，插穗留叶多少一般要根据情况而定，从 1 片到多片不等。若有喷雾装置，随时喷雾保湿，则可多留叶片。

（二）外界环境因素

1. 基质条件　插条生根时，细胞分裂旺盛，呼吸作用增强，需要充足的氧气，所以扦插要选用透气性良好的基质，利于根迅速生长。如透气性差的基质或基质中水分过多，氧气供应不足，插穗下切口极易腐烂死亡。扦插的基质应是结构疏松、透气良好、能保持水分，但又不易积水为好。在露地进行硬枝扦插，可在含沙量较高的肥沃沙壤土中进行；嫩枝扦插可在水、河沙、蛭石、珍珠岩、炉渣、泥炭中进行。

2. 温度（气温和地温）　气温主要满足芽的活动和叶的光合作用。气温高则叶部蒸腾作用大，容易导致失水，对扦插生根不利；地温主要满足不定根形成的需要。不同种类的植物，要求不同的扦插温度。一般插条生根的温度要比栽培时所需温度高 2～3 ℃，大多数树种生根最适地温在 15～20 ℃，喜高温的温室花卉往往要在 25～30 ℃时才生根良好。因此，提高春季扦插成活的关键因素在于提高地温，地温高有利于物质分解、合成和运输，加速愈伤组织形成和生根。温室内扦插，可在扦插床下铺热水管道、蒸汽管道和电热线等。室外插床下垫 20～25 cm 厚的羊、马粪，使其发酵、发热，提高地温；也可采用覆盖地膜、施用土面增温剂等。

3. 湿度　为了保证插穗体内水分平衡，除了保证基质有一定水分（基质中的含水量一般以 20%～25% 为宜）以外，还必须通过提高空气相对湿度来降低蒸腾，这对嫩枝扦插尤为重要。嫩枝扦插时空气相对湿度以 90% 左右为好，只有保持相当高的空气湿度，才能防止插条和保留的叶片不发生凋萎，并能制造养分供发根需要。

4. 光照　光照强弱及时间的长短，对插条生根能力影响很大。插条以接受散射光为好，强烈的阳光造成温度过高、蒸发量过大，对插穗成活不利。因此，扦插初期要适当遮阳，当根系大量生长后，逐渐加大光照量。

光照对生长素的产生有一定的促进作用，所以建议在扦插时提供一定的光照，但不能是太阳直射光。因为过强的光照对尚无吸收养分能力的扦插材料具有一定的伤害作用，消耗扦插材料的养分和水，不利于后期的生根。但完全黑暗不但不利于生长素分泌，反而会促进霉菌生长，造成腐烂。值得提出的是，一种经典的扦插材料的处理方法是很有效的，这就是"黄化处理"。在日光下，最好采用喷雾装置，保持叶面有一层水膜，这样能保持插穗水分代谢平衡，能大大提高扦插成活率，如条件不具备，可采用荫棚，控制光照。

三、促进扦插生根的方法

(一) 机械处理

对一些较难发根的植物，于生长季节在母树上将准备用作插穗的枝条基部进行刻伤、环剥、缢伤等，以阻止枝条上部的碳水化合物和生长素向下运输，使其贮存养分。到休眠期将枝条从基部剪下进行扦插，插穗因养分充足而显著提高生根率，利于苗木生长。

(二) 黄化处理

用黑布、黑色塑料薄膜、牛皮纸或泥土封包枝条，遮光，使枝条内营养物质发生变化，组织老化过程延缓。三周后剪下扦插易生根，因黑暗可延迟芽组织发育，而促进根组织的生长。一些含有色素、油脂、樟脑、松脂等抑制物质的树种采用此法处理效果较好。

(三) 加温催根处理

1. 温床催根　在温床内用酿热物造成升温条件，促进生根。催根前，先在地面挖床坑，坑底中间略高，四周稍低，然后装入20～30 cm厚的生马粪，边装边踏实，踩平后浇水使马粪湿润，盖上塑料薄膜，促使马粪发酵生热，数天后温度上升到30～40 ℃时，再在马粪上面铺5 cm左右厚的细土，待温度下降并稳定在30 ℃左右时，将准备好的插条整齐直立地排列在上面。枝条间填入湿沙或湿锯末，以防热气上升和水分蒸发。插条下部土温保持在22～30 ℃。

2. 火炕催根　一般采用回龙火炕，半地下式或地上式均可。炕宽1.5～2 m，长度随需要而定。具体的修造方法为：可先在炕床下挖2～3条小沟，小沟深20 cm，宽15 cm。小沟上面用砖或土坯铺平，这就是第一层烟道即主烟道。烟道出口处至入口处应有一定的角度，倾斜向上；再在第一层烟道上面用砖或土坯砌成花洞，即为第二层烟道。抹泥修成炕面，周围用砖砌成矮墙。火炕修好后，要先进行试烧，温度过高处应适当填土。在炕面各处温度均匀时(25 ℃)铺10 cm厚湿沙或湿锯末，上面摆放插条进行催根，并覆盖塑料薄膜防止插条失水干燥。

3. 电热催根　利用电热线加热催根是一种效率高、容易集中管理的催根方法。一般用DV系列电加温线埋入催根苗床内，用以提高地温。DV系列电加热线的功率有400 W、600 W、800 W和1000 W等4种，可根据处理插条的多少灵活选用。

电加温线的布线方法为：首先测量苗床面积，然后计算布线密度。如床长3 m、宽2.2 m，电加热线采用800 W（长100 m），其计算如下：

$$布线道数 = (线长 - 床宽)/床长 = (100 - 2.2)/3 = 32.6。$$

$$布线间距 = 床宽/布线道数 = 2.2/32 \approx 0.06 （m）。$$

要注意布线道数必须取偶数，这样两根接线头方可在一头。然后用木板做成长3 m、宽

2.2 m 木框，框的下面和四周铺 5～7 cm 的锯末做隔热层，木框两端按布线距离各钉上一排钉子，使电热线来回布绕在加热床上，再用塑料薄膜覆盖，膜的上面铺 5～7 cm 的湿沙，最后将催根用的插条剪好并用化学催根剂处理后按品种捆成小捆埋在湿沙中，床上再用塑料薄膜覆盖。一般 1 m² 苗床可摆放 6 000 根左右的插条。

（四）药剂处理

1. 将插条基部在 0.1％～0.5％高锰酸钾溶液中浸泡 10～12 h，取出后立即扦插，加速根的发生，还可起到消毒杀菌作用。对女贞、柳树、菊花、一品红等有明显的生根效果。

2. 用蔗糖溶液处理插条，浓度为 5％～10％，不论单独使用还是与生长素混用，一般浸渍 10～24 h，有较好的生根效果。

3. 用维生素 B_{12} 的针剂加 1 倍清水稀释后，将插条浸入 5 min 后取出，稍稍晾干后扦插。

4. 用 $1×10^{-6}$ 的维生素 B_1 或维生素 C 等浸入插穗基部 12 h，再进行激素处理，即使是生根困难的柿、板栗都有 50％以上的生根率。

5. 防霉粉处理　防霉粉是一种具有高度脱水效果的钙制剂，其原理很简单，就是为了让伤口快速脱水，同时产生抑制细菌生长的作用。其生理学作用主要有：快速干燥伤口，防止材料过度脱水，缩短后期恢复生长时间；碱性的钙盐具有抑制细菌生长的作用，在扦插中尤为重要；促进生长素向生根区富集；协同硼元素，增强启动晚期生根作用。

（五）生长素处理

常用的生长素有萘乙酸（NAA）、吲哚乙酸（IAA）、吲哚丁酸（IBA）、2,4-D 等。

1. 使用浓度　常用的有粉剂及液剂两种。低浓度（10～100）×10^{-6} 处理时间为 12～24 h；高浓度（500～2 000）×10^{-6} 处理时间为 3～5 s。对于生根难树种处理的浓度应大些，生根易树种处理的浓度应低些；硬枝扦插时处理的浓度应大些，嫩枝处理的浓度应低些。所用的浓度因植物种类、枝条木质化程度及处理时间而不同，并且气温的高低、土壤的酸度等也有一定的影响。

2. 使用方法

（1）粉剂处理插条　将剪好的插条下端蘸上粉剂（如枝条下端较干可先蘸水），使粉剂粘在枝条下切口，然后插入基质中，当插穗吸收水分时，生长素即行溶解并被吸入枝条组织内。粉剂使用浓度可略高于水剂，用 1 g 萘乙酸加 500 g 滑石粉，即配成 2 g/kg 的粉剂；如 1 g 萘乙酸混合 2 000 g 滑石粉，即配成 0.5 g/kg 的粉剂，处理后最好开沟或打洞扦插。

（2）溶液处理　嫩枝一般采用（5～10）×10^{-6} 稀释液；插穗基部浸渍 12～24 h；硬枝一般采用（10～25）×10^{-6} 溶液浸渍 12～24 h。另外，将生长素配成（2 000～4 000）×10^{-6} 高浓度溶液进行 5 s 速蘸，生根效果也很好。

（六）生根促进剂处理

目前使用较为广泛的有中国林业科学院林业研究所王涛研制的"ABT 生根粉"系列；华

中农业大学研制的广谱性"植物生根剂 HL-43"，山西农业大学研制并获得国家科技发明奖的"根宝"；昆明市园林所等研制的"3A 系列促根粉"等。

ABT 生根粉使用时先将 1 g 生根粉溶解在 500 mL 酒精中，然后再加 500 mL 蒸馏水或凉开水，配成 1000 mg/kg 的 ABT 原液。原液应保存在避光冷凉处，使用时再稀释。ABT 生根粉现有十多种系列产品，不同植物应用时要根据说明正确使用，经试验后确定。

（七）洗脱处理

洗脱处理一般有温水处理、流水处理、酒精处理等。洗脱处理可降低枝条内抑制物质的含量，同时可增加枝条内水分的含量。

1. 温水处理　将插穗下端放入 30～35 ℃温水中浸泡数小时或更长时间，具体时间因树种而异，温水浸泡可减少松脂、单宁、酚、醛类化合物等抑制物质。

2. 流水处理　将插条放入流动的水中浸泡数小时，具体时间因树种而异，一般在 24 h 内，也有的可达 72 h，甚至更长时间。

3. 酒精处理　用 1％～3％酒精或 1％酒精和 1％乙醚混合液处理插穗基部，如杜鹃类浸泡 6 h，可有效降低插穗中的抑制物质，提高生根率。

四、扦插的方法

扦插前应准备好育苗地，根据所用的材料不同分为以下几种。

（一）枝插（或茎插）

最常见的枝插（或茎插）方法有硬枝扦插、嫩枝扦插、叶芽法扦插、肉质茎扦插和草质茎扦插等。

1. 硬枝扦插　是在树木的休眠期，采取充分木质化的一、二年生枝条作插穗，进行扦插的育苗方法。有条件的可在温室内扦插或插穗沙藏于翌年春季扦插。

（1）插条的采集　采穗母株应品质优良、生长健壮、无病虫害。当在同一植株上采取插穗时要选择树冠中上部向阳面发育健壮、充实的一年生枝条，大树最好采集基部的萌芽条。

（2）插穗的截制　应在阴凉处进行，不要在阳光下、风口处剪插穗。

① 插穗的长度：插穗上有 2～3 个饱满芽。针叶树如水杉、蜀桧和雪松等的插穗最好带顶芽，大多数树种的插穗长 10～20 cm。过长则下切口愈合慢、易腐烂，操作不便，浪费种条；过短则插穗营养少，不利于生根。

② 插穗的切口：切口应平滑（防止裂开）。插穗的下切口宜位于节下 0.2～0.5 cm 处，因为节部营养多，根原基多分布在芽附近，下端节上的芽应予保留。下切口可剪成平口、斜口或双斜面。斜口、双斜面的吸收面大，但愈合慢、易产生偏根。水分条件较差、生根期长的树种可用斜口，以增加对水分的吸收。上切口剪成平口，距上部芽 1 cm 左右，太长会形成死桩，太短则芽易干枯。常绿阔叶花灌木，如黄杨、珊瑚树、四季桂、佛手和山茶等每一

穗条只保留上部的 2～4 个叶片；针叶树如雪松、柏类和罗汉松等应将插穗下部的叶片剪除，只保留上部的针叶或鳞叶；落叶树的插穗应剪去下部的分杈，以利于扦插入土和插穗生根后的高生长（图 5-1 和图 5-2）。

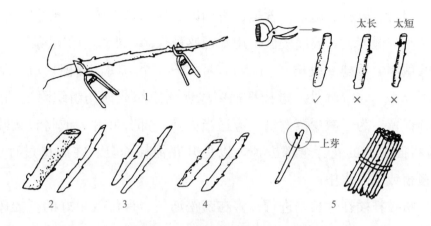

图 5-1　硬枝插穗的截制

1. 一年生枝中部好；2. 粗枝稍短，细枝稍长；3. 黏土稍短，沙土稍长；

4. 易生根植物稍短，难生根植物稍长；5. 保护好上芽

　　此外，有些树种可带踵扦插，即插穗基部带有一部分二年生枝条，形同踵足，这种插穗下部养分充足、发根容易、成活率高，但浪费枝条，即每个枝条只能取一个插穗。适用于松柏类、桂花、山茶和无花果等难成活的树种。

　　（3）插穗的贮藏　落叶树在秋末冬初剪条后，为防止失水要进行越冬贮藏。方法是将剪好的枝条按 50～100 根成捆，插穗的方向保持一致，下剪口要对齐。枝条要埋藏在湿润、低温、通气环境中，

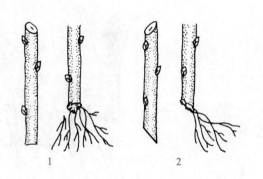

图 5-2　剪口形状与生根的关系

1. 下切口平剪；2. 下切口斜剪

选地势高燥、排水良好的背阴地方挖沟或挖坑，沟或坑深 60～80 cm，底铺 5 cm 厚的湿沙，分层埋枝条。贮藏期间定期检查温度、湿度，防止发霉、干枯，贮藏时间按苗木品种特性而定，以种条基部形成不定根、恢复愈伤组织、控制发芽为原则。

　　（4）扦插　硬枝扦插在春、秋季均可，以春插为主，扦插时间以当地的土温（15～20 cm 处）稳定在 10 ℃ 以上时开始。扦插密度依树种特性、苗木规格、土壤状况等因素而定。一般株距在 10～20 cm、行距 20～30 cm。扦插深度依树种和环境而定，落叶树种扦插深度一般为插穗长度的 1/2～2/3，有的仅露一芽；常绿树种扦插深度为插穗长度的 1/3～1/2。根据扦插基质、插穗状况和催根情况等，分别采用直插、开缝插、穿孔插或开沟插等。

　　2. 嫩枝扦插　在树木生长期间利用半木质化的带叶嫩枝进行扦插。适合于硬枝扦插不易成活的树种，以常绿灌木为多，如比利时杜鹃、扶桑、龙船花、茉莉等。尤以梅雨季扦插最

为理想，生根快，成活率高。

（1）插条的采集　5～7 月份当枝条达到半木质化时进行采集。过早则幼嫩枝条容易失水萎缩、干枯，过迟则枝条木质化，生长素含量降低，抑制物增多。桂花、冬青等以 5 月中旬采集插条为好，银杏、侧柏、山茶、含笑、石楠以 6 月中旬为好。一天中最好于早、晚采条，枝条含水量高，空气湿度大，温度较低，用水桶盛穗保湿，严禁中午采条。

（2）插穗的截制　插穗一般长 5～15 cm，含 2～4 个节间，插穗切口要平滑，下切口应在叶或腋芽之下 0.1～0.3 cm 处。嫩枝扦插多以愈伤组织或愈伤组织附近的腋芽周围生根，叶子与芽要部分保留。为了减少蒸发量，应适当去除一部分叶片，或将较大叶片剪去 1/3 或 1/2。此外，应将插穗上的花芽全部去掉，以免开花消耗养分。在制穗过程中要注意保湿，随时用湿润物覆盖或浸入水中。

（3）扦插　嫩枝扦插在生长季进行，多在疏松通气、保湿效果好的扦插床上扦插，扦插深度应根据树种和插穗长度而定，一般为插穗总长度的 1/3～1/2；扦插密度以两插穗之叶互不重叠为宜。嫩枝扦插要求空气湿度高，以避免植物体内大量水分蒸腾，现多采用全光照自动弥雾扦插、荫棚扦插等，以提高扦插成活率（图 5-3）。

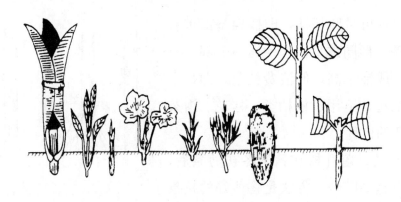

图 5-3　嫩枝扦插

（摘自魏岩主编《园林植物栽培与养护》）

3. 叶芽法扦插　即用完整叶片带腋芽的短茎作为扦插材料。有些种类如橡皮树、八仙花、茉莉及扶桑等，其叶柄虽能长出不定根，但不能发出不定芽，所以不能长成新的个体。因此要用基部带一个芽的叶片或顶芽进行扦插，才能形成新的植株。深度为仅露芽尖即可。常在春、秋季扦插，成活率高。插后盖一玻璃或塑料罩，以防水分蒸发。若对生叶，可剖为两半，每一叶带一芽作插穗。此法也可用于山茶花、常春藤、大丽菊、天竺葵、龟背竹、绿萝等（图 5-4）。

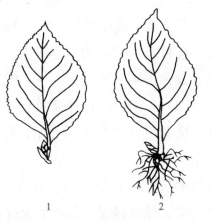

图 5-4　叶芽法扦插

1. 叶芽插穗；2. 叶芽插穗生根情况

4. 其他茎插

(1) 肉质茎扦插　肉质茎一般比较粗壮，含水量高，有的富含白色乳液。因此，扦插时切口容易腐烂，影响成活率。如蟹爪兰、令箭荷花等，须将剪下的插穗先晾干后再扦插。而垂榕、变叶木、一品红等插条切口会外流乳汁，必须将乳液清洗或待凝固后再扦插。

(2) 草质茎扦插（参见图5-3中间植物）　这在盆栽花卉中应用十分广泛，如四季秋海棠、长春花、非洲凤仙、矮牵牛、一串红、万寿菊、菊花、香石竹、网纹草等，一般剪取较健壮、稍成熟的茎，长5～10 cm，在适温18～22 ℃和稍遮阴条件下5～15 d生根。

(3) 仙人掌类及多肉多浆类花卉的变型茎（叶）插（见图5-3左边植物），仙人掌类及多肉多浆类植物在生长旺盛期扦插极易生根，本身含有充足的水分和养分。扦插技术要点如下：

将仙人掌类的分枝或小球从基部剥落作插穗（大的又可分切成数小块），切下后应晾晒数小时或1～2 d，使切口干燥，插穗稍呈萎蔫后再插，以防止伤口腐烂（也可以在伤口处蘸以木炭粉吸湿）。基质多用黄沙，插后不必经常浇水，使基部保持干燥，仅在过于干燥或插穗稍呈干瘪现象时才稍加喷水，但昙花和令箭荷花则要求保持一定的湿度。仙人掌类中的仙人鞭、仙人柱、令箭荷花、昙花等，茎较细弱，插后易倒伏或摇动，妨碍新根生长，可将插穗缚于小支柱上，然后扦插。

(二) 根插

截取树木或苗木的根，插入或埋于育苗地进行育苗，称为插根育苗。适用于插条成活率低，而插根效果好及根蘖性强的植物种，如泡桐、毛白杨、山杨、刺槐、臭椿、漆树和板栗等。在盆栽花卉中应用根插繁殖的常见植物有芍药、牡丹、蜡梅、非洲菊、凌霄、宿根福禄考、紫薇和蔷薇等。

1. 采根　一般应选择生长健壮的幼龄树或1～2年生苗作为采根母树，根穗的年龄以一年生为好。若从单株上采根，一次采根不能太多，否则影响母树的生长。采根一般在树木休眠期进行，也可结合起苗进行，采根时勿伤根皮，采后及时埋藏处理。

2. 根穗的剪截　根据树种的不同，可剪成不同规格的根穗。一般根穗长10～15 cm，大头粗0.5～2.0 cm，上端剪成平口，下端剪成斜口，利于扦插。此外，有些树种如泡桐、香椿、刺槐等也可用细短根段，粗0.2～0.5 cm、长3～5 cm。

3. 扦插　根插一般在2～4月进行。可采用直插、斜插、平埋，以直插为好，其次为斜插、平埋效果差。插时注意根的上、下端，不要倒插。扦插深度可控制在上端与地面齐平，上切口可盖小堆火土。有些树种的细短根段还可以用播撒的方法进行育苗。

(二) 叶插法

利用叶脉和叶柄能长出不定根、不定芽的再生机能的特性，以叶片为插穗来繁殖新的个体，称为叶插法。叶插法一般都在温室内进行，所需环境条件与嫩枝插相同。叶插常在生长期进行，根据叶片的完整程度又分为全叶插、片叶插和叶柄插三种（图5-5）。

1. **全叶插**　全叶插常用于根茎类秋海棠如蟆叶秋海棠、铁十字秋海棠，苦苣苔科的非洲堇、大岩桐、旋果苣和胡椒科的三色椒草、豆瓣绿等植物。对过大或过长的叶片可适当剪短或沿叶缘剪除部分，使叶片容易固定，减少叶片水分蒸发，有利于叶柄生根。全叶插在室温20～25℃条件下，秋海棠科植物一般25～30 d愈合生根，到长出小植物50～60 d，个别种类需70～100 d；苦苣苔科植物自扦插至生根需10～25 d；胡椒科植物插后15～20 d愈合生根，30 d后长出小植物。若用0.01%吲哚丁酸溶液处理叶柄1～2 s，可提早生根，有利于不定芽的产生。

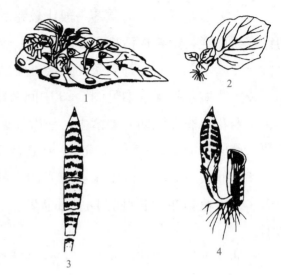

图5-5　叶插

1. 全叶插；2. 叶柄插；3. 片叶插；4. 片叶插生根情况

2. **片叶插**　如虎尾兰属的虎尾兰、短叶虎尾兰，秋海棠属的蟆叶秋海棠、彩纹秋海棠，景天科的长寿花、红景天等，可用叶片的一部分作为扦插材料，使其生根并长出不定芽，形成完整的小植株。片叶插在室温20～25℃条件下，虎尾兰可剪成5 cm一段，插后约30 d生根，50 d长出不定芽。蟆叶秋海棠可将全叶带叶脉剪成4～5小片，插后25～30 d生根，60～70 d长出小植物。长寿花叶插后20～25 d生根，40 d长出不定芽。

3. **叶柄插**　如大岩桐、苦苣苔、球兰、豆瓣绿、非洲紫罗兰、菊花等，叶柄发达、易生根的种类均可用叶柄扦插。具体做法是：将叶柄直插入基质中，叶片露在外面。叶柄基部发生不定芽和根系，形成新的个体。可以带全叶片，也可剪去半张叶片，带半叶扦插。大岩桐、豆瓣绿等是从叶柄基部先发生小球茎，然后生根发芽，形成新的个体。

五、扦插苗的管理

露地扦插是最简单的一种育苗方法，成本低、易推广，但若管理不当，扦插成活率低、出苗率低。另外，露地扦插时，苗木生长期较短，苗木质量相对也较差。因此，加强管理十分重要。

（一）水分及空气湿度管理

扦插后立即灌一次透水，以后经常保持插床的湿度。早春扦插的落叶树，在干旱季节进行灌水。常绿树或嫩枝扦插时，一定要保持插床的插壤及空气的较高湿度，每天向叶面喷水1～2次。在扦插苗木生根过程中，水分一定要适中，扦插初期水分稍大，后期稍干，否则苗木下部易腐烂，影响插穗的愈合、生根。

(二）温度管理

早春地温较低，可覆盖塑料薄膜，或铺设地热线增温催根，温度控制在20～30℃，保持插床空气相对湿度为80%～90%。夏、秋季节地温高，气温更高，需要通过喷水、遮阴等措施进行降温。采用遮阴降温时，一般要求透光率在50%～60%。5月初开始搭棚遮阴，傍晚揭开荫棚，白天盖上；9～10月份可撤除荫棚，接受全光照。在夏季扦插，可采用全光照自动喷雾控温扦插育苗设备。

(三）松土除草

当发现床面杂草萌生时，要及时拔去，以减少水分和养分的损耗。当土壤过分板结时，可用小锄轻轻在行间空隙处松土，但不宜过深，以免松动插穗基部，影响切口生根。

(四）追肥

在扦插苗生根发芽成活后，插穗内的养分已基本耗尽，则需要充足供应肥水，满足苗木生长对养分的需要。必要时可采取叶面喷肥的方法，每隔1～2周喷洒0.1%～0.3%的氮磷钾复合肥；或将速效肥稀释后浇入苗床。

此外，还应加强苗木病虫害的防治，冬季严寒地区还应采取越冬防寒措施。

六、全光照喷雾扦插育苗技术

全光照喷雾扦插是指取带叶的插穗在自动喷雾装置的保护下，使叶面常有一层水膜，在全光照的插床上进行扦插育苗的方法。采用这种育苗方式，可以较好地解决光照与湿度的矛盾，大大提高扦插成活率，缩短育苗周期。

(一）插床的建立及设备安装

插床应设在地势平坦、通风良好、日照充足、排水方便及靠近水源、电源的地方。按半径0.6 m、高40 cm做成中间高、四周低的圆形插床。在底部每隔1.5 m留一排水口，插床中心安装全光照自动间歇喷雾装置（图5-6）。该装置由叶面水分控制仪和对称式双长臂圆周扫描喷雾机械系统组成。为便于排水和通气，插床底下铺15 cm的

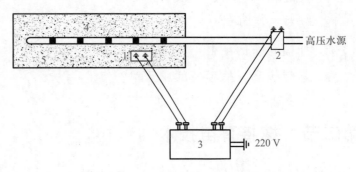

图5-6 全光照自动喷雾装置

1. 电子叶；2. 电磁阀；3. 湿度自控仪；4. 喷头；5. 扦插床

（摘自苏金乐主编《园林苗圃学》）

鹅卵石、上铺25 cm厚的河沙，也可选用蛭石、珍珠岩等作扦插基质。扦插前对插床用0.2%高锰酸钾或0.01%多菌灵溶液进行喷洒消毒。

（二）插穗剪切及处理

一般扦插木本植物时，采用带有叶片的当年生半木质化的嫩枝作插穗；扦插草本花卉时，采用带有叶片的嫩茎作微插穗。剪切插穗时，先将新梢顶端太幼嫩部分剪除，再剪成长8～10 cm 的插穗，上部留 2 个以上的芽，并对插穗上的叶片进行修剪。叶片较大的只需留一片叶或更少，叶片较小的留 2～3 片叶，注意上切口平、下切口稍斜，每 50 根一捆。扦插前将插穗浸泡在 0.01％～0.125％多菌灵溶液中，然后基部速蘸 ABT 生根粉。

（三）扦插及插后管理

插扦时间在 5 月下旬～9 月中旬，扦插深度为 2～3 cm，扦插密度为 6 000～7 500 株/hm²。扦插完后，立即喷 1 次透水，第 2 天早上或晚上喷洒 0.01％多菌灵溶液，避免感染发病。在此之后，每隔 7 d 喷 1 次，开始生根时，可喷洒 0.1％磷酸二氢钾；生根后，可喷洒 1％磷酸二氢钾，以促进根系木质化，与此同时还应随时清除苗床上的落叶、枯叶。

采用此项技术育苗，三角梅、茉莉和米兰在 25～30 d 后开始生根，生根率达 90％以上；橡皮树、扶桑、月季和荷兰海棠在 15～20 d 后开始生根，生根率达 95％以上；菊花、一串红、万寿菊、金鱼草在 7～10 d 生根，生根率达 98％以上。

（四）移栽

移栽最好在阴天或晴天的早、晚进行。为了提高移栽成活率，在栽植前停水 3～5 d 炼苗，要随起苗随移栽，移栽后浇一次透水，并进行遮阴；7 d 后浇第 2 次水，15 d 以后逐渐移至阳光下进行日常的管理培植。

🌿 **随堂练习**

1. 促进插穗生根的方法有哪些？
2. 硬枝扦插和嫩枝扦插有何不同？
3. 扦插育苗的生根类型分为哪几种？
4. 怎样提高扦插育苗的成活率？

第二节　嫁接育苗技术

嫁接是指将一种植物的枝条或芽接到另一种植物的枝（茎）或根上，使其愈合生长在一起，形成一个独立新植株的繁殖方法。用嫁接方法繁殖所得的苗木称为嫁接苗，它是由两部分组成的共同体。供嫁接用的枝或芽称为接穗，而承受接穗的植株称为砧木。

嫁接繁殖是园林树木苗木培育的一种重要繁育方法，除具有营养繁殖的特点外，通过嫁接还可以利用砧木对接穗的生理影响，提高嫁接苗的抗性和适应性；可以根据需要利用乔化砧或矮化砧，使树冠高大或矮小；能促进苗木的生长发育，提早开花结实；可使一树多花，提高植物的观赏价值；能救治创伤、补充缺枝、恢复树势；还能更换优良品种；克服不易繁殖现象，增加繁殖系数。但是嫁接育苗也有一定的局限性，它受限于植物的亲缘关系，不是所有植物都可以嫁接育苗。此外，嫁接还需要较高的技术。

一、嫁接成活的原理

嫁接就是使接穗和砧木各自削伤面形成层相互密接，因创伤而分化愈伤组织，发育的愈伤组织相互结合，填补接穗和砧木间的空隙，勾通疏导组织，保证水分、养分的上下相互传导，形成一个新的植株。

嫁接成活的关键，是接穗和砧木形成层的紧密结合，两者结合面愈大，愈易成活。为使两者形成层紧密结合，必须使接触面平滑且大，嫁接时砧、穗要对齐，贴紧并捆紧。

二、影响嫁接成活的主要因素

（一）嫁接的亲和力

嫁接的亲和力是指砧木和接穗在内部组织结构、生理生化与遗传特性上彼此相同或相近，从而能够相互结合在一起，进行正常生长的能力。亲和力越高，嫁接越容易成功，成活率越高，因而亲和力是嫁接成活的关键。亲和力主要取决于砧木和接穗的亲缘关系。一般亲缘关系越近，亲和力越强；同科异属之间嫁接亲和力较小，嫁接不容易成功；不同科之间的亲和力更小，嫁接很难成功。

1. 种内品种间嫁接亲和力最强，叫作共砧。如桂花×桂花、板栗×板栗、油茶×油茶、单瓣牡丹×重瓣牡丹、核桃×核桃、月季×月季，最容易成活。

2. 同属异种间，因树木种类不同而异，有些亲和力很好。如海棠×苹果、酸橙×甜橙、山玉兰×白玉兰、山桃×碧桃等。

3. 同科异属间，亲和力一般较小，但也有嫁接成活的组合。如枫杨×桃核、枸橘×橘子、女贞×桂花。

4. 不同科树种之间亲和力更弱，很难获得嫁接成功。

嫁接成活主要依靠砧木接穗的结合部位，即二者的形成层薄壁细胞的分裂和愈伤组织的形成能力。砧木和接穗间形成层薄壁细胞的大小与结构的相似程度，影响亲和力的大小。

（二）砧、穗的生长状态及树种特性

树木生长健壮，营养器官发育充实，体内贮藏的营养物质多，生活力强，嫁接成活率高。一般来说，树木生长旺盛时期，形成层细胞分裂最活跃，进行嫁接容易成活。

砧木和接穗形成愈伤组织后，进一步分化形成输导组织，当砧木和接穗的生长速度不同时，常形成"大脚"和"小脚"现象，砧、穗结合部位的疏导组织，呈弯曲生长，或粗细不一致，输导组织受到一定的阻碍。

此外，要注意砧木和接穗的物候期，一般是砧木萌动期较接穗早的，嫁接成活率高。这是因为接穗萌动所需的水分和养分可由砧木及时供给。

（三）环境条件

1. 温度　温度高低影响愈伤组织的生长，不同树种对温度都有一个特定的要求。一般树种在 25 ℃左右为愈伤组织生长的最适温度。

2. 湿度　愈伤组织生长本身需一定的湿度条件；接穗要在一定湿度条件，才能保持生活力；砧木有根系能吸收水分，一般枝接后需一定的时间（15～20 d），砧、穗才能愈合，在这段时间内，应保持接穗及接口处的湿度。

3. 光照　光照对愈伤组织的形成和生长有明显抑制作用。在黑暗条件下，接口上长出的愈伤组织多，呈乳白色，很嫩，砧、穗容易愈合，愈伤组织生长良好。而在光照条件下，愈伤组织少而硬，呈浅绿色或褐色，砧、穗不易愈合，这说明光照对愈伤组织是有抑制作用的。在生产实践中，嫁接后创造黑暗条件，采用培土或用不透光的材料包捆，以利于愈合组织的生长，促进成活。

（四）嫁接技术

嫁接技术也是影响嫁接成活的重要因素，嫁接操作中快速熟练地处理砧木和接穗，对齐形成层，严密包扎接口，可防止蒸发失水，能显著提高嫁接成活率。

三、砧木和接穗母本的培育

（一）砧木的培育

1. 砧木的选择　砧木是嫁接苗的基础，正确选择利用砧木，是培育优质嫁接苗的重要环节之一。选择砧木，除与接穗具有较强的亲和力外，还应对环境条件适应能力强、抗性强；对接穗生长、开花、结果有良好的影响；且来源丰富，易于繁殖。

2. 砧木的培育　砧木苗可通过播种、营养繁殖等方法培育，其中以播种的实生苗应用最多，因播种苗具有根系发达、抗性强、寿命长等优点，而且便于大量繁殖。砧木选定后，提前 0.5～3 年进行培育。培育过程中，除常规的管理外，还应通过摘心等措施，促进砧木苗地径增粗，以便于嫁接操作。砧木苗的大小、粗细、年龄等对嫁接成活和接后的生长有密切关系，应根据树种及嫁接方法要求具体掌握。一般花木和果树所用砧木，粗度以 1～3 cm 为宜。嫁接龙爪槐、龙爪榆和红花刺槐等用于高接换头且对苗干高度有一定要求的，砧木粗度通常为 2.2 cm 以上。砧木的苗龄以 1～2 年生为佳，生长慢的树种也可用三年生以上的砧木，甚至大树高接换头。

（二）采穗母本的培育

采穗母树必须是品种纯正、品质优良、观赏价值或经济价值高、优良性状稳定的成年植株。生产中为了保证嫁接具有充足的穗条，多把母本培育成灌丛状，其方法如下：

1. 定干 选用一年生营养繁殖苗定植。株行距根据土壤肥力和树种特性确定，一般株距为 0.5～1.5 m，行距为 1.0～2.0 m。栽植后加强根系的培育，当年秋季或第二年春季自地面以上 5～10 cm 处截干。在寒冷季节截干可适当培土覆盖，以防冻害。在春季树液开始流动时可逐渐去掉覆土层。萌发嫩枝后，选留 3～8 个粗壮的枝条，注意四周均匀分布，其余剪除，并可根据情况逐年增加留条数量。采条部位选在母树根颈处附近，因为穗条生长旺盛、质量好。

2. 施肥 栽植采穗母树时，要施基肥。此外，每年可追肥 2 次。春季在树木萌芽前施肥，以速效肥为主，配合有机肥，以增加萌芽数量，使之达到预期的树形和高度；秋末主要施有机肥，也可配合使用一定数量的化肥，目的在于补充采条后的养分损失，为第二年春季萌芽提供良好的物质基础。一般氮、磷、钾施入比例为 2∶1∶1。注意观察采条母树的树势，按实际情况确定施肥量。

3. 浇水 可根据降雨、采条和树势等情况，配合追肥，一年可浇水 3～5 次。

4. 中耕除草 每年进行 3～5 次，可与施肥、浇水结合起来进行。秋末要结合施肥、浇水，进行一次深翻抚育，以改善土壤的通气状况和结构，使采条母树根系向深广方向发展，扩大根系的吸收面积。

5. 修剪 采穗母树必须进行修剪，才能保持良好的树形，以提高萌条数量和质量。对萌芽性强的树种，要进行多次抹芽，控制留条数量。如留条过多，营养不足，枝条则生长细弱；留条过少则枝条过粗，叶腋间休眠芽容易长成多数枝杈，降低枝条质量。留条时去强去弱，选留中庸的及长短相差不大的枝条。

6. 复壮更新 采穗母树一般可供连续采条 4～6 年，以后树势逐渐衰弱，枝条质量变差。为了恢复树势可在冬季平茬，使其重新萌条，形成新的灌丛，经过抚育再继续生产穗条。

四、采穗技术

（一）接穗的选择

为了保证育苗质量，严格选用接穗是繁育优质苗木的前提。采条时，应选母树树冠外围中上部生长健壮、发育充实、枝条光洁、芽体饱满的发育枝或结果枝，以枝条中段为优。春季嫁接多选用一年生枝条，芽接选用当年生发育枝为好。

（二）接穗的采集与贮藏

采集接穗，如繁殖量小或离嫁接处近时最好随采随接。如果春季枝接量大，一般在休眠期结合冬剪将接穗采回进行贮藏，生产上采用露地挖沟沙藏或窖藏，贮藏期间应检查，注意保持适当的低温和适宜的湿度，以保持接穗的新鲜，防止失水、发霉。对于有伤流现象、树胶或单宁含量高的核桃、板栗、柿树等接穗采用蜡封法低温贮藏效果好。若条件许可，用冰箱或冷库在 5 ℃左右的低温下贮藏则更好。

夏季采集的接穗，最好随采随接。接穗采集后为了防止水分散失，应立即去掉叶片和生长不充实的新梢顶端，只保留长 0.5 cm 的叶柄，并用湿布包裹。取回的接穗不能及时使用，可将枝条下部浸入水中，放在阴凉处，每天换水 1～2 次，可短期保存 4～5 d。

接穗如需长途运输，应先将接穗充分吸水，用浸湿的麻袋包裹后装入塑料袋运输，途中要经常检查，及时补充水分，防止接穗失水。

五、嫁接方法

嫁接的方法按所取材料不同可分为枝接、芽接、根接三大类。

（一）枝接

枝接常用的方法有切接、劈接、插皮接、腹接、靠接和舌接等。

1. 切接　切接一般用于直径 2 cm 左右的小砧木，是枝接中最常用的一种方法，适用于大部分果树、园林树种（图 5-7）。

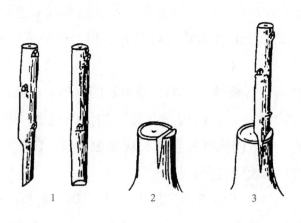

图 5-7　切接
1. 削接穗；2. 劈砧木；3. 砧穗结合

嫁接时距地面 5～8 cm 处剪断、削平，选择较平滑的一面，用刀在砧木一侧稍带木质部垂直向下切入，深 2～3 cm；削接穗时，接穗上要保留 2～3 个饱满芽，接穗长 10 cm 左右，接穗上没有芽的一边起刀（最下一个芽留在削面两侧），削成 30°的斜面，一般不要削去髓部，稍带木质部削去最好，削面长 2～3 cm，再于背面末端倾斜 45°削成长 0.8～1 cm 的小斜面；然后将长削面向里插入砧木切口中，使双方形成层对准密接，接穗插入的深度以接穗削面上端要露出 0.2～0.3 cm 为宜（俗称"露白"），使愈伤组织生长留有余地，有利愈合；随即用塑料条由下向上捆扎紧密，使形成层密接并保持接口湿润。为防止接穗和接口失水干枯，还可采用套袋、涂接蜡、封土等措施减少水分蒸发，提高成活率。

2. 劈接（又称割接）　适用于大部分落叶树种，通常在砧木较粗、接穗较小时使用。将砧木在距地面5 cm处切断，在其横切面上中央垂直下切一刀，刀要锋利而略厚些，劈开砧木，切口长达2～3 cm；接穗削成楔形，削面长2～3 cm，将接穗插于砧木中，插入后使双方形成层密接。砧木粗时可只对准一边形成层或在砧木劈口左右侧各接一穗，也有在粗大砧木上交叉劈2刀，接上4个接穗，成活后选留发育良好的一枝。接后用塑料条绑缚（图5-8）。山茶、松树一类嫩枝劈接可套袋保湿（嫩枝多用劈接）。

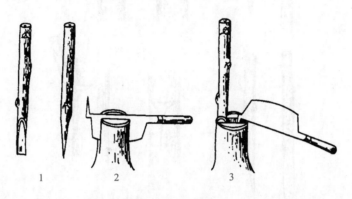

图 5-8　劈接
1. 削接穗；2. 劈砧木；3. 插入接穗

　　3. 插皮接（又称皮下接）　插皮接是枝接中最易掌握，成活率最高，应用较广泛的一种方法，要求砧木在生长期，并易离皮情况下进行，粗度应在1.5 cm以上。在距砧木地面5 cm处截断，接穗削成长达3 cm左右的斜面，厚度0.3～0.5 cm，背面削0.5 cm的小斜面，将削好的接穗大削面向木质部，插入砧木的皮层中，若皮层过紧，可在接穗插入前先纵切一部，将接穗插入中央，接穗上端注意"露白"，最后用塑料条绑缚（图5-9）。

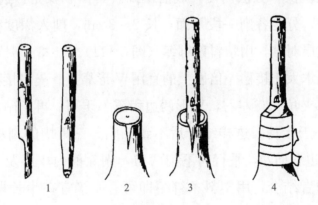

图 5-9　插皮接
1. 削接穗；2. 切砧木；3. 插入接穗；4. 绑扎

　　4. 腹接　在砧木腹部进行枝接，砧木不去头，待嫁接成活后再剪除上部枝条。一般在砧木侧面根际处嫁接（图5-10）。多在生长季4～9月间进行。适用于五针松、锦松嫁接繁殖，针柏、龙柏、翠柏也采用，近年来也试用于杜鹃和山茶。腹接的具体方法很多，在花木生产中以普通腹接、皮下腹接和单芽腹接应用最多。

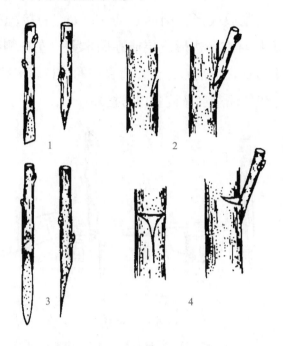

图 5-10　腹接

1. 削接穗（普通腹接）；2. 普通腹接；3. 削接穗（皮下腹接）；4. 皮下腹接

5. 靠接　主要用于培育一般嫁接法难以成活的园林花木，如枫、桂花和山茶等，要求砧木和接穗均为自根植株。此法繁殖的数量有限，嫁接方法可分为平面靠接和 V 形靠接。

（1）平面靠接　砧木与接穗各削一个平面进行靠接。这种方法在砧穗粗细相似或砧木稍大于接穗的情况下使用。操作方法简便，成活率高。具体步骤是：选砧、穗两者高度相当，茎干均匀、光滑的枝条，分别各削一段平面，长 2～3 cm，削入深度稍及木质部，至少露出形成层，再将两者形成层对准，用塑料条绑缚（图 5-11）。2～3 个月可愈合成活。

（2）V 形靠接　砧木大于接穗一倍以上的宜用 V 形靠接。先将接穗左右各削一刀，削成凸 V 形，长 2～3 cm，夹角 120°左右，V 形两边稍露木质部；再于砧木上刻成三角槽，长与接穗相等，夹角可略小于接穗，这样结合后不致凹陷。三角槽的刻法是：先在上端刻一倒 V，再左边斜向右，右边斜向左，平行向下削两刀，剔除槽内皮层及木质，三角槽不能带毛刺，否则影响成活。两者结合，用塑料条绑缚即可。靠接宜在生长期进行，但以 6 月为最适期。

6. 舌接　舌接常用于砧木和接穗 1～2 cm 粗，且砧木和接穗粗细接近的嫁接。具体做法是：将砧木上端削成 3 cm 长的削面，再在削面由上往下 1/3 处，垂直下切 1 cm 左右的切口，成舌状；在接穗平滑处顺势削 3 cm 长的斜小削面，再在削面由上往下 1/3 处同样垂直下切 1 cm 左右的切口；将接穗的短舌嵌入砧木的切口内，舌部彼此交叉，然后绑扎即可（图 5-12）。

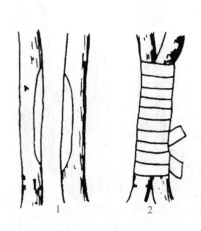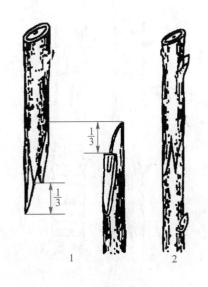

图 5-11　靠接

1. 砧穗削面；2. 接合后绑严

图 5-12　舌接

1. 砧穗切削；2. 砧穗结合

(二) 芽接

芽接是从含有饱满芽的枝条上削取一个芽，嫁接于砧木茎干上的方法。芽接技术简单，且节省接穗材料，嫁接时期长，可及早检查成活情况，如果接不活可重接，因此适于大量育苗。芽接以秋季为主，在树木整个生长期间也可进行，适期为 7~9 月份，此时树液流动旺盛，砧木树皮容易剥开，接枝上的侧芽已发育充实，并在嫁接后尚有一段生长期，形成层细胞分裂活跃，有利于愈合成活。常用的芽接方法有"T"字形芽接、嵌芽接、套芽接等。

1. "T"字形芽接　"T"字形芽接又称为盾形芽接，是育苗中最常用的一种芽接方法。选用当年生枝条为接穗，除去叶片，留有叶柄，在芽的上面 0.5 cm 处横切一刀，深达木质部，再由芽的下方 1 cm 处向上削入木质部，削到横线为止，用手捏叶柄，轻轻取下，芽片呈盾形，芽片一般不带木质部，芽片随取随接；砧木一般选用 1~2 年的小苗，在离根际以上 3~5 cm 处，选光滑无疤的部位横切一刀，以切断皮层为度，再从横线中间垂直向下切一个 1~2 cm 长的切口，用芽接刀挑开切口皮层，随即把取好的芽片插入，使芽片上部与"T"字形横切口对齐；最后用塑料薄膜将切口自下而上绑扎。注意将芽和叶柄留在外面，以便检查成活（图 5-13）。

2. 嵌芽接　又叫带木质芽接，此方法不受树木离皮与否的季节限制，嫁接后接合牢固，利于成活。切削芽片时，自下而上切取，在芽的上方 1~1.5 cm 处稍带木质部向下斜切一刀，再在芽下方 0.5~0.8 cm 处斜切一刀，至上一刀底部，取下芽片。在砧木上切相应切口，砧木与芽片的切口大致一样，将芽片嵌入砧木切口，使两者形成层对齐，用塑料条绑扎（图 5-14）。

图 5-13　T 字形芽接

1. 削取芽片；2. 芽片形状；3. 切砧木；4. 插入芽片与绑扎

（摘自俞玖主编《园林苗圃学》）

图 5-14　嵌芽接

1. 取芽片；2. 芽片形状；3. 插入芽片；4. 绑扎

（摘自俞玖主编《园林苗圃学》）

3. 方块芽接　方块芽接又叫块状芽接，利用此方法芽片与砧木形成层接触面大，成活率高。具体方法是：取边长 1.5～2 cm 的方形芽片，再按芽片大小在砧木上切割剥皮或切成"工"字形剥开，嵌入芽片，然后绑扎（图 5-15）。

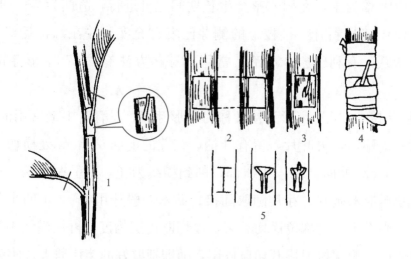

图 5-15　方块芽接

1. 接穗去叶及削芽；2. 砧木切削；3. 芽片嵌入；4. 绑扎；5. I字形砧木切削及芽片插入

4. 芽管套接　芽管套接又称为管芽接、套芽接。这种方法操作简便，成活率较高，又不受砧木粗细的限制，近年来在花木生产中应用较多。接芽削取时，以芽为中心宽 1.5～2 cm，上下各环割枝条皮一刀，再于芽背纵切一刀；轻轻取下芽管，砧木环割一刀，纵切几刀，向下剥开树皮，长度与芽管相等。如果砧木比芽管粗，可留下一部分砧木不剥，然后套芽，覆上砧皮，芽管上下两端宜用棉线绑缚，用塑料膜绑扎。

（三）根接

根接是用树根作砧木，将接穗直接接在根上的方法。各种枝接方法均可采用。根据接穗与根砧的不同，可以正接，即根砧上切接口；也可倒接，即将根砧按接穗的削法切削，在接穗上进行嫁接（图5-16）。绑扎材料不宜用普通塑料条，不然需专门解绑，一般用麻皮、蒲草、马蔺草等绑扎。

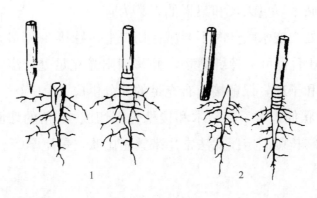

图5-16 根接

1. 正接；2. 倒接

（四）仙人掌类植物、多浆植物嫁接

仙人掌和多浆植物在国际上已成为盆栽花卉的一部分，其嫁接方法比较特殊。仙人掌类植物、多浆植物等没有形成层，只要将同类组织紧靠，沟通部分维管束就能成活。常见嫁接的仙人掌有生长快、开花早的特点，特别适用于生长慢、根系不发达和缺乏叶绿素、自身不能制造养分维持生命的白色、黄色和红色等园艺品种。嫁接还常用来繁殖退化品种，培育新种和抢救良种。

嫁接的方法常用劈接（也称嵌接，适用于令箭荷花和蟹爪兰）、斜接、平接等。仙人掌类采用平接，在温室中全年可进行，一般气温18℃以上即可嫁接，但尽量避免高温多雨季节，以免切口腐烂（图5-17）。

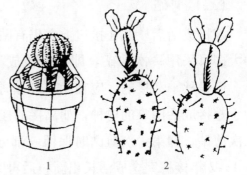

图5-17 仙人掌植物嫁接

1. 仙人掌平接法；2. 仙人掌劈接法

1. 平接　在砧木的适当高度用利刀水平横切，然后将接穗基部水平横切，切后立即放到切面上，使接穗与砧木维管束有一部分相接触。接触面要平滑紧密，最后用棉线纵向绑缚。绑缚要均匀用力，不要让接穗产生位移，较大的接穗要用铁片等物加压，以利密接愈合。但加压要适当，切勿压伤子球。绝大部分仙人掌植物均可采用此法，最常见的有绯牡丹、黄雪晃和世界图等。砧木常用量天尺和虎刺。5～10月均可嫁接，嫁接愈合快，成活率高。

秘鲁天轮柱、阿根廷毛鞭柱、龙神柱和虎刺梅等都是较好的砧木，目前普遍应用的是量天尺（别名三棱箭、三角柱）和短刺仙人球。接穗用实生苗（直径 0.5 cm 以上）或植株自然滋生的蘖芽及子球。

2. 劈接　常用于茎节扁平的附生类仙人掌植物如蟹爪兰。在柱形或掌形砧木上的维管束部位切一与接穗相应的裂口，接穗削成楔形或 V 形，露出维管束，嵌进砧木口，用仙人掌刺或竹钉固定即可成活。砧木以量天尺和梨果仙人掌为宜。

嫁接后要放在庇荫处，浇水喷药时不要溅在切口上，嫁接 3～5 d 后小的接穗可去掉绑缚物，较大的接穗 7～10 d 后也可去掉绑缚物，并移到阳光充足处，浇水时不要碰掉接穗，并及时剔出砧木上的蘖芽和子球，保证接穗有充足的养分供应。

3. 斜接　适用于指状仙人掌，将砧木和接穗分别切成 60°角的切面，然后把接穗切面贴向砧木的斜面，用仙人掌长刺固定。此法常用来繁殖山吹、鼠尾掌等。

六、嫁接苗的管理

（一）检查成活率及松除捆扎物

枝接和根接一般在 20～30 d 可进行成活率检查，成活以后接穗上的芽新鲜饱满，甚至已经萌动，接口处已产生愈伤组织；未成活的接穗干枯或变黑腐烂。检查成活时，可根据情况适时解除绑扎物，若高接或在多风地区可适当推迟解除绑扎物时间，以便保护接穗不被风吹折。

芽接一般 7～14 d 即可进行成活率检查，成活的芽下的叶柄一触即掉，芽体与芽片呈新鲜状态，接芽萌动或抽梢可解除绑扎物。如芽片干枯变黑，说明嫁接失败，可行补接。

（二）剪砧

嫁接成活后，凡在接口上方仍有砧木枝条的，要将其剪除，以促进接穗的生长。一般树种大多可采用一次剪砧，即在嫁接成活后，将砧木自接口上方剪去，剪口要平滑，以利愈合。但是秋季芽接的，应在第二年春季芽萌动前再剪砧，剪口应在接芽上方 2 cm 处为好。对于嫁接成活困难的树种，如靠接的桂花、山茶花，腹接的松柏类，不要急于剪砧，可采用二次剪砧，即第一次剪砧时保留一部分枝条，以帮助吸收水分和制造养分，辅养接穗生长，待 1～2 年接穗完全成活长出新枝后再完全剪砧。

（三）抹芽、除萌

嫁接成活后，砧木上常萌发许多萌芽或根蘖，为集中养分供给接穗新梢生长，要及时抹除砧木上的萌芽或根蘖。如接穗以下部位没有叶片，可将部分萌芽枝留几片叶摘心，以促进接穗生长，待接穗新梢生长到一定高度再将萌条全部剪除。抹芽和除蘖一般要多次进行。

（四）立支柱

嫁接苗长出新梢时，遇到大风易被吹折，从而影响成活和正常生长。为此，在风大地区，可在新梢边立支柱，以扶持接穗新梢生长。

（五）田间管理

嫁接苗的生长发育需要良好的土、肥、水等田间管理。嫁接苗对水分的需求量不太大，若遇积水易引起接口腐烂，所以只要保证苗木正常生长即可。为促进嫁接苗健壮生长，应结合苗木生长和土壤情况适时补肥，一般在生长初期施氮肥为主，生长旺盛期氮、磷、钾肥可混合施用，生长后期可增施钾肥，以加速苗木木质化，增强抗逆性。

随堂练习

1. 嫁接成活的原理是什么？

2. 嫁接的主要方法有哪些？

3. 以劈接为例，试述嫁接操作技术的要点。

4. 如何提高嫁接育苗的成活率？

第三节　其他营养繁殖育苗技术

一、分生育苗方法

分生育苗是利用分生繁殖的方法培育苗木。分生繁殖就是将丛生、萌蘖性强及球根类的植物进行分离栽植，以繁殖新个体的方法。分生繁殖具有保持优良特性、成形早、见效块等优点。分生繁殖主要是利用植物的分生能力和再生能力进行繁殖的方法，常分为分株和分球两类。

（一）分株繁殖方法

分株繁殖是指利用树种能够萌生根蘖或灌木丛生的特性，从母株上分割出独立植株的一种繁殖方法。分株主要在春、秋两季进行。由于分株法多用于花灌木的繁殖，因此要考虑到分株对开花的影响。一般春季开花植物宜在秋季落叶后进行分株，而秋季开花植物应在春季萌芽前进行分株。

1. 灌丛分株　将母株一侧或两侧土挖开，露出根系，将带有一定茎干（一般1～3个）和根系的萌株带根挖出，另行栽植（图5-18）。挖掘时注意不要对母株根系造成大的损伤，以免影响母株的生长发育，减少以后的萌蘖。

2. 根蘖分株　在母株的根蘖旁挖开，用利斧或利锄将根蘖株带根挖出，另行栽植（图5-19）。

3. 掘起分株　将母株全部带根挖起，用利斧或利刀将植株根部分成有较好根系的几份分别栽植（图5-20），每份地上部分均应有1～3个茎干，这样有利于幼苗生长。

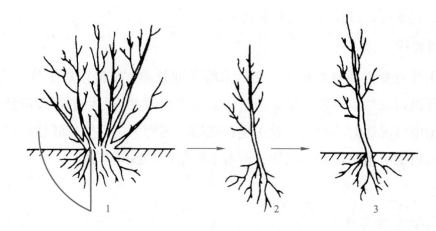

图 5-18　灌丛分株

1. 切割；2. 分离；3. 栽植

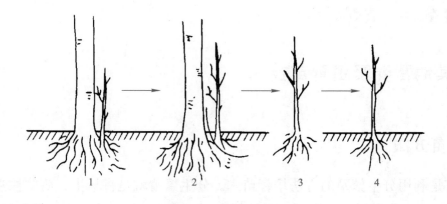

图 5-19　根蘖分株

1. 长出的根蘖；2. 切割；3. 分离；4. 栽植

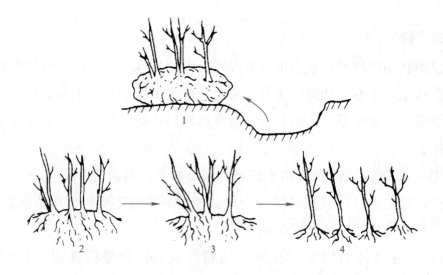

图 5-20　掘起分株

1，2. 挖掘；3. 切割；4. 栽植

（二）分球繁殖方法

球根类花卉在老球上边或侧面能长出新球（子球）或将老球分裂也能发新球，将其分离栽培即长成新株。一般在春、秋两季进行，春植球根如唐菖蒲、晚香玉等，秋季挖取晾干，再将新球与子球分开，分别贮藏。秋植球根如郁金香、风信子等，夏季挖取晾晒，再将大、小球分开分别贮藏。植球前要翻地，一般翻地深度达到 25 cm 以上，整平后开沟植球，沟距 25 cm 左右，沟底施用基肥，基肥以厩肥、草木灰为主，肥料上覆一薄层土，然后植球，植球距离由种类和球的大小而定，大球可单行栽植，子球可双行栽植。深度由球的大小和土质而定，一般掌握在球高的 2～3 倍，植球时还要注意芽的着生位置，使芽眼向上，有利于出土。

一般鳞茎自然形成小球较慢，有些种类如百合、风信子，可采用刻沟或挖孔等人工处理，促进子球生长。切沟法是将掘起干燥一个多月的鳞茎部削平，然后在球底交叉切入 2～3 刀，子球即在切伤处发子；挖孔法是在充分干燥的鳞茎底，用刀将鳞茎盘挖去，深为球高的 1/4。经过处理的鳞茎切口向上，倒置在木盘中，置于阴凉通风处。

百合除自然分球外，常剥取母球鳞片进行扦插，即在秋季茎、叶枯萎时掘起鳞茎，干燥数日后，表面稍皱缩时将鳞片剥下，基部向下斜插于疏松土壤内 3～4 cm，以后在鳞片基部长出 1 至数个小球，可进行分栽。

二、压条育苗方法

压条繁殖是将未脱离母株的枝条，在预定的发根部位进行环剥、刻伤等处理，然后将该部位埋入土中或用湿润物包裹，不久从环剥或刻伤处长出新根，剪离母株后即成新的植株（图 5-21）。压条由于繁殖系数低，常用于扦插生根困难或嫁接愈合成活率低的植物。

（一）普通压条法

适用于枝条长且易弯曲的树种，如迎春、常春藤、三角花、茉莉、藤本月季等，都可用此法繁殖。方法是将近地面的 1～2 年生枝条的下部弯曲埋入土中，深度为 10～20 cm，使枝条的顶端露出地面，并将埋入的地下部分予以刻伤或环状剥皮，若用吲哚丁酸等生根剂处理效果更好。待生根后与母株切离。

（二）水平压条法

适用于枝条长且易生根的树种，如连翘、迎春、紫藤等。通常在早春进行，将用来繁殖的枝条横卧于土中，使每个芽节处下方产生不定根，上方芽萌发新枝，待成活后分别切离母体栽培。一根枝条可繁殖多株苗木。

（三）波状压条法

适用于藤蔓类或枝条长而柔软的树种，如金银花、紫藤、葡萄等，将枝条作波状弯曲，弯曲处用刀割伤,埋入土中,使位于地下部分生根,露在外面的部分萌芽抽生新枝,待成活后切离母体形成新的植株。

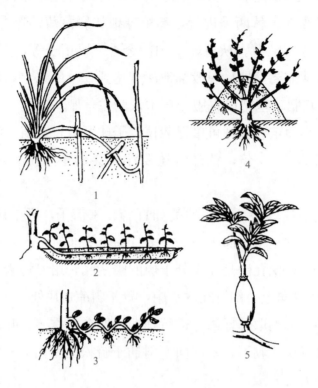

图 5-21 压条示意图

1.普通压条法;2.水平压条法;3.波状压条法

4.堆土压条法;5.高空压条法

(四)堆土压条法(或直立压条)

适用于丛生性和根蘖性强的植物,如贴梗海棠、八仙花、蜡梅等。可于休眠期,将母株近地面 10～20 cm 处行重剪,促使发生大量新枝,待新枝长到 20 cm 后进行刻伤,在母株基部进行堆土,并进行正常的水肥管理,待生根成活后,翌春可分离成新株。

(五)高空压条法

适用于基部不易产生萌蘖、枝条较高或枝条硬不易弯曲的植物,如桂花、玉兰、米兰、杜鹃、变叶木、鹅掌柴等。在繁殖用的枝条基部进行环剥,然后用塑料薄膜套在刻伤处,薄膜内填入水苔或腐叶土,保持湿润,也可用竹筒或花盆套在切口处,内充培养土,待环剥处生根后剪下栽植或先移植于营养袋内,培植一段时间后产生更多的根系,再进行定植,有利于提高成活率。

随堂练习

1. 何为分株繁殖?

2. 如何进行分株育苗?

3. 如何进行压条育苗？

综合测试

一、填空题

1. 营养繁殖的方法有_____、_____、_____、_____等。

2. 嫁接苗是由_____和_____两部分组成。

3. 枝接常用的方法有_____、_____、_____、_____和_____等。

4. 嫁接育苗的工序是_____、_____、_____和_____等。

二、判断题

1. 硬枝扦插适宜的时间是初夏，嫩枝扦插适宜的时间是早春。（   ）

2. 嫩枝扦插是指在生长季节，用半木质化的枝条，即一年生枝条作插穗进行扦插。（   ）

3. 检查枝接成活率一般应在嫁接后 7～14 d 进行。（   ）

4. 嫁接成活的关键是接穗和砧木二者形成层的紧密接合，接合面愈大，愈易成活。（   ）

三、单项选择题

1. 母树年龄影响插穗生根，扦插成活率最高的采条母树是（   ）。

A. 幼龄树　　　　　　B. 青年树　　　　　　C. 成年树　　　　　　D. 衰老树

2. 硬枝扦插育苗插穗的长度一般是（   ）。

A. 5～10 cm　　　　　B. 10～20 cm　　　　　C. 20～30 cm　　　　　D. 30～40 cm

3. 一般花木和果树嫁接所用砧木，粗度以（   ）为宜。

A. 0.5～1 cm　　　　　B. 1～3 cm　　　　　C. 3～5 cm　　　　　D. 5～10 cm

四、多项选择题

1. 插穗未脱离母体前的促根处理方法有（   ）。

A. 机械处理　　　　　B. 洗脱处理　　　　　C. 黄化处理　　　　　D. 生长素处理

2. 适宜根插的树种有（   ）。

A. 泡桐　　　　　　　B. 刺槐　　　　　　　C. 臭椿　　　　　　　D. 漆树

3. 枝接常用的方法有（   ）。

A. 嵌芽接　　　　　　B. 切接　　　　　　　C. 劈接　　　　　　　D. 插皮接

4. 仙人掌和多浆植物常采用（   ）嫁接方法。

A. 劈接　　　　　　　B. 平接　　　　　　　C. 斜接　　　　　　　D. 舌接

五、实训题

1. 扦插育苗技能

要求：① 现场操作；② 写出实训报告（包括实训目的、所需的材料与器具、操作方法步骤、注意事项等）。

2. 嫁接育苗技能

要求：① 现场操作；② 写出实训报告（包括实训目的、所需的材料与器具、操作方法步骤、注意事项等）。

❧ 考证提示

知识点：掌握常见树种营养繁殖（扦插、嫁接、分株、压条）的基本育苗方法。

技能点：掌握常见园林苗木的营养繁殖技术及抚育管理工作，能对初、中级工进行示范操作，并解决操作中遇到的各种问题。

本章学习要点

知识点：

1. 苗木移植技术　了解苗木移植的意义，掌握移植时间、移植的次数与密度、移植方法及移植苗的抚育管理。

2. 大苗培育技术　熟悉整形修剪的意义、修剪的时期，掌握苗木整形修剪常用的方法和各类大苗整形修剪技术。

技能点：

1. 掌握苗木移植技术。

2. 掌握各类大苗的整形修剪及培育技术。

园林绿化所用的大苗是指在苗圃内经过移植、整形修剪等抚育技术培育的规格较大的苗木。选用大苗进行绿化施工，能很快达到绿化效果，起到美化环境、保护环境、改善环境的作用。同时大苗对城市复杂的环境及人为损伤有较强的忍耐能力，随着城市建筑的数量剧增，高楼林立，在绿化中只有使用大苗，才能与建筑成比例、相协调。因此园林苗圃在育苗过程中，要根据园林绿化所需培育各种规格的园林苗木。

第一节　苗木移植技术

一、苗木移植的意义

移植是指将苗木从原来的育苗地挖掘出来，在移植区内按一定的株行距重新栽植继续培育。苗木经过移植，在很大程度上改善了生长环境，使苗木在根系、树干、树形及定植后的适应能力等方面都有所提高，促进了苗木的优质和高产。

（一）为苗木提供适当的生存空间，培育良好的树形

初期培育苗木时，因其株形小、密度比较大，随着苗木的不断生长，株高和冠幅迅速增大和扩张，枝叶稠密，相互之间遮光挡风，营养面积缩小，如不及时进行移植，苗木就会生长不良、拥挤徒长、枝叶稀疏、株形变差，病虫害也会严重发生。通过移植，加大了苗木的株行距，扩大了单株营养面积，改善了通风透光条件，枝叶能自由伸张，树冠有扩大的空间。同时在移植时，苗木的地上部分与根系部分被适当修剪，抑制了苗木的高生长，降低茎根比值，使株形趋于丰满，树姿优美。

（二）促进根系生长，提高移植成活率

多数园林苗木未经移植前，主根分布深，侧根、须根少，定植后不易成活。经过移植后，由于主根被切断，刺激根部萌发出多量的侧根、须根，有利于大量吸收水分和营养，苗木生长旺盛。同时这些新生的侧根、须根都处于根颈附近和土壤的浅层，生产上称为有效根系。苗木出圃时，起苗作业方便，移植苗能保留大量根系，定植后易于成活。

（三）合理利用土地，培育规格一致的苗木

苗木移植时，通常要根据苗木各自的生长情况，进行分级栽植，合理确定栽植密度，充分利用土地；而且分级栽植的苗木，在高度、大小一致的情况下，管理比较方便，苗木生长均衡整齐，便于在有效的苗圃地上培育出规格一致的优质大苗。

二、苗木移植的方法

（一）移植时间

苗木移植的时间可根据当地气候条件和树种特性而定。苗圃中移植苗木常在春季树木萌芽前进行，也可在秋季苗木停止生长后进行，有时也在雨季移植。

1. 春季移植　春季是主要的移植季节，当早春土壤解冻后立即进行移植较为适宜。因为此时土壤水分条件好，移植后根系开始活动，地上部树液刚刚开始流动，枝芽尚未萌发，蒸腾作用很弱，根系吸收水分可供地上部分生长的需要，这样苗木体内水分保持平衡，移植后成活率高。移植的具体时间根据各树种发芽早晚来安排前后顺序。一般发芽早的先移植，发芽晚的后移植。如珍珠梅、杨柳类萌芽早应早移植；而白蜡、法桐、柿树萌芽晚，可推迟移植。

2. 夏季移植　夏季多雨季节可进行苗木移植，此时雨水多、空气湿度大，苗木蒸腾量小，根系生长迅速，易于成活。移植时间最好选在阴天或晴天早、晚进行，切忌在雨天或土壤过湿时移植，以免土壤泥泞、板结，影响苗木根系舒展，降低苗木成活率和生长速度。

3. 秋季移植　秋季也是苗木移植的好季节，移植时间应在苗木地上部分停止生长后到土壤冻结前进行。此时地温尚高，根系还未停止生长，尚有一定的活动能力，移植后有利于伤

口愈合，根系可以恢复生长，苗木成活率高。一般在冬季气温不太低、无冻害和春旱现象发生的地区进行秋季移植；若在冬季干旱、多风且土壤冻结严重地区，则不适合秋移。

4. 冬季移植　在南方冬季气候比较温暖，土壤不结冻或结冻时间短，气候不太干燥，可进行冬季移植。此时苗木处于休眠状态，移植较为有利。

（二）移植的次数和密度

1. 移植次数　培育大规格苗木要经过多次移植，移植次数取决于该树种的生长速度和园林绿化对苗木规格的要求。生长速度快的树种或对苗木要求规格较高，移植次数就多；反之，生长速度慢的树种或对苗木要求规格较低，移植次数就少。一般说来，园林绿化的阔叶树种，苗龄满一年后进行移植，培育2～3年后，苗龄达3～4年即可出圃。若对苗木要求规格高，则要进行2～3次移植，苗龄达5～8年，有的甚至更长才出圃。对于生长缓慢的树种，苗龄满2年后进行移植，以后每隔3～5年移植一次，苗龄达8～10年甚至更大一些方可出圃。此外，对于设施栽培的扦插苗，若扦插密度较大，当根系发育好后即进行第一次移植，以后按常规要求进行，移植次数比上述移植要多一次。

2. 移植密度　移植密度（株行距）取决于苗木生长速度、气候条件、土壤肥力、苗木年龄、培育年限和抚育管理措施等。一般阔叶树的株行距比针叶树的大；速生树种的株行距比慢生树种的大；培育年限长的株行距比短期培育的要大；以机械化进行苗期管理的株行距比人工管理的要大；另外苗冠开张、侧根和须根发达的株行距也应大。各类苗木移植的株行距可参考表6-1。

表 6-1　各类苗木移植的株行距参考表　　　　　　单位：cm

项目	第一次移植	第二次移植	说明
常绿树小苗	30×40	40×70 或 50×80	绿篱用苗1～2次，白皮松用苗2～3次
常绿树大苗	150×150	300×300	第一次移植可培养到3～4 m，第二次移植可培养到5～8 m，
落叶速生树苗	90×110 或 80×120	150×150	如杨树、刺槐
落叶慢长树苗	50×80	80×120	如槐树、五角枫
花灌木树苗	80×80 或 50×80		如丁香、连翘
攀缘类树苗	50×80 或 40×60		如紫藤、地锦

（三）移植方法

根据苗木大小、根系状况及苗圃地情况的不同，苗木栽植方法可分为以下几种：

1. 穴植法　适用于大苗、带土移栽苗或根系发达的小苗。移植时按预定的株行距定点挖穴，穴的直径和深度应略大于苗木的根系。栽植时先在穴内填放表土，可混入适量的底肥，将苗木放入坑内摆正扶直，再填土至穴深1/3～1/2时，裸根苗轻轻向上提苗，使苗木的根系在穴内舒展，不窝根；填土至适宜位置后踏实土壤，整平地面。带土球苗移栽时，若有包扎物应拆除，将土球苗放入穴中并回填土壤后，不要用脚踏实土壤，防止踩裂土球，应用锹柄捣实土球与穴壁之间的松土层。这种方法栽植的苗木成活率高、生长恢复较快，但工作效率低。在条件允许的情况下，采用挖坑机可以大大提高工作效率。

2. 沟植法　适用于根系较发达的小苗。移植时按行距开沟，沟深大于苗根长度，再将苗木按要求的株距排放于沟内，然后覆土踏实。

3. 孔（或缝）植法　适用于小苗移植。移植时用打孔器或铁锹按株行距打孔或开缝，深度比苗根稍深一点，将苗放入孔（缝）的适当位置，压实土壤。此法简单易行、工效高，但苗根容易变形。

三、移植苗的抚育管理

苗木移植后，为了确保移植成活率，促进苗木快速生长，生产上应做好以下管理工作。

（一）灌水和排水

灌水是保证苗木成活的关键。苗木移植后要立即灌水，最好能连灌三次水。一般要求栽后 24 h 内灌第一次透水，使坑内或沟内水不再下渗为止；隔 2～3 d 再灌第二次水，再隔 4～7 d 灌第三次水（俗称连三水）。以后视天气和苗木生长情况而定，灌水不能太频繁，否则地温太低，不利于苗木生长。灌水一般应在早晨或傍晚进行。

排水也是水分管理的重要环节。雨季来临之前，应全面清理排水沟，保证排水畅通。雨后应及时清沟培土，平整苗床。

（二）扶苗整床

移植苗经灌水或降雨后，因填土或踏实不够或受人为、大风等影响容易出现露根、倒伏，一旦出现应及时将苗木扶正，并在根际培土踏实，否则会影响苗木正常生长发育。若苗床出现坑洼时，应及时进行平整。

（三）遮阳护苗

北方气候干旱，空气湿度偏低，对移植小苗，尤其对常绿小苗的缓苗极为不利。为了提高小苗的移植成活率，根据需要可加设遮阳帘，控制日光强烈照射。如全光雾插生产的小苗，出床栽植时必须采取这个措施。确定缓苗成活后，适时撤帘见光。

（四）中耕除草

中耕除草的次数，应根据土壤、气候、苗木生长状况以及杂草滋生情况而定。一般移植苗每年 3～6 次。中耕和除草通常结合进行，但除草有时草多而土层疏松时，可以只除草而不中耕松土，大面积除草还可采用化学除草剂，此法省时、省工、高效。当土壤板结严重时，即使无杂草也要中耕松土。中耕深度一般随苗木的生长可逐渐加深。为了不伤苗根，中耕应注意苗根附近宜浅，行间、带间宜深。

（五）施肥

不同的树种，不同的生长期，所需的肥料种类和数量差异很大。一般速生树种需肥量远大于缓生树种，针叶树种因其生长缓慢，对肥料的需求少于苗龄相同的阔叶树种。又如同一树种在不同生长期施肥也有差异。生长初期（一般在5月中、下旬），应薄肥勤施，以氮肥为主；速生期（一般在6～8月）需加大施肥量，增加施肥次数；加粗生长期（一般在8～9月）应以磷肥为主；生长后期应以钾为主，磷为辅。此外，施肥还应考虑到气候条件及苗圃地的土壤条件等，以便发挥最大肥效。

（六）病虫害防治

防治苗圃病虫害是培育壮苗的重要措施，其防治工作必须贯彻"防重于治"和"治早、治小、治了"的原则。加强苗木田间抚育管理，促使苗木生长健壮，增强抵抗能力，可减少病虫害的发生。一旦发现苗木病虫害，应立即采取措施，以防蔓延。

（七）防寒越冬

防寒越冬是对耐寒能力较差的观赏苗木进行的一项保护措施，特别在北方，由于气候寒冷和早晚霜等不稳定因素，苗木很容易受到低温伤害。生产上常采取的防寒措施有培土、覆盖、设风障、灌冻水、熏烟、涂白、喷抑制蒸腾剂等。

🌱 **随堂练习**

1. 苗木移植一般在什么时间进行最好？

2. 如何确定苗木移植的次数？

3. 苗木移植的方法有哪几种？各适用于哪类苗木？

4. 移植苗抚育管理包括哪些内容？

第二节　大苗培育技术

一、整形修剪

整形修剪是园林苗木管理中的一项重要措施。所谓整形是将植物按其习性或人为意愿调整成一定的树体形态；而修剪是将植物器官的某一部分去掉或改变。整形和修剪密切相关不可分割，整形是通过修剪来完成的，修剪又是在确定一定树形的基础上进行的。园林苗木育苗过程中，从繁殖苗直至出圃苗，整形修剪贯穿整个养护过程。

（一）整形修剪的意义

1. 美化树形　通过整形修剪，可以使苗木按照人们设计的树形要求，培养出通直的主干，匀称、紧凑的树冠，形成优美的树形。

2. 促进生长　通过整形修剪可改善苗木的通风透光条件，减少病虫害，促进苗木旺盛生长。

3. 调整树势　合理的修剪可促进或减缓枝条生长，使树势平衡；还可以有目的地控制、调整植物的营养生长和生殖生长。

4. 艺术造型　整形修剪可使树体多姿别致，达到一定的艺术效果。

（二）整形修剪的形式

1. 自然式修剪　不同种类的植物，因其生长发育习性不同，形成了各式各样的树冠形式，这种在保持树木原有的自然树形基础上，对树冠的形状作辅助性的修剪，称为自然式修剪。自然式修剪整形能发挥该树种的树形特点，充分体现园林的自然美。自然式修剪的树形常见的有以下几种：

（1）尖塔形　单轴分枝的植物形成的冠形之一，顶端优势强，有明显的中心主干，如雪松、水杉、南洋杉等。

（2）圆柱形　单轴分枝的植物形成的冠形之一，中心主干明显，上下主枝长度相差较小，形成上下几乎同粗的树冠。如龙柏、钻天杨等。

（3）圆锥形　介于尖塔形和圆柱形之间的一种树形。由单轴分枝形成的冠形，如桧柏、美洲白蜡等。

（4）椭圆形　合轴分枝的植物形成的冠形之一，主干和顶端优势明显，但基部枝条生长较慢，大多数阔叶树属于此树形。如加杨、大叶相思等。

（5）圆球形　合轴分枝形成的冠形。如馒头柳、元宝枫、樱花、蝴蝶果等。

（6）伞形　一般也是合轴分枝形成的冠形，如合欢、鸡爪槭等。

（7）垂枝形　有一段明显的主干，所有枝条向下垂悬。如垂柳、垂枝榆。

（8）拱枝形　主干不明显，长枝弯曲成拱形，如迎春、连翘、金钟等。

（9）丛生形　主干不明显，多个主枝从根部萌蘖而成，如玫瑰、贴梗海棠、棣棠等。

（10）匍匐形　枝条匍地生长，如偃松、偃柏等。

2. 整形式修剪　根据园林观赏的需要，对自然树形加以人工改造而形成各种特定的形式，称为整形式修剪。整形式的树形常见的有以下几种：

（1）杯状形　树形无中心干，在主干一定高度处分生3个主枝，均匀向四周排列，3个主枝各自再分生2个枝而成6枝，6个枝各自再分生2枝即成12枝，即所谓"三股、六叉、十二枝"的树形。此树形整齐美观，在城市行道树中极为常见，如碧桃和上有架空线的国槐等常修剪成此形。

（2）开心形　无中心主干或中心主干低，3个主枝在主干上错落着生，向四周延伸，每主枝上又分生侧枝，中心开展但不空。此树形在观花果树木修剪中常采用，如碧桃、榆叶梅、石榴等。

（3）多领导干形　留 2~4 个中央领导干，在其上分层配列侧生主枝，形成匀称的树冠。适用于生长较旺盛的种类，可形成较优美的树形，在观赏花木、庭荫树的整形中经常采用。

（4）丛球形　有一段极短的主干，主干上分生多数主枝，主枝上分生侧枝，各级主侧枝错落排列。此树形多用于小乔木及灌木的整形，如黄杨、小叶女贞、海桐等。

（5）各种几何形体、动物形体　通过修剪将植物树冠修成各种几何形体或鸡、牛、马、鹿等动物形式，以提高观赏价值。

（6）古树盆景式　运用树桩盆景的造型技艺，将植物的冠形修剪成单干式、双干式、多干式、曲干式、螺旋式等各种形式，如小叶榕、勒杜鹃等植物可进行这种形式的修剪。

（三）整形修剪的时期

整形修剪时期是根据树种生长特性、物候期及抗寒性等来决定的，生产实践中应灵活掌握，一般多在植物的休眠期或缓慢生长期进行，以冬季和夏季修剪为主。

1. 休眠期修剪（冬季修剪）　落叶树从落叶开始至春季萌芽前进行修剪称为休眠期修剪，又称为冬季修剪。这段时期内植物的各种代谢水平很低，体内养分大部分回归根部或主干，这一时期的修剪程度可大。一般整形、截干、缩剪、更新等修剪量大的工作多在冬季休眠期进行。热带、亚热带地区原产的乔、灌观花植物，没有明显的休眠期，但是从 11 月下旬到第二年 3 月初的这一段时间内，它们的生长速度明显缓慢，有些树木也处于半休眠状态，所以此时也是修剪的适期。

2. 生长期修剪（夏季修剪）　从春季萌芽后至当年停止生长前进行的修剪称为生长期修剪。生长期因树木长势旺盛，修剪后因叶片减少而削减长势的作用明显，所以这一时期的修剪量要轻，以抹芽、除蘖、摘心、扭梢、环剥、曲枝等修剪方法为主。

常绿树没有明显的休眠期，故可四季修剪，但在冬季寒冷地区，修剪的伤口不易愈合，易受冻害，因此一般应在生长期进行修剪。另外，修剪时间还要根据树种的特性具体分析确定，如有伤流现象的核桃、元宝枫、桦木、复叶槭、葡萄等树种，应避开伤流期修剪。

（四）整形修剪的方法

1. 抹芽、除蘖

（1）抹芽　把新萌发的幼芽除去称为抹芽。对萌芽力强的树种，春季在主干上或主枝上所形成的新梢过多时，需进行抹芽。通过抹芽可避免因过多的枝条争夺养分而使生长势减弱，这样可集中养分、水分。促使所留枝条苗壮发育，便于培育成良好的主干、主枝。

（2）除蘖　是指将树干基部附近产生的萌枝或砧木上的萌蘖除去。它可使养分集中供应所留枝干或接穗，改善生长发育状况。除蘖可避免具有萌蘖能力的乔木树成为丛生状，以便培养独立主干。嫁接苗管理中，除蘖可避免砧蘖与接穗竞争养分、争夺空间，所以除蘖是嫁接苗抚育管理的重要措施之一。

2. 摘心与剪梢　摘心就是将枝梢的顶芽摘除，而剪梢则是将当年生新梢的一部分剪除。

两者都可解除新梢的顶端优势，控制延长生长，促发抽生侧枝或增加花芽。例如，在培养多主枝冠形的树种时，为了调整各主枝长势，对强枝进行摘心抑制其生长，达到各主枝均衡生长的目的；绿篱植物通过剪梢，可使绿篱枝叶密生，增加观赏效果和防护功能；一串红、金鱼草的草花，通过摘心可增加分枝数量，培养丰满株形，增加花量。

摘心与剪梢的时间不同，产生的影响也不一样，具体依树种、目的要求而异。为了多发侧枝，扩大树冠，宜在新梢旺长时进行；对一些抗寒性较差的树种，为提高抗寒能力，可在入秋后对苗木进行摘心，以控制徒长，充实枝干，便于越冬。

3. 短截　又称短剪，是将植物一年生枝条的一部分剪去，以刺激剪口下侧芽萌发，促进分枝，增加枝叶多开花。它是园林植物修剪整形时最常用的方法。根据修剪的程度可分为以下几种。

（1）轻短截　只剪去枝梢顶端的一小部分（剪去枝条全长的 1/4 左右），以刺激剪口下多数半饱满芽萌发，分散了枝条的养分，促进产生大量的短枝，利于花芽形成，多用于花果类树木强壮枝的修剪。

（2）中短截　在枝条中部和中上部饱满芽处截（剪去枝条全长的 1/3～1/2）。因剪口下芽子质量好，养分相对集中，剪后发育的枝条长势旺盛，常用于培养延长枝或骨干枝。

（3）重短截　在枝条中下部半饱满芽处截（剪去枝条全长的 2/3～3/4）。重短截去枝量大，剪后萌发的侧枝少。由于营养供应较为充足，枝条的长势较旺，一般多用于恢复长势和改造徒长枝、竞争枝。

（4）极重短截　在枝梢基部留 1～2 个瘪芽，其余剪去。因剪口下芽子质量差，只萌发 1～2 个弱枝，个别也能萌发旺枝，多用于削弱竞争枝的长势或降低枝位。

4. 缩剪　又称回缩，即将多年生枝条的一部分剪去。缩剪可改变多年生枝的发枝部位和延伸方向，使之复壮，改造整体树形，促其通风透光。常用于花灌木的整形。

5. 疏枝　又称疏剪、疏删，指将枝条从基部全部剪除。疏枝可以减少枝芽数量，改善通风透光条件，提高叶片光合效能，增加营养积累，减少病虫害发生，促使保留枝叶生长健壮。疏枝常用于树干的培养，把养分集中供应主干领导枝，可以加速培养好的干型。移植苗的修剪也常用此法，在移植断根情况下，地上部通过疏枝，可使树势上下恢复平衡，有利于缓苗，保证移植成活。

6. 伤枝　伤枝指用各种方法破伤枝条以削弱或缓和枝条生长势为目的。常见的有刻伤、环割、环剥、扭梢、拿枝等。

（1）刻伤　用刀横割枝条的皮层，深达木质部的称为刻伤。刻伤因位置不同，所起作用不同。春季萌芽前在芽或枝的上部刻伤，可阻止根部水分和无机养分向上运输，可以增强刻伤部位芽和枝的生长势。如果生长盛期在芽或枝的下部刻伤，可阻止碳水化合物向下输送，使之积累于刻伤上部芽或枝上，促进花芽形成，充实枝条生长。

（2）环割　指在枝干上用刀横向切割一圈或数圈，将韧皮部割断，这样阻止有机养分向下运输，养分在环割部位上得到积累，有利于成花和结果。

（3）环剥　在生长期内用刀或环剥器在枝干或枝条基部适当位置剥去一定宽度的环状树皮，称为环剥。环剥在一段时间内可阻止碳水化合物向下输送，利于环剥上方枝条营养物质的积累和花芽的形成，同时还可促进剥口下部发枝。但根系因营养物质减少，生长受一定影响。环剥宽度要适宜，一般为环剥枝干粗的1/10左右，环剥过宽难以愈合，对生长影响较大；过窄时效果不明显。有些流胶、流汁难以愈合的树种不能使用环剥。环剥后要包上塑料布以防病菌感染。

（4）扭梢和拿枝　在生长季内，将生长过旺的枝条向下扭曲或将基部旋转扭伤称为扭梢。将枝条用手指捏揉，伤及木质部而不折称为拿枝。扭梢和拿枝是伤骨不伤皮，目的是阻碍水分、养分的运输，缓和生长，提高萌芽率，利于短花枝的形成。多用于果树修剪和盆景树形培养。

7. 变向　改变枝条生长方向，控制枝条生长势的方法称为变向。如曲枝、拉枝、抬枝等，以改变枝条的生长方向和角度，使顶端优势转位，加强或削弱。将下垂枝抬高角度时，顶端优势加强，树势转旺，使枝顶向上生长；将直立枝曲枝或拉枝时，顶端优势减弱，生长转缓。通过变向可充分利用空间，甚至可盘扎成各种艺术性姿态，提高树木观赏价值。

8. 平茬截干　指从近地面处将1～2年生的茎干剪除，此法多用于培养优良主干和灌木的复壮更新。

9. 截冠　指从苗木主干2.5～2.8 m（分枝点）处将树冠全部剪除。截冠修剪一般在出圃或移植苗木时采用，多用于无主轴、萌发力强的落叶乔木，如国槐、元宝枫、栾树、干头椿等。截冠后分枝点一致，进行种植可形成统一的绿地景观。

10. 修根　指对移植苗、出圃苗的根系进行适当修剪，修剪对象主要是劈裂根、病虫根、过长根及生长不正常的根系。劈裂根、病虫根应剪除，过长根适当短截，断根后不整齐的伤口应剪齐，以利于愈合，发出新根，恢复树势。

二、各类大苗的培育

为了培育符合园林绿化需要的大规格苗木，苗木移植后除了采取浇水、施肥、中耕除草、防治病虫害等措施外，还要对各类苗木进行必要的整形修剪，使出圃苗木具备一个基础合理的树形，促进苗木快速生长，使其尽早达到出圃规格。

（一）行道树和庭荫树大苗的培育

行道树和庭荫树一般树冠高大。行道树要求主干通直，干高在2.5～3.5 m；庭荫树要求培养一段高矮适中、挺拔粗壮的树干，主干高度　般没有统一的规定，主要视树种的生长习性而定。两者都要求有完整丰满的树冠，枝条分布匀称、开展。这两类大苗培育的关键是培养主干，形成树冠。

1. 阔叶树大苗的培育

（1）主干的培养

① 截干法　适用于干性弱而萌芽力强的树种，如国槐、泡桐、合欢、栾树等，采用截干（平茬）的方法加大根冠比，促使主干加速生长。具体方法是：春季萌芽前在树干基部平齐截断，促使其重新萌发新干，从中选一直立强壮枝作为主干，在新生主干上进行少量修剪，对主干出现的竞争枝应剪短或疏除，经过培养便可形成通直的主干。

② 剪梢法　适用于干性弱的树种，如刺槐、柳树、元宝枫等，因苗梢芽质较差，应于春季萌芽前在主梢20～30 cm处短截，剪口留饱满芽。萌芽后及时将苗高1/2以下的萌芽抹除，培养剪口芽长成主干，对主干延长枝外出现的竞争枝应剪短或适当疏除，以此培养成良好的干形。

③ 逐年养干法　适用于干性强、萌芽力强的树种，如杨树、银杏、白蜡、悬铃木等，一般不易出现竞争枝，养干较容易，苗木移植后不应剪去主梢，修剪宜轻，在萌芽时或枝条长出后，对处于树干较下方的芽或枝进行抹芽或除萌，保持通直的主干。也可在生长停止后疏去靠下的分枝，保持主干高度，但一次不宜疏剪太多，可逐次疏除，以免影响苗木生长。经过培养逐年提高枝下高，直至达到定干高度要求。

④ 密植法　移植时，适当缩小株行距进行密植，可促使主干向上生长，抑制侧枝生长，以培养出通直的主干，如元宝枫等。对一些树种，若密植与截干相结合效果更为明显，但应注意加强肥水管理。

（2）树冠的培养　干性强、中央主干明显的树种，如杨树、白蜡、榉树等，一般以自然式树形为宜，树冠不需人工整形，只有当出现较强的竞争枝时，及时剪除即可。为使树冠内膛通风透光，应及时疏除过密枝、病虫枝、伤残枝及枯枝等。

中央领导干不明显的树种，如国槐、馒头柳、元宝枫等，在主干上选留3～5个向四周放射的主枝，第二年将这些主枝在30～50 cm处短截，促使第二次分枝，即可培养成理想的树冠。

2. 针叶树大苗的培育　针叶树类，一般萌芽力弱，生长缓慢，苗圃培养的苗木一般以全冠型（保留全部分枝的树形）为主，少数采用低干型（提干高度50～60 cm）。如油松、樟子松等顶端优势较明显，主干容易形成，培育大苗时一般不多修剪，注意保护好顶芽，冠内出现枯枝、病残枝时及时剪除，有时轮生枝过密时可适当疏除，每轮留3～5个主枝，使其空间分布均匀。白皮松、桧柏类苗木易形成徒长枝，成为双干型，要及时疏去一枝，保持单干，有时冠内出现侧生竞争枝时，应逐年调整主侧枝关系，对有竞争力的侧枝利用短截削弱其生长势，培养领导干，直至出圃。此外，柏树类苗木通过修剪还可培养各种几何造型和动物造型，提高观赏价值。

针叶树类苗木如顶芽受损，应及时扶一侧枝，加强培养以代替主干延长生长。

（二）花木类大苗的培育

花木类树种类型很多，不同树形采用不同的修剪方式，常见有以下两种：

1. 单干式 观花、观叶小乔木类多采用单干式。无论是播种苗、扦插苗还是嫁接苗，在第一年培育中，一般可长到 60～100 cm。第二年进行移植，并加强肥水管理，待苗木达一定高度后，冬季修剪时按要求进行定干。主干高矮根据具体树种而定，碧桃、紫叶桃等多为低干式，干高 0.5～1 m；紫叶李、黄栌和紫薇等多用中干式。干高 1.5～2 m。待次年春季发芽后，选留长势均匀、角度合适的主枝 3～5 个，其余小枝全部疏除，生长季节注意平衡主枝长势；冬剪时，将主枝留 30 cm 进行短截，促使二次分枝，如此培养成单干圆头形树冠。

2. 多干式 观花灌木种类很多，如丁香、连翘、迎春、珍珠梅、锦带花、玫瑰、棣棠、蜡梅、牡丹、杜鹃、太平花、金银木和贴梗海棠等，这类树种一般采用多干式。苗木移植时，在其基部留 3～5 个芽剪去苗干，使其于近地表处萌发 3～5 个骨干枝，至秋后将枝条留 30 cm 短截，第二年再分枝，则成多干式花灌木。在培养花灌木树形时，为了节省养分，可将花果及时剪去，促进苗木快速生长，尽快达到出圃规格。

此外，有些观花灌木为了提高观赏价值，也有培养成单干式苗的，如单干紫薇、木槿、连翘、丁香等，其经济价值也得到了提高。

（三）垂枝类大苗的培育

垂枝类苗木，如龙爪槐、垂枝榆、垂枝樱桃等，出圃苗木要求具有圆满匀称的树冠。

1. 砧木培养与嫁接 垂枝类树种都是原树种的变种，如龙爪槐是槐树的变种、垂枝榆是榆树的变种。要繁殖这些苗木，先要培育原树种苗木作砧木，当其长到一定粗度（一般要达 3 cm 以上），并且干高也符合要求时进行嫁接，嫁接方法可用插皮接、劈接，以插皮接运用为多。对培养多层冠形可采用腹接法。

2. 树冠培养 培养圆满匀称的树冠，必须对所有下垂枝进行修剪整形。待嫁接成功后首先建立由 3～5 个主枝为骨干的骨架，平展开后向外扩展。修剪时在各主枝上选留向上、向外的饱满芽为剪口芽，促使萌芽抽枝外延。发芽后如有向下的萌枝应及时疏除，以促上芽的生长。对冠内细弱枝、病虫枝、直立枝、重叠枝等要剪除。第二年仍按此法进行，如此树冠逐年向外扩展，完成伞状造型。

（四）球形类大苗的培育

球形类苗木重在修剪，特别是生长旺季，必须定期进行摘心或剪梢。具体修剪方法是：当苗木达到一定高度时，修剪枝梢使树冠呈圆球形。当分枝抽出达 20～25 cm 时，再次修剪枝梢形成次级侧枝，使球体逐年增大，同时剪去徒长枝、病虫枝、畸形枝。成形后每年在生长期进行 2～3 次短截，促使球面密生枝叶，如大叶黄杨球、小叶黄杨球、龙柏球、桧柏球等。

（五）绿篱类大苗的培育

绿篱苗的培养目的是扩大冠幅，促使侧枝萌生，使冠丛丰满。培育中篱和矮篱苗时，凡播种或扦插成活的苗木，当苗高达 20～30 cm 以上时，剪去主干顶梢，促进侧枝萌发并快速生长。当侧枝长到 20～30 cm 时，再次剪梢，促使次级侧枝抽出。经 1～2 年培养，苗木上下侧枝密集。高篱苗一般任其生长，只作一般性修剪。

（六）藤本类大苗的培育

地锦、紫藤、南蛇藤、凌霄、葡萄等，其主干不能直立生长，常利用其吸附、攀缘、缠绕、卷须等特性向上生长，作立体绿化。在苗圃培育时，主要是培养其根系及主干。具体方法是：苗木移植后，春季在近地面处截干，促进萌生侧枝，从中选留 2～3 条生长健壮的枝条培养作主蔓，对枝上过早出现的花芽要及早抹去，以节省养分，促进主蔓生长。移植后第一年应设立支柱固定植株并使其向上攀缘生长，以作出圃后上棚架、附墙壁、攀篱栅之用。

随堂练习

1. 简述行道树、庭荫树大苗培育的技术要点。

2. 举例说明花灌木大苗培育的技术要点。

3. 举例说明垂枝类大苗培育的技术要点。

综合测试

一、填空题

1. 一般而言，_____ 和 _____ 是移植的适宜季节，就本地来说又以 _____ 最宜。

2. 苗木移植次数取决于该树种的 _____ 和园林绿化对苗木 _____ 的要求。

3. 苗木移植的方法有 _____、_____、_____。

4. 苗木整形修剪常用的方法有 _____、_____、_____、_____、_____、_____、_____ 等。

5. 阔叶树苗养干的方法有 _____、_____、_____、_____ 等。

二、判断题

1. 苗木移植的时间可根据当地气候条件和树种特性而定。（　　　）

2. 一般说来，对于生长缓慢的树种，苗龄满一年后进行移植，培育 2～3 年后，苗龄达 3～4 年即可出圃。（　　　）

3. 落叶树移植的时间视树种不同而异，一般发芽早的先移，发芽晚的后移。（　　　）

4. 穴植法仅适用于根系发达的小苗。（　　　）

5. 庭荫树一般树冠高大，干高在 2.5～3.5 m。（　　　）

6. 缩剪是将一年生枝条的一部分剪去。（　　　）

三、单项选择题

1. 夏季移植苗木最好选在（　　　）进行。

    A. 晴天　　　　　　　　B. 阴雨天　　　　　　C. 雨天　　　　　　　D. 阴天或晴天早、晚

2. 下列哪种不属于自然式修剪的树形（　　　）。

    A. 尖塔形　　　　　　　B. 垂枝形　　　　　　C. 杯状形　　　　　　D. 丛生形

3. 灌水一般应在（　　　）进行。

    A. 早晨　　　　　　　　B. 中午　　　　　　　C. 傍晚　　　　　　　D. 早晨或傍晚

4. 花灌木多干式整形定干的高度为（　　　）。

    A. 干基留 3～5 芽　　B. 0.2～0.5 m　　C. 0.5～1 m　　D. 1.5～2 m

5. 针叶树类苗木如顶芽受损，应及时（　　　）。

    A. 培养成无顶芽型　　B. 选侧枝代替　　　C. 截干　　　　　　D. 淘汰

6. 环剥的宽度一般为枝干粗度的（　　　）左右。

    A. 1/2　　　　　　　　B. 1/5　　　　　　　C. 1/10　　　　　　D. 1/20

四、实训题

（一）苗木移植技术

要求：1. 现场操作；

      2. 写出实训报告（包括实训目的、实训材料及器具、操作方法步骤、注意事项等）。

（二）苗木修剪技术

要求：1. 现场操作；

      2. 写出实训报告（包括实训目的、实训场所、实训材料、实训内容与方法等）。

考证提示

知识点：掌握园林苗圃大苗培育全过程的操作方法，熟悉苗圃培育大苗的全年工作计划。

技能点：掌握各类大苗的整形修剪及培育技术；熟练掌握苗木移植技术。能对初、中级工进行示范操作，并解决操作中遇到的各种问题。

本章学习要点

知识点：

1. 苗圃主要病害及防治 了解苗圃病害类型，熟悉苗圃常见病害危害树种及症状，掌握苗圃主要病害的防治方法。

2. 苗圃主要害虫及防治 了解苗圃害虫的种类，熟悉苗圃常见害虫的危害特点，掌握苗圃主要害虫的防治方法。

技能点：

1. 掌握苗圃主要病害的防治方法。

2. 掌握苗圃主要害虫的防治方法。

苗木在培育过程中常会遭受各种病虫害侵袭，造成苗木巨大损失。为此，一个苗圃要想培育出优良的苗木，除加强土、肥、水等管理外，必须做好病、虫害的防除工作，否则就会影响苗木质量。

第一节 主要病害及防治

苗圃病害按病原类型分为侵染性病害与非侵染性病害，两大类病害在园林苗圃的发生都能造成部分苗木毁灭，因此，苗木生产中既要注意防治侵染性病害，更要避免和减轻生理性病害的发生。

一、侵染性病害

侵染性病害是由真菌、细菌、病毒、线虫及寄生性种子植物等病原物引起，这类病害在环境条件适合时，可进行扩大再传染，造成更大的损失。

（一）种芽霉烂病

园林植物种子的病害，主要是霉烂，此病多发生在种子贮藏期、催芽期和播种期，种皮上生长出各种霉层物，使种子或幼芽腐烂，降低出苗率，造成种源短缺，或出现缺苗、断行、缺行等。出现这种现象多是由于种子表面携带病原菌未进行消毒处理，未催芽，或播种时间过早，土壤积水板结，幼苗出土时间过长等原因。

防治方法：种子采收避免损伤，以减少侵染的伤口；贮藏前贮藏室要消毒，贮藏的种子应干燥到安全含水量状态；播种前种子要进行消毒、催芽处理；适时播种，避免土壤积水。

（二）根部病害

1. 苗木立枯病　立枯病是苗木尤其是多数针叶树类苗最严重的病害之一，根据危害期不同其症状有两种类型。

（1）幼苗猝倒型　幼苗出土后，嫩茎尚未木质化前，苗茎基部受到病菌侵染，受害处呈褐色、水渍状，遇风吹时便折断倒伏，故名猝倒病。多发生在苗木出土后的 1 个月之内。

（2）苗木立枯型　苗木茎部木质化后感染病菌，使苗茎基部变褐、缢缩坏死，地上部出现严重的缺水状态而迅速死亡，苗木死后不倒伏，故称立枯病。

防治方法：播种前对土壤、种子进行消毒处理；注意轮作倒茬，严禁连作；做好苗圃地清理工作，及时清除杂草、病株；加强苗床管理，防止高温、高湿，控制浇水，加强通风；幼苗期间，用 0.3%～0.5% 硫酸亚铁液或 100 倍的等量式波尔多液，每隔 10 d 左右喷洒一次，共喷 2～3 次进行预防；如发现已有被感染发病的苗木，可用多菌灵、百菌清、五氯硝基苯、退菌特等进行防治。

2. 根瘤病　根瘤病包括根癌病和根结线虫病，致病病原为土壤农杆菌和线虫。通常在植株的根颈处或主根、侧根、主干发生瘤状物。植株根系发育不良，须根少，生长发育缓慢。主要为害杨、柳、梅、樱花等树种。

防治方法：选择抗病品种及抗病砧木（梅/山杏、桃/毛桃）；根癌病可用 1%、1.5% 塞霉酮系列药剂或 25% 链霉素可湿性粉剂浸根，田间发现病株后将癌瘤切除再用根癌宁灌根或在生长期间用根癌宁浇根。根结线虫病可于春季发芽前用 80% 二氯溴丙烷 50 倍液环树开沟浇灌，或 3% 呋喃丹颗粒剂拌入土中（按每 667 m² 用量 3～4 kg）处理土壤。

（三）叶部病害

1. 白粉病　白粉病是园林苗圃中常见的一种病害，危害杨、柳、栎、桃、杏、臭椿、泡桐和月季等，可侵染叶片、新梢、花蕾、花梗等，使被害部位表面长出一层白色粉状物，同时叶片皱缩、卷曲，枝梢弯曲、畸形，造成叶片早落，嫩叶、嫩梢枯死，落花落果。

防治方法：清除病原，及时清扫落叶残体并烧毁；发芽前喷波美 3°～4° 的石硫合剂；发病初期喷施 50% 多菌灵可湿性粉剂 1000 倍液，25% 粉锈宁可湿性粉剂 1500～2000 倍液，或

50％苯来特可湿性粉剂 1500～2000 倍液，每隔 15～20 d 一次，连续 2～3 次能起到较理想的防治效果。

2. 锈病　锈病也是园林苗圃中常见的一种病害，危害杨、苹果、梨、香椿、桧柏等树种。苗木感病后，叶背面有成堆橙黄色粉状物，严重时叶片畸形。锈病大多数侵害叶和茎，对幼苗危害很大，常造成早期落叶，严重影响苗木生长。

防治方法：清除带病残体，集中烧毁，减少病原；实行轮作，减少初侵染源；苗木发芽前喷波美 3°～5°的石硫合剂；发病初期喷洒 15％粉锈宁可湿性粉剂 1000～1500 倍液，每 10 d 喷 1 次，连喷 3～4 次，或用 40％福星乳油 800～1000 倍液喷雾，也可用多菌灵、代森锌、百菌清等防治。

（四）枝干病害

常发生的有杨、柳、国槐等腐烂病、溃疡病，病害多由弱寄生菌引起，主要危害苗木主干及枝条，造成枝干皮烂、干枯、溃疡，严重时可造成苗木死亡。

防治方法：加强苗木的水、肥管理，培养健壮苗木，增强抗病性；苗木移栽定植前集中喷洒 45％代森锌 200 倍液，可预防溃疡病的发生。

二、非侵染性病害

非侵染性病害是由不适宜的环境因素引起的，又叫生理病害。非侵染性病害多与栽培管理、环境污染、气候异常等有关，处理不当会对苗木造成伤害。苗圃常发生并造成损失的生理病害有以下几种：

（一）缺素症

苗木缺素症是因缺少某些元素引起的，一般先在叶片上表现出来，出现叶变黄、变小或有红褐色、紫色斑块等，顶芽枯死、丛生等。缺少氮、磷、钾、镁、锌等元素时，老叶最先出现症状；缺少铁、钙、硼、锰、铜等元素时，则新叶最先表现出来。苗木缺素症最典型的是黄化病，引起苗木黄化的原因很多，其中最常见的是缺铁引起的黄化，如悬铃木、刺槐、桃、山楂等，常有上部叶片先出现黄化，叶呈淡黄色或黄色，而下部老叶仍为绿色；缺氮也会出现叶片变黄、叶小而少。苗木发生黄化后，缺乏叶绿素，不能进行正常光合作用，营养物质积累少，影响苗木生长发育，病害严重时叶片出现叶缘枯焦以至死亡。

防治方法：黄化病以预防为主，多施有机肥料，并降低土壤 pH；因缺铁而黄化的苗木可于发病初期，喷洒 0.2％～0.3％硫酸亚铁溶液，每隔一周喷洒一次，连续喷洒 3 次后，叶色一般即可恢复。

（二）冻害

冻害为害的树种较多，如紫薇小苗、雪松、锦熟黄杨、大叶黄杨、龙柏等，主要表现抽条或主干冻裂等；轻者影响生长，降低质量，重者可造成大量苗木死亡。

防寒措施：苗木防寒应从两方面入手，一是提高苗木的抗寒能力；二是采取覆盖、埋土、涂白、熏烟、假植等保护性防寒措施。

（三）涝害

涝害主要发生在雨季，排水不畅、栽植不当、管理不善等地很容易引起怕涝品种受害，造成大量苗木死亡。如油松、白皮松、山桃以及山桃为砧木嫁接的一些观赏树种，若圃地积水时间过长，即使当时未死亡，越冬后也能导致苗木枯死。

防涝措施：圃地合理设置排水沟，及时进行排水；对不耐涝害的苗木采用高床育苗，以减轻涝害发生。

（四）药害与肥害

喷药不当或施肥过量均可引起苗木受害。药害一般引起地上枝叶受害，轻者造成叶片焦边、焦叶、落叶或苗木生长受阻等；重者可使种子不萌发，受害植株生长停止，甚至造成苗木死亡。肥害表现根细胞失水，继而烂根、整株枯死。肥害在幼苗上表现突出，常因施肥不匀、局部过量造成。

预防措施：使用药剂前要了解药剂的性能、使用范围、防治对象、使用浓度，使用肥料时要了解肥料的种类、性质及用途；还要考虑苗木种类、生长发育状况、气候条件、土壤条件等，然后确定用药、施肥的种类、时间、用量、方法，做到合理选择，正确使用。如不慎发生了药害、肥害，应积极采取挽救措施，以尽量减少损失。如叶片、植株受害时，可采取喷大水淋洗、排灌洗液、中耕松土等方法，以恢复树势。

随堂练习

1. 何为侵染性病害？
2. 如何预防苗木立枯病？
3. 园林苗木侵染白粉病会表现出哪些症状？生产上如何防治？

第二节　主要害虫及防治

害虫对园林苗圃危害性很大。幼苗期间，主要有蝼蛄、蛴螬、地老虎、金针虫等地下害虫，它们专食害苗根或咬断地际根茎。另外有金龟子、蚜虫、蛾类、刺蛾、卷叶蛾等食叶害虫，专食幼苗茎叶。

一、地下害虫

地下害虫栖居于土中，咬食发芽种子及苗木的幼根、嫩茎及幼芽，对苗木危害很大，常造成缺苗断垄，直接影响苗木的产量、质量。

（一）蝼蛄类

终生在土中生活，是幼树和苗木根部的重要害虫，以成虫或若虫咬食根部或靠近地面的幼茎，使之呈不整齐的丝状残缺；也常食害刚播或新发芽的种子；还会在土壤表层开掘纵横交错的隧道，使幼苗须根与土壤脱离枯萎而死，造成缺苗断垄。

防治方法：用灯光诱杀成虫；撒毒土防治，即整地作床时每平方米用5%辛硫磷颗粒剂0.5～5 g，加30倍细土拌匀，均匀撒在苗床上，翻入土中；用毒饵诱杀，即用90%晶体敌百虫50 g，加水250 g，溶解后喷到1000 g麦麸上，拌成毒饵，傍晚撒于苗床，每667 m^2 用1000～1500 g；也用马粪鲜草诱杀，即在苗圃地，每隔20 m左右挖一小坑，然后将马粪或带水的鲜草放入坑内，虫诱入后，白天集中捕杀，在坑内加放毒饵，也可起到诱杀作用。

（二）蛴螬类

金龟子的幼虫，主要食害播下的种子或咬断幼苗的根、茎，咬断处断口整齐，造成缺苗断垄。

防治方法：进行人工捕杀；用灯光或糖醋液诱杀，糖醋液为糖6份、醋3份、白酒1份、水10份、90%晶体敌百虫1份配制而成。毒土防治，即每亩用50%辛硫磷200～250 g，加细土25～30 kg，撒入苗床浅锄；或50%辛硫磷乳油250 g，兑水1000～1500 kg，顺垄浇灌，结合浅锄可延长药效；也可用2%甲基异柳磷粉剂每亩2～3 kg，配土25～30 kg，顺垄撒施，然后覆土或浅锄。成虫盛发期，用杨、柳或榆树枝叶蘸80%敌百虫200倍液，间隔10～15 m放置1束，插在苗圃诱杀成虫。喷撒敌百虫1∶800～1∶1000倍液，2.5%敌百虫粉，40%乐果800倍液，树干刮粗皮涂40%氧化乐果1～2倍液等，对成虫都有较好的防治效果。

（三）地老虎类

地老虎俗称地蚕、切根虫，主要危害幼嫩植物，常将幼苗从近地面处咬断。

防治方法：清除杂草；堆草诱杀；适时灌水（淹初龄幼虫）；辛硫磷（土壤处理或喷洒）；糖醋液诱杀。

（四）金针虫

俗称节节虫，成虫俗称扣头虫。主要危害种子及苗木的根、茎，造成缺苗断垄。

防治方法：药剂拌种（用50%辛硫磷、40%甲基异柳磷或50%甲胺磷乳油等，用药量为种子重量的0.1%～0.2%，拌匀后堆闷6～12 h即可播种）；毒饵诱杀；毒土药杀。

二、蛀干害虫

（一）天牛类

如青杨天牛危害毛白杨、银白杨、河北杨、青杨、北京杨及柳树等；光肩星天牛危害杨、柳、槭等树种，以幼虫蛀食枝干，特别是枝梢部分，造成苗木枝干枯死、风折，降低苗木出圃合格率。

防治方法：根据各种天牛的产卵习性经常检查树体，发现产卵刻痕及时刮除虫卵；或在被害处涂抹50%杀螟松乳油1000倍液。若发现枝干有新鲜虫粪排出时，可在最下面的两个孔塞入蘸有50%敌敌畏或二溴磷乳剂30～50倍液的棉花球，利用药剂的触杀和熏蒸作用杀死蛀道内的幼虫。成虫羽化初期，应用40%氧化乐果乳油，或2.5%溴氢菊酯乳油，或25%西维因可湿性粉剂，或50%杀螟松乳油800～1000倍液喷洒苗木枝干杀成虫。

（二）透翅蛾类

幼虫蛀食苗木的茎干和顶芽，形成肿瘤，影响营养物质的运输，从而影响苗木发育。

防治方法：加强检疫，杜绝带虫苗木带入本地区；幼虫初期，每15 d喷1次80%敌敌畏2000倍液，发现蛀孔可用50%杀螟松或磷胺乳油50倍液涂抹虫孔周围或滴入虫孔内，也可塞入敌敌畏棉球，并用黏泥封口。

三、吸汁类害虫

吸汁类害虫以刺吸式口器吸取植物汁液，造成枝叶枯萎，甚至整株死亡，还传播病毒。

（一）蚜虫类

蚜虫类为害榆叶梅、海棠、山楂、桃、樱花、紫叶李等多种园林苗木，常群集于幼叶、嫩枝及芽上。被害叶向背面卷曲，使苗势减弱、枝梢畸形。

防治方法：虫量不多时，可喷清水冲洗或结合修剪；大量发生时可喷50%灭蚜松乳油1000～1500倍液、10%吡虫啉可湿性粉剂1500倍液，50%辟蚜雾可湿性粉剂7000倍液，2.5%功夫500倍液，50%杀螟松1000倍液。

（二）叶蝉类

如大青叶蝉、小绿叶蝉，常危害杨、柳、刺槐、桑、梅、樱花、海棠、梧桐和桧柏等。以成虫和若虫刺吸植物汁液，虫量大时，枝干卵痕密布，冬春风大、空气干燥，苗木极易干枯死亡。

防治方法：在成虫为害期，利用灯光诱杀，消灭成虫；成虫、若虫在苗圃地大量出现时，用40%氧化乐果乳油、50%叶蝉散乳油、90%晶体敌百虫、50%杀螟松乳油1000～1500倍液或2.5%溴氢菊酯2000倍液对苗木全面喷洒防治。

四、食叶类害虫

（一）刺蛾类

俗称洋辣子、刺毛虫，包括黄刺蛾、绿刺蛾、褐刺蛾等，危害杨、柳、核桃、榆叶梅、元宝枫、白蜡等，是园林苗圃主要杂食性食叶害虫，多具有趋光性。

防治方法：可用50%杀螟松乳液800～1000倍液、40%氧化乐果乳液1000倍液、50%敌敌畏800倍液或50%辛硫磷1000～1500倍液进行防治。

（二）尺蠖类

又名步曲、造桥虫，主要有国槐尺蠖、枣尺蠖等。国槐尺蠖主要危害国槐、龙爪槐等。幼虫为害叶片，蚕食树叶，并吐丝排粪，四处爬行，影响苗木生长。

防治方法：以灯光诱杀成虫效果最好；在幼虫期喷洒50%杀螟松乳剂1000倍液或50%辛硫磷乳油1000倍液；人工捕杀吐丝下地幼虫。

第三节　常见园林苗木病虫害防治

主要树种常见病害及防治见表7-1。

表7-1　主要树种常见病害及防治

名称	危害树种	症状	防治方法
茎腐病	银杏、侧柏、杜仲、刺槐、水杉等	苗茎基部变为褐色，叶片渐变黄、下垂，茎部腐烂可扩展到根部，全株枯死叶不落	加强田间管理，多施有机肥；高温季节遮阳降温；发病前及发病初期，喷1:1:160波尔多液，每隔10～15 d喷一次
苗木白绢病	桑、榆、槭树、楸树、樟树、桉树、泡桐、银杏、杉木、乌桕、香榧等	根颈部及根部皮层坏死，在被害部位的表层缠绕有白色或灰白色的丝网状物，后期在病根茎表面或土壤内形成小黑点。叶片渐变黄、枯萎，最后全株枯死	实行轮作；土壤处理（每公顷用70%五氯硝基苯15 kg加细土225 kg，拌匀撒在播种区或树穴内）；发现病株及早拔除焚烧，病穴及时消毒，可用70%甲基托布津1000倍液，也可撒石灰；初发病时可用1%硫酸铜液浇灌土壤
紫纹羽病	松、柏、杉、杨、柳、榆、桑、栎、漆树、橡胶树、刺槐等	小根先受害，渐向侧根、主根蔓延，甚至达到树干基部。皮层变黑腐烂，易与木质部剥离。病根及干基部表面覆盖一层紫褐色物	选择排水良好的圃地；对可疑苗木进行消毒处理，用1%波尔多液浸根1 h，或2%硫酸铜浸5 min；发现病株及时清除销毁，轻者切除病根，然后浇灌20%石灰水或2.5%硫酸亚铁
泡桐炭疽病	泡桐	主要侵染苗木的叶片、叶柄及嫩梢，幼苗染病后叶片变为暗绿色，倒死	播前3～5 d进行土壤消毒，每亩可用赛力散、五氯硝基苯各1～1.5 kg；种子消毒；苗期用0.5%～1%波尔多液、0.2%五氯硝基苯或80%代森锌500倍液、1000倍5%可湿性退菌特，每10 d一次交替使用
松落针病	油松、马尾松	针叶变成赤褐色，一个针叶往往呈半绿半赤现象	加强苗木抚育管理，避免苗木过密；秋季清除病落叶集中销毁；3～5月间每15 d喷一次等量式波尔多液或85%代森锌可湿性粉剂500倍液、25%百菌清500～800倍液

名称	危害树种	症状	防治方法
幼苗灰霉病	多数园林树种尤其针叶树	多发生在嫩茎及叶片，感病后嫩叶凋萎、卷曲，如霜冻一般，嫩茎受害后变褐色、缢缩，最后导致病部以上全部枯死	控制苗木密度，使苗木间通风透光；加强管理，合理施肥，适增磷、钾肥；发病初期喷 75% 百菌清可湿性粉剂 500 倍液，或 50% 多菌灵可湿性粉剂 200 倍液
松苗叶枯病	黑松、马尾松、赤松等	下部针叶首先渐变黄，并逐渐向上蔓延，病叶从叶尖开始出现成段的黑褐色病斑，针叶随即枯死，下垂不脱落，严重时苗木枯死	注意苗圃轮作；及时间苗；发现病株立即烧毁；发病初期每隔 10～15 d 喷 1% 波尔多液或波美 0.3° 的石硫合剂，连喷 2～3 次
苦楝叶斑病	苦楝	苗木叶片上形成圆形或半圆形、直径为 1～5 mm 的叶斑，叶斑灰白色、有明显的褐色边缘	集中烧毁落叶；喷洒 0.5%～1% 波尔多液，每隔 15 d 喷一次，连喷 2～4 次

主要树种常见虫害及防治见表 7-2。

表 7-2　主要树种常见虫害及防治

名称	危害树种	危害特点	防治方法
红蜘蛛	松、柏、桃、桑、板栗、苹果等	以针状口器刺入叶内，吸取养料	早春喷波美 0.5° 的石硫合剂；夏季喷 800～1000 倍三氯杀螨醇或氧化乐果、500～700 倍杀虫脒、2000～3000 倍克螨特
介壳虫	国槐、刺槐、白蜡、悬铃木、卫矛、桑、榆、柿等	以针状口器刺入苗木体内，吸取养料	发芽前喷波美 3°～5° 的石硫合剂；若虫孵化期，喷 800 倍杀螟松或 700 倍马拉硫磷、800 倍氧化乐果或 50% 敌敌畏乳剂 1000～1500 倍
天幕毛虫	杨、柳、黄刺玫、桃、苹果、梨等	危害嫩芽和嫩叶，在小枝分杈处吐丝结网，严重者可吃光叶片	摘除卵块；人工捕杀初孵幼虫；喷 1000～1500 倍 50% 杀螟松、40% 乙酰甲胺磷、50% 辛硫磷、80% 杀螟丹 1000 倍液或 90% 敌百虫 800～1000 倍液
潜叶蛾	杨树	幼虫钻入叶内，取食叶肉，叶上形成一大片不规则黑黄色斑	喷 1000～1500 倍 50% 杀螟松、敌敌畏、90% 敌百虫 1500 倍液或 1605 乳油 2000～3000 倍液
种蝇	松类、刺槐、紫穗槐等	幼虫危害刚出土的幼苗，严重者可致苗木枯萎死亡	播种前在沟内撒辛硫磷，每 0.07 hm² 用 5% 辛硫磷颗粒剂 2～3 kg；苗期可用 0.5% 硫酸亚铁浇灌幼苗
舞毒蛾	榆、桑、桃、李、杏、梅、樱桃、山楂等	取食叶片	树下诱杀，常用药剂 50% 辛硫磷乳剂 1000 倍液；幼虫危害初期树冠喷药，选用辛硫磷或杀螟松 1000 倍液或溴氢菊酯 5000 倍液
大灰象甲	杨、刺槐、核桃等	咬食幼苗的幼芽，取食嫩茎，造成严重缺苗	人工捕捉成虫；喷 90% 敌百虫 1000 倍液、3000 倍溴氢菊酯；结合整理苗床撒施 5% 辛硫磷颗粒剂，每平方米用药 8 g 左右

名称	危害树种	危害特点	防治方法
粉　虱	月季、石榴、茉莉等	危害嫩叶，刺吸汁液，使叶片褪绿变黄、萎蔫直至干枯死亡；大量分泌蜜露，导致煤污病严重发生	喷 2500～3000 倍 2.5％溴氢菊酯或 1000 倍磷胺；黄板涂重机油诱杀

随堂练习

1. 园林苗圃地下害虫主要有哪几种？如何防治？

2. 园林苗圃常见的叶部病害有哪些？请列举一例说出其防治方法。

3. 写出你熟悉的食叶类害虫？试举一例详述其危害状况及防治方法。

综合测试

一、填空题

1. 苗圃病害按病原类型分为＿＿＿＿＿和＿＿＿＿＿。

2. 根瘤病包括＿＿＿＿＿和＿＿＿＿＿，致病病原为＿＿＿＿＿和＿＿＿＿＿。

3. 非侵染性病害又称＿＿＿＿＿，该病害多与＿＿＿＿＿、＿＿＿＿＿、有关。

4. 金龟子的幼虫是＿＿＿＿＿，主要食害＿＿＿＿＿、＿＿＿＿＿、＿＿＿＿＿。

二、判断题

1. 非侵染性病害是由真菌、细菌、病毒、线虫及寄生性种子植物等病原物引起。（　　　）

2. 种子霉烂病多发生在种子贮藏期、催芽期和播种期。（　　　）

3. 吸汁类害虫以咀嚼式口器吸取植物汁液。（　　　）

4. 地老虎、金针虫、金龟子、叶蝉是苗木根部的重要害虫。（　　　）

5. 药害一般引起地上枝叶受害，轻者造成叶片焦边、焦叶、落叶或苗木生长受阻等。（　　　）

三、多项选择题

1. 下列昆虫，（　　　）是吸汁类害虫。

  A. 介壳虫　　　　　B. 象甲　　　　　C. 蚜虫　　　　　D. 叶蝉

2. 属于枝干病害的是（　　　）

  A. 白绢病　　　　　B. 腐烂病　　　　　C. 溃疡病　　　　　D. 立枯病

3. 白腐病可侵染（　　　）

  A. 叶片　　　　　B. 新梢　　　　　C. 花蕾　　　　　D. 花梗

4. 缺少（　　　）元素时，新叶最先表现出来。

  A. 钾　　　　　B. 镁　　　　　C. 锌　　　　　D. 铁

5. 下列昆虫，（　　　）是园林苗圃常见的食叶害虫。

  A. 槐尺蠖　　　　　B. 透翅蛾　　　　　C. 蚜虫　　　　　D. 黄刺蛾

四、实训题

苗木立枯病病害症状的田间识别及防治方案的制定。

要求：写出实训报告（包括实训目的、实训内容、操作方法与步骤、注意事项等）。

🌱 考证提示

知识点：熟悉园林苗圃常见的各种病害、虫害，掌握苗圃主要病害、虫害的防治方法。

技能点：熟练掌握苗圃主要病害、虫害的防治方法，并对初、中级工进行示范指导，能解决生产中遇到的各种问题。

本章学习要点

知识点：

1. 组织培养育苗技术　了解组织培养技术发展现状及应用前景，理解组织培养技术基本原理，熟悉组织培养条件及基本设施和主要环节。

2. 无土育苗技术　理解无土育苗的特点及其应用，识别无土育苗设施及无土育苗基质。

3. 保护地育苗技术　识别保护地栽培的各种设施，初步掌握保护地环境调控及育苗基本知识。

4. 容器育苗和穴盘育苗技术　识别育苗容器（包括穴盘）的种类，并能结合生产需要合理选用，掌握常用营养基质的选择与配制方法，以及容器育苗和穴盘育苗的主要环节。

技能点：

1. 初步掌握组织培养育苗的操作技术。

2. 会灵活应用无土育苗基质，进行营养液的配制，掌握无土育苗与移栽技术。

3. 初步掌握保护地环境调控技术。

4. 熟练掌握容器育苗技术及穴盘育苗技术。

第一节　组织培养育苗技术

一、组织培养技术发展现状及应用前景

组织培养技术早在 20 世纪初即已开始应用，花卉生产上大量应用这项技术始于 20 世纪 80 年代。近年来组织培养技术发展很快，成为替代传统观赏植物繁殖方

法的重要途径，不仅广泛用于花卉蔬菜、农作物的苗木生产，而且作为生物工程的一项重要技术，在基础理论研究和生产实践中发挥的作用与日俱增，有力地推动了生物科学中植物生理学、生物化学、遗传学、细胞学、形态学以及农、林、医、药等各门学科的发展和相互渗透，促进了营养生理、细胞生理和代谢、生物合成、基因转移、基因重组的研究。

组织培养可用极少量的繁殖材料，在相对短的时间内繁殖大量的植株，并可得到去病毒的壮苗，在某些大量育苗及花卉的商品生产中，已成为极有效的繁殖手段。组织培养技术在园林花卉及园林育苗上的主要应用有：

1. 快速、大量繁殖优良品种　传统的营养繁殖因受气候、季节、基质等影响和限制，母株利用率低，繁殖系数小。而组织培养进行营养繁殖，具有用材少、速度快、不受自然条件影响等特点，可迅速、大量繁殖出所需苗木。目前已大量用于桉树苗、香蕉苗、虎皮石斛苗、石竹、满天星、蝴蝶兰、大花蕙兰、勿忘我等植物苗木的繁殖生产中。

2. 获得无病毒苗　传统的营养繁殖方法是利用植物体的一部分繁殖，易导致病毒积累，危害加重，直接影响产量和观赏价值。而植物的茎尖生长点区几乎不含或含极少病毒，因此茎尖培养成为获得无病毒种苗的重要途径。一般来说，茎尖越小脱毒效果越好，但培养时困难也越大。多年来香石竹、菊花、天竺葵等一些花卉已大量采用茎尖脱毒培养技术，取得了明显的成效。

3. 保存种质资源　营养繁殖因没有种子供长期贮藏，其种质资源传统上只能在田间种植保存，耗费大量人力与物力，且种质资源易受人为因素及病虫和自然环境影响而丢失。而用组织培养技术，结合低温，特别是采用超低温保存方法，如在-196 ℃的液态氮中保存，可大大延长保存期。同时通过胚胎培养，可挖掘潜在的优良的新品种，丰富了园林花木的种质资源。在苗木及花卉育种上利用组织培养技术可加速新品种的产生。

二、组织培养技术的基本原理

植物组织培养也叫试管培养，其原理是植物细胞的全能性，即任何具有完整细胞核的植物细胞，都拥有形成一个完整植株所必需的全部遗传信息，进而发育成完整植株的能力。植物组织培养是利用植物体的器官、组织等，在无菌和适宜的人工培养基及光、温等条件下，使其增殖、生长、发育而成为完整植物的一种现代化繁殖方法。培养的离体材料称为外植体。植物组织培养根据外植体的不同，可分为胚胎培养、器官培养、组织培养（含愈伤组织）、细胞培养、原生质培养和细胞杂交等。根据培养的操作方式不同，又可分为固体培养和液体培养。液体培养又分为振荡培养、旋转培养和静止培养等。

植物组织培养在实践中，主要有以下三条途径：

1. 通过器官发生形成植株　通过由培养的组织，产生芽及根。器官发生由于培养材料的不同又可分为两方面：一是培养园林植物的茎尖产生大量芽，再将芽分离转移培养成植株；

二是培养园林植物器官外植体产生不定芽,发育成植株。

2. 通过愈伤组织分化形成植株　将园林植物体的一小部分组织培养成愈伤组织,再诱导其分化形成芽和根,进而成为完整的植株。

3. 通过胚状体发生形成植株　由培养的植株产生愈伤组织,再通过悬浮培养,或直接产生大量的胚状体,进而发育成完整的植株。

组织培养过程见图8-1。

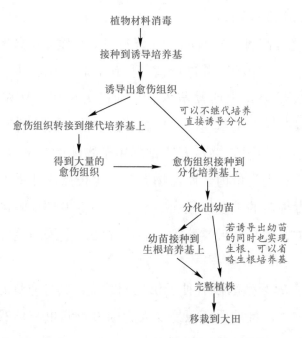

图 8-1　组织培养过程示意图

三、组织培养基本设施及条件

(一) 组织培养基本设施

1. 准备室　用于所使用的各种药品的贮备、称量、溶解、配制、培养基分装等。主要设备包括药品柜、防尘橱(放置培养容器)、冰箱、天平、蒸馏水器、酸度计及常用的培养基配制用玻璃仪器等。

2. 洗涤、灭菌室　用于各种器具的洗涤、干燥、保存以及培养基的灭菌等。主要设备包括水池、操作台、高压灭菌锅、干燥灭菌器(如烘箱)等。

3. 缓冲室　位于准备室和无菌操作室之间,一般面积在 $3 \sim 5 \ m^2$,主要用于进入操作间之前换上经过灭菌的服装、口罩、鞋子等。最好安装一盏紫外灯,用以灭菌。

4. 无菌操作室(接种室)　主要用于植物材料的消毒、接种、培养物的转移、试管苗的继代、原生质体的制备以及一切需要进行无菌操作的技术程序。主要设备包括紫外光源、超净工作台、消毒器、酒精灯、接种器械(接种镊子、剪刀、解剖刀、接种针)等。

接种室面积一般在 $10\sim20$ m²，要求地面、天花板及四壁尽可能密闭光滑，易于清洁和消毒。配置拉动门，以减少开关门时的空气扰动。接种室要求干爽安静、清洁明亮。在适当位置吊装 $1\sim2$ 盏紫外线灭菌灯，用以照射灭菌。最好安装一小型空调，使室温可控，这样可使门窗紧闭，减少与外界空气对流。

5. 培养室　培养室是将接种的材料进行培养生长的场所。培养室的大小可根据需要培养架的大小、数目，及其他附属设备而定。其设计以充分利用空间和节省能源为原则。高度比培养架略高为宜，周围墙壁要求有绝热防火的性能。主要设备包括培养架（可控温、控光、控湿），摇床，培养箱，紫外光源等。

培养材料放在培养架上培养。培养架大多由金属制成，一般设 5 层，最低一层离地高约 10 cm，其他每层间隔 30 cm 左右，培养架即高 1.7 m 左右。培养架长度都是根据日光灯的长度而设计，如采用 40 W 日光灯，则长 1.3 m，30 W 的日光灯则长 1 m，宽度一般为 60 cm。

培养室最重要的因子是温度，一般保持在 $20\sim27$ ℃，具备产热装置，并安装窗式或立式空调机。由于热带植物和寒带植物等不同种类要求不同温度，最好不同种类有不同的培养室。室内湿度也要求恒定，相对湿度以保持在 $70\%\sim80\%$ 为好，可安装加湿器。控制光照时间可安装定时开关钟，一般需要每天光照 $10\sim16$ h，也有的需要连续照明。短日照植物需要短日照条件，长日照植物需要长日照条件。现代组培实验室大多设计为采用天然太阳光照作为主要能源，这样不但可以节省能源，而且组培苗接受太阳光照后生长良好、驯化易成活。在阴雨天可用灯光作补充。

6. 温室和大棚　用于炼苗和苗木生产，面积应根据周年生产规模而确定。应配置温度、湿度、通风、光照的调节设备，以及杀菌、杀虫工具。

7. 细胞学实验室　用于对培养物的观察分析与培养物的计数等。主要设备包括双筒实体显微镜、显微镜、倒置显微镜等。

8. 其他小型仪器设备　包括分注器、血球计数器、移液枪、过滤灭菌器、电炉等加热器具、磁力搅拌器、低速台式离心机等。

(二) 植物组织培养条件

1. 温度　对于大多数植物组织，$20\sim28$ ℃ 即可满足生长所需，其中 $26\sim27$ ℃ 最适合植物组织生长。

2. 光　组织培养通常在散射光线下进行。光的影响可导致不同的结果。有些植物组织在暗处生长较好，而另一些植物组织在光亮处生长较好；但由愈伤组织分化成器官时，则每日必须要有一定时间的光照才能形成芽和根。有些次生物质的形成，光是决定因素。

3. 渗透压　渗透压与植物组织的生长和分化有很大关系。在培养基中添加食盐、蔗糖、甘露醇和乙二醇等物质可以调整渗透压。通常 $1\sim2$ 个大气压可促进植物组织生长；2 个大气压以上时，出现生长障碍；6个大气压时植物组织即无法生存。

4. 酸碱度　一般植物组织生长的最适宜 pH 为 5～6.5。在培养过程中 pH 可发生变化，添加磷酸氢盐或二氢盐，可起稳定作用。

5. 通气　悬浮培养中细胞的旺盛生长必须有良好的通气条件。小量悬浮培养时经常转动或振荡，可起到通气和搅拌作用。大量培养中可采用专门的通气和搅拌装置。

四、组织培养育苗操作技术

组织培养的操作可分为培养基配制、消毒灭菌、外植体建立、接种、培养、炼苗等几方面。

（一）培养基的配制

1. 培养基的成分　培养基根据其物理性状大致可分为两类，即固体培养基和液体培养基。在培养基中加入一定量的凝固剂（如琼脂、明胶等）即为固体培养基，而不加入凝固剂的即为液体培养基，具体应用上应视培养目的要求的不同分别选择采用。

无论是固体培养基还是液体培养基，其基本成分是类似的，主要包括无机盐类（包括大量元素和微量元素）、有机物质（维生素等）、生长调节物质以及碳源等四大类：

（1）无机盐类　植物所需的十大元素，除碳、氢、氧由水和空气供给外，其他氮、磷、钾、硫、钙、镁、铁等七种均需加入培养基中；微量元素有硼、锰、锌、钼、钴、碘等。

（2）有机物质　主要是维生素和氨基酸，如 B_1、B_6 以及烟酸等。

（3）生长调节物质　主要有两类：一类是细胞分裂素，包括激动素（KT）、6-苄基嘌呤（BAP）、玉米素（ZT）及异戊烯基腺嘌呤（Zip）等，能促进芽的分化；另一类是生长素，包括吲哚乙酸（IAA）、吲哚丁酸（IBA）、萘乙酸（NAA）和 2,4-D，能促进生根。

（4）碳源　因组织培养时期培养的组织块处于异养条件，必须有能量供给，主要是蔗糖。

2. 培养基的种类　培养基的种类很多，采用哪一种培养基，对于培养是否成功有很大的关系。以前常采用 White 培养基，后来出现很多新的培养基，包括 MS（Murashige 和 Skoog，1962）、ER（Eriksson，1965）、B5（Gamborg，et al.，1968）、SH（Shenk 和 Hildebrandt，1972）、HE（Heller，1953）。

这些培养基中以 MS 培养基应用最广泛。ER 培养基与 MS 培养基相似。B5 培养基在愈伤组织和悬浮培养方面对有些植物很适合。SH 培养基与 B5 相似。HE 培养基为欧洲许多实验室所用，但矿物盐浓度稍低，应用范围不太广。在组织培养育苗中以用 MS 培养基最多。

3. 培养基的配制方法

（1）母液的配制与保存

由于培养不同植物，需要配制不同的培养基。为了减少工作量，需把大量元素、微量元素、有机物都配成母液（即浓缩液），一般扩大10~100倍。其中大量元素倍数略低，一般为10~20倍；微量元素、有机成分及铁盐等可扩大50~100倍。母液的配制和保存应注意以下几个问题：

① 药品称量需精确，尤其是微量元素化合物应精确到0.0001 g，大量元素化合物可精确到0.01 g。

② 配制母液的浓度应适当，倍数不宜过大，否则长时间保存后易沉淀，同时浓度大、用量就少，在配制培养基时易影响精确度。

③ 母液贮藏也不宜过长，一般几个月左右，在配好的母液容器上应注明配制日期，以便定期检查，如出现浑浊、沉淀及霉菌等现象，就不能使用。

④ 母液应在2~5 ℃冰箱内保存。

（2）培养基的配制

① 培养基选定后，可根据培养基的配方，算好母液吸取量，并按顺序吸取，然后加入蔗糖溶液，并加入蒸馏水定容至所需体积，并用0.1~1 mol/L的盐酸或氢氧化钠调整酸碱度（一般pH在5.5~6.5即可）。

② 加入琼脂后加热溶解，配制好的培养基要趁热分注，倒入试管、三角瓶等培养器皿中，一般至容器1/4~1/5，最后加塞或封口准备消毒，扩大倍数为稀释液，贮存备用。

（二）消毒灭菌

1. 培养基的消毒　一般采用高温高压消毒和过滤消毒两种方法：

（1）高温高压消毒　常用消毒锅消毒，把装有培养基的培养器皿先放入消毒篓中，再放入加有水的消毒锅内，注意容器不能装得过满，以免影响锅内蒸汽循环。装好后将锅盖拧紧，加热，并打开放气阀，待水煮沸后，放气3~5 min排出锅内冷空气，即可关上放气阀并继续加热，使锅内压力保持108 kPa，温度为120 ℃，大约15~20 min即可（图8-2）。

（2）过滤消毒　一些易受高温破坏的培养基成分如吲哚乙酸（IAA）、吲哚丁酸（IBA）、玉米素（ZT）等，不宜用高温高压法消毒，则可用过滤消毒后加入至高温高压消毒的培养基中，过滤消毒一般用细菌过滤消毒器，通过其中0.45 μm孔径的滤膜将直径较大的细菌等滤去，过滤消毒应在无菌室或超净工作台上进行，以避免造成培养基污染。

图8-2　半自动高温高压消毒锅

2. 器皿与用具的消毒　接种用具及玻璃器皿、洗涤材料用的无菌水，用牛皮纸包好后和培养基一起放在高压灭菌锅中消毒灭菌。

3. 接种室消毒　接种室的地面及墙壁，在接种前后均要用1∶50的新洁尔敏湿性消毒；

每次接种前还要用紫外线灯照射消毒 30～60 min，并用 70% 酒精在室内喷雾以净化空气；最后是超净台台面消毒，可用新洁尔敏擦抹及 70% 酒精消毒（图 8-3）。

图 8-3 接种室外观

（三）外植体的建立

1. 外植体的选取 组织培养的外植体一般可分为两种：一是带有芽的外植体，如茎尖、侧芽、鳞芽、原球茎等，二是根、叶等营养器官及花药、花瓣、花托、胚珠、果实等生殖器官。前者在组织培养过程中可直接诱导促进丛生芽的大量产生，其获得再生植株的成功率较高，变异性也小，易于保持材料的优良性状；后者大都需要一个脱分化过程，经过愈伤组织阶段再分出芽或产生胚状体，然后形成再生植株。一般材料的选择以幼嫩部分为好，在快速繁殖上最常用的外植体是茎尖。通常切块成 0.5 cm² 左右，切块太小则产生愈伤组织的能力较弱；切块太大，则在培养器皿中占据空间太多。如果为培养无病毒苗而采用的外植体，通常仅取茎尖分生组织部分，其长度常在 0.1 mm 以下（图 8-4）。

2. 外植体的消毒 由于外植体大都采用外界生长的植株，常驻有各种微生物，必须对其进行处理和消毒。由于材料、栽培条件、季节等不同，不同外植体消毒所选用的消毒剂种类、消毒剂浓度、消毒时间及处理程序不同。理想的消毒剂应有较强的杀菌能力，并应具有易去除而不易伤害外植体的特点。常用的有次氯酸钠、漂白粉溶液。过氧化氢（双氧水）也易分解而不易伤害外植体。酒精具有较强的渗透力和杀菌作用，且易挥发，但会杀死组织细胞，所以时间不宜过长。消毒方法是：先将外植体冲洗、洗涤剂洗涤、漂清后，用 70% 酒精浸泡几秒（最多 30 s），进行表面消毒，再在 10% 漂白粉溶液中消毒 10 min 左右或用 10% 次氯酸钙饱和上清液浸 10～20 min 或用 2%～10% 次氯酸钠溶液浸 6～15 min，取出后用无菌水冲洗 4～5 次，即可接种（图 8-5）。

图 8-4 组织培养外植体的选取

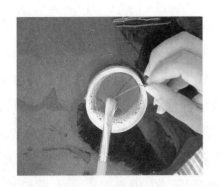
图 8-5 外植体消毒

（四）接种

接种时要注意以下事项：

1. 接种时应对各种材料、工具进行彻底消毒，防止污染。无菌操作前，将双手用酒精棉球擦拭消毒；将解剖针、剪刀等金属工具用火焰灼烧灭菌，在酒精中冷却，再将酒精燃尽后方可使用。操作过程中尽量减少无菌三角瓶和培养皿在空气中的暴露时间；所有无菌操作请尽量在燃着的酒精灯附近进行（图 8-6，图 8-7）。

图 8-6 接种所用的超净工作台

图 8-7 接种操作

2. 外植体放入培养基时，必须放平。每瓶放置外植体的数量，应该根据锥形瓶的大小来确定。注意外植体也不要放得太少，以充分利用培养基中的营养成分。

3. 接种用的酒精灯，火焰不要调得太高，应靠近酒精灯火焰操作，接种的速度要快。

4. 接种时严防接种箱内着火。

（五）培养

1. 外植体增殖　接种完毕后即可置于培养室中进行培养，培养室的培养条件，按照培养对象的种类不同而有所差异。温度条件一般是 23～26 ℃的恒温。一般每天光照 12～16 h、1500～3000 lx，对器官形成具有促进作用，而高于 3000 lx 有强烈抑制作用。培养室要求清洁卫生，减少污染。培养一段时间后，新梢等形成。为了扩大繁殖系数，还需要进行继代培养。将新梢等材料分株或切段转入增殖培养基中，增殖培养基一般在分化培养基上加以改良，以提高增殖率。增殖培养一个月左右，可视情况进行再增殖。继代培养中由于外植体本身来自无菌环境，不需要消毒，操作较方便。但由于继代培养中外植体分化能力会逐渐降低，所以继代培养代数也不是无穷的。继代培养后形成的不定芽和侧芽等一般没有根，故必须放在生根培养基中进行根诱导（图8-8）。

图8-8　培养室培养试管苗

2. 根诱导（生根培养）　生根培养基较多采用1/2 MS培养基，因为降低无机盐浓度有利于根分化。此外，生根培养基在激素的种类和浓度上与增殖培养基有较大差异，主要是细胞分裂素减少、生长素增加，一般细胞分裂素抑制生根而生长素促进生根。一般情况下培养一个月左右即可获得健壮根系。此外，生产上也可用具有根原基或小于1 mm的幼根试管苗（只培养7～10 d）进行移植。由于其基部切口已愈合形成根原基，不易感染，且栽后能很快生根，具有较高的成活率。

（六）试管苗的炼苗与移植

1. 炼苗　由于试管苗从无菌且光照、温度、湿度稳定的环境中进入自然环境，必须经过一个驯化锻炼的过程，即炼苗。炼苗的主要目的在于提高组培苗对外界环境条件的适应性，提高其光合作用的能力，促使组培苗健壮，提高组培苗移栽的成活率。具体的操作方法是：将培养有完整组培苗的试管或三角瓶由培养室转移到半遮阴的自然光下进行锻炼。炼苗开始数天内，所处环境条件应和培养时的相似；炼苗后期，所处环境条件则要与预计的栽培条件相似，使幼苗在自然光下恢复植物体内叶绿体的光合作用能力和健壮程度；同时打开瓶盖注入少量自来水使幼苗逐渐降低温度，转向有菌条件。炼苗一般进行2周左右。

2. 试管苗移植　幼苗发根或形成根原基后，必须随即转移到栽培基质中去。将试管苗从瓶中取出，洗去残存的培养基，移植到准备好的基质中去，这种基质可以用培养土、蛭石、珍珠岩等配成，使用前经高温或药物消毒灭菌。随即用细喷壶喷水，但水分不要过多，之后加强水分管理；移栽前期要适当遮阴，并保持温度在15～25 ℃；当幼苗长出2～3片新叶时，就可将其移栽到田间或盆钵中进行常规的栽培。

随堂练习

1. 组织培养技术在园林花卉及园林育苗上的主要应用有哪些？

2. 什么是植物细胞的全能性？

3. 组织培养基本设施包括_____、_____、_____、_____、_____、_____、_____、_____。

4. 组织培养时消毒的对象有哪些？如何进行消毒？

5. 组织培养所用的外植体有哪些？

6. 为什么通过组织培养能够获得脱毒苗？

第二节　无土育苗技术

一、无土育苗的概述

无土育苗是指不使用土壤而使用加有养分溶液的物料（如珍珠岩、蛭石、无毒泡沫塑料等）作为植物生长介质的栽培方法。为了固定植物，增加空气含量，大多数无土育苗采用砾、沙、泥炭、蛭石、珍珠岩、浮石、玻璃纤维、锯末、岩棉、聚苯乙烯等作为固体基质。无土育苗具有以下特点：

1. 增加单位面积产量，提高苗木质量　无土育苗可以有效地控制植物生长过程对水分、养分、空气、光照、温度等的要求，为植物提供最佳的根际环境和养分供应，能充分合理地利用设施内的土地和空间，提高工作效率，使植物生长迅速、良好，增加产量，改进品质。

2. 育苗不受地域限制　无土育苗基本不受地域、土壤等条件的限制，在自然条件较差的地方也能进行生产；而且能有效地避免土传病害和土壤连作障碍，无杂草、无病虫、清洁卫生。

3. 规模化生产，降低生产者的劳动强度　无土育苗省略土壤的耕作、灌溉、施肥等操作，节省肥料和水，便于实现自动化、规范化生产。

4. 投资大，技术要求严格　无土育苗的投资较大，对营养液配制、消毒的要求非常严格。

二、无土育苗的设施

无土育苗所需装置主要包括育苗容器、贮液容器、肥料母液罐、混肥罐、注肥器或施肥机、营养液输排管道和循环系统。育苗容器是指装有固定基质和培育苗木的容器，可以是塑料钵、瓦钵或由水泥、砖、木板等砌成的育苗床或槽。

（一）栽培设备

1. 育苗容器

（1）育苗钵　通常以聚乙烯为原料制成单体、连体育苗钵，形状有方形、圆形两种。基部设有排水孔。有 8 cm×8 cm×6 cm、10 cm×10 cm×8 cm、12 cm×12 cm×12 cm 几种规格。

（2）育苗床或槽　用水泥、砖、木板等砌成床（或槽）式育苗容器，也有由塑料制成的专用无土栽培育苗床或槽，一般规格为（60~80）cm×（150~200）cm×（15~20）cm。底侧有一排液口。

（3）育苗箱　用硬质塑料制成，通常有 50 cm×40 cm×12 cm、100 cm×80 cm×24 cm 等规格。底侧有一排液口。

（4）育苗盒　由 PE 材料制成，抗老化、韧性强，规格为 30 cm×25 cm×20 cm 等。底侧有一排液口。

2. 贮液容器　包括营养液的配制和储存用的容器，常用塑料桶、木桶、搪瓷桶和混凝土池。容器的大小要根据栽培规模而定。

3. 营养液输送管道　多采用塑料管和镀锌水管。

4. 循环系统　通过水泵的控制，将配制好的营养液从贮液容器抽入，经过营养液输送管道输入栽培容器中。

（二）供液系统

1. 人工系统　主要通过人工使用浇壶等器具将配制好的营养液逐棵浇灌给栽种的植物，此法适用于小规模的无土栽培。但因为是人工操作，费时费力，对规模化栽培种植并不适用。

2. 滴灌系统　滴灌系统是一个开放系统。可通过一个高于营养液栽培床 1 cm 以上的营养液槽，在重力的作用下，将营养液输送至 30~40 mm 远的地方。通常每 1000 m² 的栽培面积可使用一个容积为 2.5 m³ 的营养液槽来供液。营养液先要经过过滤器，再进入直径为 35~40 mm 的管道，然后通过直径为 20 mm 的细管道进入栽培植物附近，最后通过毛细滴管将营养液滴灌到植物根系周围。这种供液系统的营养液不能循环利用。

3. 喷雾系统　是一个封闭系统，它将营养液以雾状的形式，保持一定的间隔地喷洒在植物的根系上。

4. 液膜(营养膜)系统(NFT)　由栽培床、贮液罐、水泵与管道等组成（图 8-9）。稀释好的营养液用水泵抽到高处，使其在栽培床上由较高一端向较低一端流动。一般栽培床每隔 10 cm 要设置一个倾斜度为 1‰~2‰的回液管，通过它使营养液回流到设置在地下的营养液槽中。每 1000 m² 的栽培面积可安放一个 4 000~5 000 L 的营养液槽。营养液膜系统主要采用间歇供液法，通常每小时供液 10~20 mm。

5. 深液流系统（DFT）　DFT 水培设施可由营养液槽、栽培床、营养液自动循环及控制系统、植株固定装置等组成。床体和栽培板是用高密度聚苯材料制成。床体的规格（长×宽×高）为：75 cm×96 cm×17 cm、100 cm×66 cm×17 cm。栽培板的规格（长×宽×高）为：89 cm×59 cm×3 cm，栽培板上有直径 3 cm 的定植孔 49 个。也可用水泥制成育苗槽，用泡沫板制成栽培板。该系统与营养液膜系统的不同之处是流动的营养液层较深（5~10 cm），植物的大部分根系可浸泡在营养液中，其根系的通气靠向营养液中加氧来解决。其主要优点是解决了在停电期间 NFT 系统不能正常运转的问题，营养液层较深可维持水培育苗的正常进行（图 8-10）。

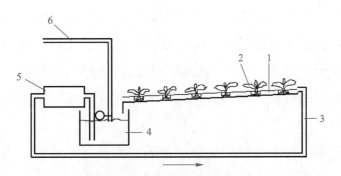

图 8-9　NFT 基本装置纵剖图

1. 种植槽；2. 植物；3. 供液管；4. 贮液池；5. 泵；6. 添液管

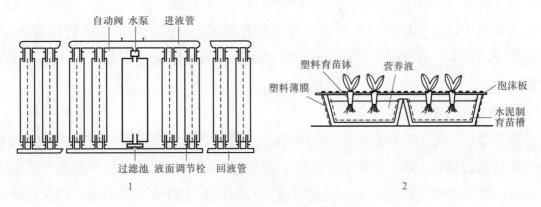

图 8-10　深液流法无土栽培

1. 系统平面图；2. 育苗槽剖面图

　　6. 浮板毛管系统（FCH）　　FCH 水培设施主要由贮液池、栽培槽、循环系统和供液系统 4 部分组成。育苗床由一定规格的聚苯乙烯发泡板制成，平置地面，内衬防渗聚乙烯膜，营养液层深 3～6 cm，液上漂浮聚苯乙烯发泡板，其上覆盖具有吸水性的无纺布，两侧向下垂延至营养液槽中，通过无纺布的吸水作用，使浮板上无纺布湿润。定植在浮板孔内的植株根系，可在浮板上下吸收营养、氧气。该法可减少液温变化，增加供氧量，使根系生长发育环境得到改善，避免了停电、停水等对根系造成的不良影响，而且方法简单易行、设备造价低廉，适合我国目前的生产水平，可进行大面积推广。浮板毛管无土育苗见图 8-11。

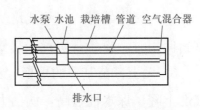

图 8-11　浮板毛管无土育苗

三、无土育苗基质及营养液的配制

（一）无土育苗基质

1. 无土育苗基质的选择　　在选择无土育苗所用基质时，各地可因地制宜、就地取材。基质的保水性要好。基质的颗粒愈小，其表面积和孔隙度愈大，保水性也愈好，但应避免以过细的材料做基质，否则保水太多易造成根系缺氧。基质中不能含有有害物质，如有的锯末由于木材长期在海水中保存，含有大量氯化钠，必须经淡水淋浇后才能使用。石灰质（石灰岩）的沙和砾含有大量碳酸钙，会造成营养液的 pH 值升高，使铁沉淀，影响植物吸收，所以只有火成岩（火山）砾和沙适于作基质。基质的选择也与无土栽培的类型有关，下方排水的砾系统可采用粗的材料，而滴灌的砾系统必须采用细的材料。无土栽培使用的基质有很多，简单介绍如下：

（1）无机类固体基质　如颗粒状的有沙、砾石、陶粒等；胞状、海绵状的有珍珠岩、蛭石、硅胶；泡沫状的有浮石、火山熔岩；纤维状的有岩棉等。

（2）有机类固体基质　如天然的有泥炭、稻壳、锯末、树皮、腐叶土碳化稻壳、刨花、甘蔗渣、椰子壳等；合成的有尿醛泡沫、酚醛泡沫、环氧树脂、聚苯乙烯、聚氨酯等。

在无土栽培中这些基质可单独使用，也可混合使用。其中应用广泛的传统基质为泥炭、稻壳、腐叶土、锯末、碳化稻壳、沙、珍珠岩和蛭石。发达国家使用的基质已从传统的泥炭改为岩棉。

2. 无土育苗基质的处理

（1）灭菌处理　无土栽培的基质长期使用，特别是连作，会使病菌聚集滋生，故每次种植后应对基质进行消毒处理，以便重新利用。蒸气消毒的方法比较经济，将蒸气管通入栽培床即可进行。锯末墙蒸气可达到 80 cm 的深度；沙与锯末比值为 3∶1 的混合物床，蒸气能进入 10 cm 深。使用药剂消毒时，甲醛是一种较好的杀菌剂，1 L 甲醛（浓度为 40%）可加水 50 L，按每平方米 20～40 L 的用量施于基质中，后用塑料薄膜覆盖 24 h，在种植前再使基质风干约 2 周。浓度为 1% 的漂白粉在砾培中消毒效果也好，将栽培床浸润 0.5 h，再用淡水冲洗，以去除氯。

（2）洗盐处理　当基质吸附较多的盐分时，可用清水反复冲洗，以除去多余的盐分。在处理过程中，可以通过分析处理液的导电率进行监控。

（3）氧化处理　一些栽培基质，特别是沙、砾石在使用一段时间后，其表面会变黑。在重新使用时，应将基质置于空气中，游离氧会与硫化物反应，从而使基质恢复原来的颜色。

3. 无土育苗基质的更换　当固体基质使用了一段时间之后，基质的物理性状会变差，通气性下降、保水性过高，病菌大量累积，因此要进行更换。

对更换掉的旧基质要进行妥善处理以防止对环境产生污染。难以分解的基质如岩棉、陶粒等可进行填埋处理；而较易分解的基质如泥炭、蔗渣、木屑等，可经消毒处理后，配以一定量的新材料反复使用，也可施加到土壤中作为改良土壤之用。一般使用 1～2 年的基质多数需要更换。

常见复合基质的物理性状见表 8-1。

表 8-1 常见复合基质的物理性状

基质编号	基质处理	比重	容重/(g/cm³)	总孔隙度/%	毛管孔隙度/%	非毛管孔隙度/%	大小孔隙度比值	田间持水量/%
1	泥炭	1.90	0.22	88.59	70.28	18.31	0.26	230.99
2	泥炭＋椰糠(1:1)	1.88	0.15	92.09	50.19	41.90	0.83	334.76
3	泥炭＋椰糠＋珍珠岩(1:1:1)	1.70	0.14	92.34	57.65	34.69	0.60	400.82
4	泥炭＋珍珠岩(1:1)	1.80	0.20	88.20	63.04	25.16	0.40	313.17
5	泥炭＋珍珠岩(3:7)	1.66	0.17	95.15	23.21	71.94	3.10	322.97
6	椰糠	1.85	0.16	90.35	83.78	6.57	0.08	518.13
7	椰糠＋珍珠岩(1:1)	1.60	0.18	89.18	88.29	0.89	0.01	485.29

(二) 营养液的配制

无土育苗中应用的营养液配方很多，可根据不同的植物种类和品种，以及不同的生长发育阶段和不同的气候条件，选择相应的配方。

1. 无土育苗常用肥料和营养液配方

(1) 无土育苗常用肥料　无机肥料有钾化合物、磷化合物、钙化合物、镁化合物、硫化合物及微量元素等几大类，包括植物生长所需的氮、磷、钾、钙、镁、硫等大量元素和铁、锰、铜、锌、硼、钼等微量元素（表 8-2）。用于基质无土育苗和有机生态型无土育苗的有机肥料主要有厩肥、人粪尿、农村堆肥、绿肥、杂肥、墙炕土及城市生活垃圾堆肥等。

表 8-2 营养液中可接受的营养元素浓度

元素	营养液中的浓度/(mg/L)		元素	营养液中的浓度/(mg/L)	
	范围	平均值		范围	平均值
氮	150～1000	300	铁	2～10	5
钙	300～500	400	锰	0.5～5.0	2
钾	100～400	250	硼	0.5～5.0	1
硫	200～1000	400	锌	0.5～1.0	0.75
镁	50～100	75	铜	0.1～0.5	0.25
磷	50～100	80	钼	0.001～0.002	0.0015

（2）营养液配方的浓度范围　营养液浓度是无土育苗中重要的指标。由于植物和环境条件的不同，要找出一种通用的营养液是很难的。合适的无土育苗营养液配方应是提供满意的总离子浓度，维持营养液的平衡、适当的渗透压和提供可接受范围内的 pH 反应。

（3）无土育苗的水质标准　水是无土育苗植物自营养液中吸收营养的介质，水质的好坏对无土栽培有重要影响。水质的好坏取决于水中盐离子含量、酸离子浓度和有毒离子的含量等。因无土育苗没有土壤的吸附力对盐离子的缓冲作用，因而它对水质中的盐离子基本没有缓冲力，对水中元素含量要求较土壤低，否则会产生毒害。含酸的水或其他工业废水不能用来配制营养液，最好也不使用硬水，因硬水中含有过高的钙、镁离子，会影响营养液的浓度。一般水质中含钙量低于 90 mg/kg 的称为软水。软水中除含钙量低外，镁及其他盐分含量也较硬水少，可用于水培。如一般用作饮用的水均可用于水培无土育苗。城市中多用自来水，但含有较多的碳酸盐和氯化物，影响根系对铁的吸收，可以用乙二胺四乙酸二钠进行调节，使苗木便于吸收铁离子。

（4）常用营养液的配方　目前常用的营养液配方列举如下：

① 格里克基本营养液配方（表 8-3）。

② 凡尔赛营养液配方（表 8-4）。

③ 波斯特营养液配方（表 8-5）。

表 8-3　格里克基本营养液配方

化合物	化学式	浓度/(g/L)
硝酸钾	KNO_3	0.542
硝酸钙	$Ca(NO_3)_2$	0.096
过磷酸钙	$CaSO_4 + Ca(H_2PO_4)_2$	0.135
硫酸镁	$MgSO_4$	0.135
硫酸	H_2SO_4	0.073
硫酸铁	$Fe(SO_4)_3 \cdot nH_2O$	0.014
硫酸锰	$MnSO_4$	0.002
硼砂	NaB_2O_7	0.0017
硫酸锌	$ZnSO_4$	0.0008
硫酸铜	$CuSO_4$	0.0006
总　　计		1.0001

表 8-4　凡尔赛营养液配方　　　　　　　　　　　　单位：g/L

大量元素			微量元素		
硝酸钾	KNO_3	0.568	碘化钾	KI	0.00284
硝酸钙	$Ca(NO_3)_2$	0.710	硼　酸	H_3BO_3	0.00056
硝酸铵	NH_4NO_3	0.142	硫酸锌	$ZnSO_4$	0.00056
硫酸铵	$(NH_4)_2SO_4$	0.284	硫酸锰	$MnSO_4$	0.00056
			氯化铁	$FeCl_3$	0.112
总　　计		1.704	总　　计		0.11652

表 8-5　波斯特营养液配方　　　　　　　　　　　　单位：g/L

成分	化学式	浓度（加利福尼亚州）	浓度（俄亥俄州）	浓度（新泽西州）
硝酸钙	$Ca(NO_3)_2$	0.74		0.9
硝酸钾	KNO_3	0.48	0.58	
磷酸铵	$(NH_4)_2HPO_4$			0.007
硫酸铵	$(NH_4)_2SO_4$		0.09	
磷酸二氢钾	KH_2PO_4	0.12		0.25
磷酸钙	$CaHPO_4$		0.25	
硫酸钙	$CaSO_4$		0.06	0.43
硫酸镁	$MgSO_4$	0.37	0.44	
总　　计		1.71	2.42	

（5）营养液的消耗和补充

① 当钙、镁相对含量大于其他元素时的补充液配方见表 8-6。

表 8-6　钙、镁相对含量大于其他元素时的补充液配方

成分	化学式	用量/（g/L）
磷酸二氢铵	$NH_4H_2PO_4$	0.111
硝酸钾	KNO_3	0.51
硫酸钙	$CaSO_4$	0.08
硝酸铵	NH_4NO_3	0.08

② 当钙、镁含量不足时的补充液配方见表 8-7。

表 8-7 钙、镁含量不足时的补充液配方

成分	化学式	用量/(g/L)
磷酸二氢铵	$NH_4H_2PO_4$	0.07
硝酸钾	KNO_3	0.334
硫酸钙	$CaSO_4$	0.05
硝酸铵	NH_4NO_3	0.55
硫酸镁	$MgSO_4$	0.195

2. 营养液的配制

（1）在配制营养液时，要先看清各种药剂的商标和说明，仔细核对其化学名称和分子式，了解其纯度，是否含结晶水等，然后根据选定的配方，准确称出所需的肥料加以溶解。

（2）溶解无机盐类时，可先用 50 ℃的少量温水将其分别溶化，然后按配方中的顺序依次将其加入相当于所定容量 75％的水中，边加入边搅拌，最后用水定容至所需的量。

（3）调节 pH 值时，应先将强酸或强碱加水稀释或溶解，然后逐滴加入到营养液中，并不断用 pH 精密试纸或酸度计进行测定，调节到所需的 pH 为止。

（4）在使用自来水配制营养液时，应加入少量的乙二胺四乙酸钠（EDTA 钠）或腐殖质盐酸化合物，以克服石灰水中的氯化物和硫化物对植物的毒害作用。

四、无土育苗技术与移栽

（一）水培育苗

水培育苗是无土育苗中最早的育苗方式，其特点是植物根系直接与营养液接触并生长在营养液中，从中吸收水分、养分和空气。一种是植物不采取任何固定措施，植物根系全部浸没在水溶液中生长；另一种是将植物栽植在固定基质（如蛭石、石砾、玻璃纤维等）中，其根颈部分埋入基质，一段时间后，植株根系穿过金属网伸入到营养液中吸收水、肥。

1. 装置系统及供氧方式　随着水培育苗技术的不断发展，目前水培育苗的装置系统和营养液供氧方式主要有营养液膜法（NFT）、深液流法（DFT）、浮板毛管育苗法（FCH）。

2. 主要育苗工序

（1）播种或扦插　小粒种子播种前，用经水以 1∶1 稀释过的营养液处理苗床，使苗床吸足营养液，保证种子发芽后立即能吸收到营养。种子播在苗床基质上，可不覆盖。大粒种子嵌入基质里，摆放整齐。进行扦插时，插条应扦插在苗床基质上，深达 2 cm，插入位置太深易腐烂。

（2）水肥管理　刚出苗时可不施肥，以后大约每隔 7 d 左右施肥一次。幼苗根部未进入营养液时，施肥时可将营养液撒在苗木上；当幼苗根部伸入营养液后，肥料应撒在营养液

中。根系未深入至营养液底部时，可在苗床上施铁盐，补充铁元素；当根已伸入至营养液底部时，根已可吸收到铁元素（铁盐常沉淀在底部），不必再向苗床上施铁盐。施肥时，可取定量肥料以液体形式或干施入营养液中，肥料用量一般混合盐为 35 g/m^2，并立即加水至所需要量。浇水量依气候而定，水平式育苗槽，其液面波动不宜太大，一般在 2 cm 左右；流动式水培槽，夏天每日浇水 2 次，早晚进行，冬季每日 1～2 次。育苗基质与金属网不可浸入营养液中，为防止腐烂，根颈和老根露在液面外，仅幼根伸入营养液中。

（3）水质管理　防止水变质是水培的关键，水培无土育苗时最好用黑布、黑纸遮光，营养液保持在无光照条件下，否则营养液中会滋生各种藻类，与植物争夺养分、空气，甚至产生对植物有害的物质。通常种植时在容器中加入珍珠岩也可以防止聚积在容器底部的水变质。

（4）移植　移苗时将大于定植钵下面排水孔的小石砾用清水冲洗干净，并消毒。在定植钵底部放入规格适当的小石砾，然后将幼苗带育苗基质一起移入其中，并加入小石砾在根团周围将其固定。随即将定植钵放入种植槽上的定植板孔中，成为正式定植。

（二）固体基质无土育苗

固体基质无土育苗一般有两个系统：一个为基质—营养液系统，另一个为基质—固态肥系统。两个系统都是通过基质固定植物的根系，但前一个是用通过定期浇灌营养液供给营养和水分，后一个则是使用经过高温消毒和发酵的有机固态肥供给营养，并浇灌清水供给水分，培养苗木。

1. 常见的固体基质无土育苗方法

（1）沙培法　以直径小于 3 mm 的松散颗粒，如沙、珍珠岩、塑料或其他无机物为基质做成沙床，再加入营养液来培育苗木的方法。

（2）砾培法　以直径大于 3 mm 且小于 1 cm 的不松散颗粒，如砾、玄武石、熔岩、塑料或其他物质作为基质，也可采用床式育苗，再加入营养液来培育苗木的方法。沙砾培法采用沙和砾混合的固体基质。在基质的配制上，粗基质（直径在 5～15 mm）和细土或沙的比例最好为 1:2 或 1:3；可采用床式育苗，再加入营养液来培育苗木的方法。

（3）锯末培法　采用中等粗度的锯末或加有适当比例刨花的细锯末，以黄杉和铁杉的锯末为好，有些侧柏的锯末有毒而不能使用。栽培床可用粗杉木板建造，内铺黑聚乙烯薄膜作衬里，床宽约 60 cm，深 25～30 cm，床底设置排水管。锯末培也可用薄膜袋装上锯末进行，底部打上排水孔，根据袋大小可以栽培 1～3 棵植物。锯末培一般用滴灌供给植物水分和养分。

（4）珍珠岩｜草炭培　用珍珠岩与草炭混合基质培育苗木较为普遍，珍珠岩与草炭的比例为 1:1 或 3:1。可采用单体或连体育苗钵，也可采用床式育苗，再加入营养液来培育苗木的方法。

（5）有机生态型无土育苗　采用的是基质—固态肥系统。此方法在用基质固定植株的基础上，不用营养液灌溉，而使用有机固态肥并可直接用清水灌溉植物的一种无土栽培技术。有机生态型无土育苗可采用槽培法或钵培法，在槽内或容器内填充有机基质培育苗木。由于育苗仅采用有机固态肥料，取代了纯化肥配制的营养液肥，因此能全面而充分地满足苗木对各种营养元素的需求，省去了营养液检测、调试、补充等烦琐的技术环节，使育苗技术简单化、一次性投入低，具有成本低、省工、省力、可操作性强、不污染环境等优点，是高产、优质、高效的育苗方法。

槽培法有机生态型无土栽培设施系统（图 8-12）由栽培槽和供水系统两部分构成。在实际生产中栽培槽用木板、砖块或土坯垒成高 15～20 cm、宽 48 cm 的边框，在槽底铺一层聚乙烯塑料膜，可供栽培两行作物；槽长视棚室建筑形状而定，一般为 5～30 m。供水系统可使用自来水基础设施，主管道采用金属管、滴灌管使用塑料管铺设。有机生态型基质可就地取材，如农作物秸秆、农产品加工后的废弃物、木材加工的副产品等都可按一定比例混合使用。为了调整基质的物理性能，可加入一定比例的无机物，如珍珠岩、炉渣、河沙等，加入量依据需要而定。有机生态型无土栽培的肥料，以一种高温消毒的鸡粪为主，适当添加无机化肥来代替营养液。消毒鸡粪来源于大型养鸡场，经发酵、高温烘干后无菌、无味，再配以磷酸二铵、三元复合肥等，使肥料中的营养成分既全面又均衡，可获得理想的栽培效果。

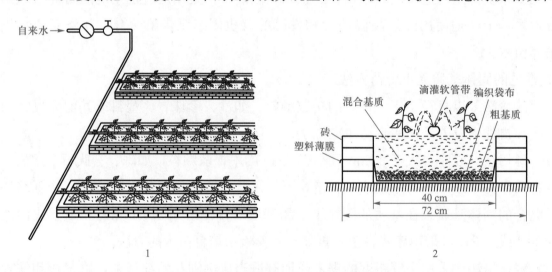

图 8-12　有机生态型无土育苗系统设施

1. 槽式有机生态型无土育苗设施平面图；

2. 槽式有机生态型无土育苗设施横断面图

2. 常见的固体基质无土育苗方式

（1）钵培法　在单体或连体的塑料育苗钵等容器中填充基质，播种或扦插培育苗木（图 8-13）。从容器上部供应营养液，下部排液管将排出的营养液回收入贮液罐中循环利用，也可采用人工浇灌。

（2）槽培法　采用育苗床或槽，在其内填充基质。其装置包括贮液池、水泵、时间控制器等。营养液由水泵自贮液池中抽出，通过干管、支管及滴灌软管滴于苗木根际附近；也可用贮液池与根际部位的落差自动供液，营养液不回收（图 8-14）。

（3）岩棉培法　岩棉块一般为 7.5 cm×7.5 cm，其外侧四周包裹黑色或黑白双面薄膜，防止水分丧失，在岩棉块上部可直播或移栽小苗。岩棉育苗多采用滴灌，其装置包括营养液罐、上水管、阀门、过滤器、毛管及滴头等。大面积生产中应设置营养液浓度、酸碱度自动检测及调控装置。

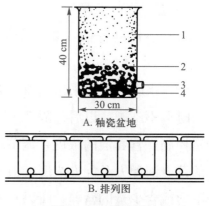

图 8-13　钵培设施

1. 沙层；2. 小石子；3. 排液口；4. 砾石

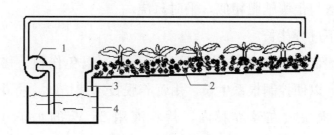

图 8-14　槽培设施

1. 泵；2. 砾石；3. 回流口；4. 贮液池

（4）袋培法　在塑料袋内填充基质，在袋上打孔培育苗木。塑料袋宜选用黑色、耐老化、不透光筒状薄膜袋，制成枕式袋或立式袋，其内填充混合基质。在袋的底部和两侧各开 0.5～1.0 cm 的孔洞 2～3 个，排除积存营养液，防止沤根。枕式袋按株距在基质袋上设置直径为8～10 cm的种植孔，按行距呈枕式摆放在育苗架上或泡沫板上（图 8-15）。立式袋则直立悬挂，用满灌供液，营养液不循环使用（图 8-16）。

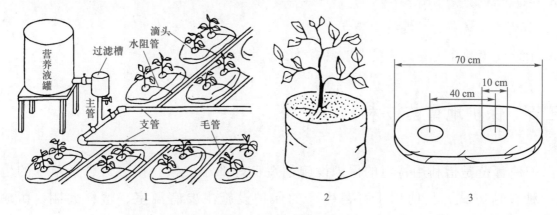

图 8-15　袋培法无土育苗

1. 袋式育苗滴灌系统；2. 筒式无土育苗；3. 枕式无土育苗

3. 主要育苗工序

（1）播种或扦插　参照普通播种和扦插技术进行。

（2）水肥管理　采用基质—营养液系统的，刚出苗时可不施肥，以后每隔 7~10 d 施一次肥。应严格控制好营养液的浓度，调节好 pH 值，设计合理的营养液配方及配方浓度。根际基质体积小，自身不含或含少量的营养，所以对水、肥、气体、酸碱度等的缓冲能力极差，在水肥管理上要特别精细。这是无土育苗成功的关键之一。采用基质—固态肥系统的，施肥方法与土壤施肥相似，平时只浇灌清水。要控制根系不过分徒长。

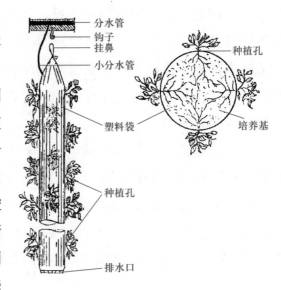

图 8-16　立式袋无土育苗

（3）移植　无土育苗中除组培苗外，尽量少移植，以免伤根。移栽时选择小一些的盆钵，浇足够的营养液，以便控制根系生长。用营养膜技术栽培时，将花苗移栽在 5~8 cm 见方的岩棉块中，将岩棉块放在营养膜内，营养液用 25 W 的水泵（扬程 2~3 m，流量 12 L/min）做动力对 16 m² 的小区就足够了。营养膜用内黑外白的阴阳膜，可以防止藻类滋生。

移植后的湿度可比移植前稍大一些，光照稍弱一些，可适当遮阴，并保持基质疏松透气和适宜的温度，以利于缓苗。可喷 1~2 次 0.2% 代森锌杀菌剂，以防止病菌滋生。

随堂练习

1. 生产上常用的无土育苗基质有哪些？

2. 无土育苗有哪些特点？

3. 基质培的方法有哪些？

4. 简述水培育苗的主要技术要点。

5. 什么是有机生态型无土育苗？其有什么优点？

第三节　保护地育苗技术

保护地育苗是指利用特定的保护设施创造良好的小气候，使之适合于苗木的生长发育的一种育苗方式。目前用于育苗生产的保护设施主要有温室、塑料大棚、荫棚、冷床、温床等一些设施及其辅助设施和设备。人们用上述设施、设备创造的育苗环境称为保护地。

一、保护地栽培设施的分类

目前采用的保护地设施很多，有温室、塑料大棚、中小拱棚、冷床、温床、荫棚、冷窖等。

（一）温室

温度也称暖房，是指采用具有透光特性的材料覆盖屋面而形成的具备保护性生产设施。温室是当今保护地育苗的主要设施。

1. 温室的类型

（1）按温室的用途分

① 生产温室　设于苗圃或绿化场，用于从事各种苗木生产的温室。设计原则为经济实用，降低生产成本。

② 展览温室　建于公园、植物园或其他公共场所内，专供陈列各种奇花异草，以供大众参观学习、进行科普宣传之用。

③ 科研温室　建于科研院所、学校等学术性单位，供各种科研、试验性栽培之用。

（2）按温室设置温度的高低分

① 高温温室　室温在 15～30 ℃，主要适宜一些热带植物或促成栽培。如变叶木、花叶万年青、喜林芋、红桑等。

② 中温温室　室温在 10～18 ℃，主要适宜亚热带植物或对温度要求不高的热带植物的栽培。如马蹄莲、仙客来、橡皮树、一品红等。

③ 低温温室　室温在 5～15 ℃，保护不耐寒的植物越冬。如天竺葵、多肉多浆植物、文竹等。

（3）按透光材料不同分

① 玻璃温室　比较多为单坡面温室，框架采用镀锌钢材或铝合金材料，覆盖玻璃，玻璃具有高透光率、寿命长等优点，有后墙及后屋面，并设有风障，前屋面覆盖玻璃、纸被或棉被，前底脚处设寒沟，可防寒保湿。此温室的缺点是造价高，夏天降温较难，保温性比薄膜温室差（图 8-17）。

② 塑料薄膜温室　以竹木或钢材为骨架材料，有土筑和砖造后墙，或在墙体加置保湿隔热材料，前屋面有立柱或无立柱钢架结构，覆盖草苫或保温被、保温毯。覆盖材料采用塑料薄膜。此温室具有保温性能高、造价合理等优点；缺点是覆盖材料的使用年限短，透光率不如玻璃温室。现在大部分种苗生产者采用此温室。

③ PC 板温室　框架采用镀锌钢材或铝合金材料，覆盖用材料是 PC 板（以聚碳酸酯为主要成分，采用共挤压技术加工而成的一种高品质板材）。PC 板温室具有透光率较高、保温性好、寿命长等优点；缺点是造价较高，PC 板使用一段时间后透光率下降，影响温室的采

光量（图8-18）。

图8-17　玻璃温室及空调

图8-18　PC W-8型聚碳酸酯温室

（4）按温度等因子调控不同分

可分为智能温室（现代化温室）、普通加温温室、节能日光温室等。

① 普通日光温室　包括玻璃日光温室和塑料薄膜日光温室。这种温室主要是利用太阳能提高室温，通过土墙及后屋面蓄热保温，通过覆盖物、风障保温。

② 加温温室　采暖方式有炉火管道加温、锅炉水暖或气暖加温及用工厂余热加温等。

③ 节能日光温室　在普通日光温室结构的基础上演变而来，其结构、采光及保温性能得到进一步的加强和完善。改善室内光照条件、增加室温、增加室内蓄热保温面积，使室内的环境条件和作业条件得到更大的改善。

④ 现代化温室（智能温室）　温室内配备了对环境因子如温度、湿度、光照、二氧化碳等监测和调控的装置，实现对温室内环境因子的自动监测和调节（图8-19，图8-20）。

图 8-19　现代化温室内部附属设施

图 8-20　温室内架空苗床

　　还有室内外双重遮阳网，室外喷淋、室内喷雾等降温装置，天窗、望窗自动开启、关闭装置和加温、补光及二氧化碳施肥等附属设备。

　　2. 其他附属设施

　　（1）温室环境自动化控制设备　其方式有两种：一是单因子控制，分别对温度、湿度、光照、CO_2 浓度等因子进行调控，主要是调控土壤与空气的温度与湿度；二是多因子控制，用计算机调空室内多种环境因子，首先要将各种不同植物不同生长发育阶段所需的综合环境要素输入计算机中，使用一定的计算机控制程序软件，当温室中某一环境要素发生变化时，其他多项要素能自动做出相应的反应，并进行修正和调整。一般以光照为始变条件，温度、湿度、CO_2 浓度等为随变条件，这 4 个主要环境要素始终处在最佳的组配状态。

　　（2）加温系统　主要采用锅炉散热管加温或热风炉（暖房机）热风加温、太阳能加温等。目前采用燃油热风炉加温的较多；利用热水管道加温，运行安全性好，室内温度不致有急剧的变化，但消耗燃料较多，不够经济。美国、日本、韩国等多采用热风机（暖房机）直接向温室内进行热风加温。电热和暖风加温是较科学的方法，但造价较高。

（3）保温系统　多采用无纺布、LS节能保温膜、银灰色"夜暖膜"、双层或多层保温幕，用手动或机动揭盖，可保温和节省能耗达24%。

（4）降温系统　除自然开窗通风外，效果较好的有湿帘风机降温增湿系统，可降室温5~6 ℃。具体做法是：在温室靠北面的墙上安装专门的纸制湿帘，在对应的温室墙上安装大功率排风扇。使用时必须将整个温室封闭起来，开启湿帘水泵使整个湿帘充满水分，再打开排风扇排出温室内的空气，吸入外间空气，外间的热空气通过湿帘时因水分的蒸发而使进入温室的空气温度较低，从而达到降低温室内温度的目的。另外，也可以采用微雾系统来降温，但由于其湿度太大，降温效果往往不尽如人意。

（5）通风系统　良好的通风性能对种苗生产是非常重要的。通风系统包括自然通风和机械通风两种，自然通风是开启顶窗、侧窗而产生通风效果；机械通风是通过置于侧壁的排风扇及室内的搅拌扇来完成。目前应用的主要是结合湿帘系统的大型通风机和温室内部循环风扇。在冬季和多雨季节，温室内空气湿度相当高，温室内部的空气循环有助于降低植株茎叶表面的水分和减少病虫害的发生。

（6）灌溉与施肥系统　早期引入的温室以喷灌为多，可根据设施内土壤湿度自行调控。近年来引进的温室多为滴灌系统或滴灌与喷灌兼有的灌溉系统，滴灌较喷灌更为节水，同时可降湿、防病。设施内施肥系统与喷、滴灌系统相结合。

（7）CO_2施肥装置　设施内有CO_2发生装置，通过燃烧航空汽油或丙烷产生CO_2进行设施内CO_2补给。

（8）补光、遮光和遮阳设施　为了增加室内光照和改善室内光的分布，常常可以采用一些简单的补光装置。如温室内墙涂白（石灰水或涂料）、地面铺设反光膜等。在促成栽培温室内还可以补充光源，将白炽灯等悬挂于栽培床上方，以增加光照时间。

遮光装置一般是用双层黑布或黑色塑料薄膜制成的。可以往复扯动的黑幕，主要用于促成栽培温室中的短日照处理。遮光装置区别于遮阳装置。

遮阳装置主要是为了减弱室内光照强度，如在夏天通过遮阴降低室内温度，或为室内耐阴植物提供一个半阴的环境。常用的遮阳材料有苇帘、竹帘、无纺布、遮阳网等。其中，遮阳网多以聚烃树脂为主要原料通过拉丝后编织而成的轻质、高强度、耐老化的网状物，已在生产中广泛应用。

（二）塑料大棚

塑料大棚是一种利用聚乙烯或聚氯乙烯塑料薄膜为覆盖材料的不加温的简易保护地育苗设施，具有透光、保温、保湿、阻止水分蒸发的特点。塑料大棚是20世纪60年代中期发展起来的，因其具有较强的抗灾能力、投资少、作业方便、增产效果显著等成为保护地主要设施之一。

1. 塑料大棚的类型　塑料大棚使用竹木、竹木水泥（柱）混合、钢材、钢管及水泥预制拱架大棚、硅镁复合材料预制材料等支成拱形或屋脊形骨架。根据覆盖形式可分为单栋塑料大棚、连栋塑料大棚；按棚顶形状可分拱形、屋脊形；按建材不同可分为竹木结构、全塑结构及水泥玻璃纤维（GRC）结构、钢筋或钢管结构的无柱或少柱大棚等；根据使用年限可分为永久型、临时型大棚。

2. 塑料大棚的结构

（1）大棚骨架　由立柱、拱杆、拉杆和压杆组成大棚的骨架，称为"三杆一柱"（图8-21）。

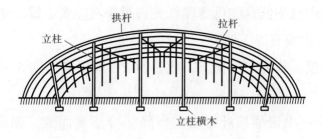

图8-21　竹木结构塑料大棚示意图

（2）棚膜　厚0.1 mm左右的塑料薄膜，三幅或四幅薄膜热黏合或使用专用黏合剂黏合成棚膜，热黏合处重叠5 cm左右。可分为以下几种：

① PVC膜　我国应用较早的一类薄膜，目前世界各国仍以其为主。

普通PVC膜：从石油产品中合成的大分子结构化合物，多采用压延法成膜，膜厚0.1～0.12 mm，表面没有PE膜光滑，新膜成捆后，略显淡绿色；易焊接，燃烧时浓烟有刺鼻臭味，不产生液滴，导热率低；保温性好、有弹性、抗张力强、重量轻、成本低，但易产生静电、易吸尘污染；比聚乙烯膜耐老化。

防尘薄膜：消除薄膜表面静电吸附作用，透光率高。

无滴膜：在PVC普通棚膜原料配方的基础上，加入表面活性剂，使棚膜表面张力与水相近。薄膜下表面凝聚在水膜面形成一薄层水膜，沿膜面流入底脚土壤中，而不滞留在膜的表面形成露珠，从而增加透光性，降低空气湿度，减轻病害。

② PE膜　是在PVC膜的基础上发展起来的，主要有以下几种：

普通PE膜：以石油副产品合成的PE树脂为原料生产的薄膜，无色、无味、易燃烧，燃后产生液滴，无刺鼻气味。因其合成分子小，可制成极薄的农用薄膜。透光性比PVC膜好，升温快，但夜间红外线透过力强，易降温，保温性差；不易吸尘，不耐老化。

长寿膜：在PE树脂中加入紫外线吸收剂、抗氧化等防老化剂而制成，寿命达2年，成捆时微带淡绿色，透光率高，保温效果比普通PE膜高1～2℃。

新型多功能复合膜：由多层功能各异的膜复合而成。厚0.05 mm，强度大，耐老化，保温透光性好。其内层为无滴保温膜，中层为长寿膜，外层为软质的防尘膜。

漫反射棚膜：在PE普通树脂原料中掺入对太阳光透射率高、反射率低、化学性质稳定的漫反射晶核而制成，能抑制垂直入射光的透过，降低中午高温峰值。同时使阳光透射率随太阳高度减少而增加，积温性和保温性较好。使用时，放风强度不宜过大。

③ EVA醋酸乙烯薄膜　将乙烯、醋酸乙烯合成共聚酯薄膜，抗张力强、耐老化，可连续使用15个月以上；不易污染，透光率高，无味、无毒，易焊接，不易变硬，但成本高。

④ 有色薄膜　以PE或PVC为原料，加入某种金属元素或染料制成，根据不同植物在不同生长发育时期对光质的要求，覆盖不同颜色薄膜。如紫色薄膜抗老化，对蓝、紫、橙光透过率高，对黄、绿光透过率低；红色薄膜红光透过率高，黄、绿光透过率低。

⑤ 保温覆盖薄膜　主要有以下两种：

铝箔聚乙烯复合薄膜：作为二层覆盖，比普通PE膜提高温度5~8 ℃，导热系数小，保温效果好，但价格高。

聚酯长纤维无纺布：由聚酯长纤维自纺丝经热合压制而成。强度大，可使用3~4年，透气、透水，不易结成水滴，耐污染，可洗涤，轻而柔软；夜间保温性好；夏季遮光，可降温3 ℃左右。

⑥ 合成树脂玻璃纤维强化板　一种硬质塑料，用合成树脂与玻璃纤维混合压制而成的强化透明板，可避免软质塑料薄膜易老化、破碎的缺点，可作永久性大棚温室的透明覆盖物；质轻，重为玻璃的1/3；透光率稍低，可锯、可焊、可钉，但造价高。国外的钢化玻璃板透光保温性好，应用时间长，不易碎，可耐1.4 m厚雪压。

⑦ 转光膜　在薄膜中加入转光剂制成。这种薄膜能把照射到薄膜上的紫外光转化为能被植物吸收利用的红橙光，从而提高植物的光合效率和抗逆力，同时还可提高薄膜抗老化能力，延长薄膜的使用寿命。

（3）门窗　棚头安装出入的门，必要时设置窗户。连栋大棚两个单元之间要设置天沟以引流雨水。

3. 塑料大棚的建造

（1）场地的选择及规划　首先应选在背风、向阳、东西南三面开阔、没有遮阳物、日照充足的地方；第二，地势平坦，如棚内采用大田育苗，要求土层深厚、土壤肥沃、排灌方便；第三，电源充足、劳力充足、交通便利的地方。大棚长40~60 m，跨度为10~15 m，矢高2.2~2.8 m，面积在300~600 m²，棚间距为2~2.5 m，棚头间距为5~6 m。

（2）建筑施工　建造塑料大棚的施工过程包括以下步骤：

① 埋立柱　先把两路边柱按间距1.1 m分好埋齐，埋入地下40 cm，入土部分钉段小横木或垫柱脚石，中间柱间距2.2 m，同边立柱埋好后各路柱上端的高度要一致。

② 绑拉杆　在每一立柱顶端25 cm处打一孔眼，用铁丝穿过孔眼将横向拉杆扎紧，两根

拉杆接头处要重叠一段，并绑在一个立柱上，使骨架连成一个整体。

③ 上吊柱 吊柱两端4～5 cm处互相垂直，孔眼中用铅丝穿过，固定于两立柱中间拉杆上。

④ 上拱杆 把拱杆一头固定在边柱上端，然后每逢一立柱，用铁丝穿入立柱上端孔眼，把拱杆缠1圈拧紧固定，形成弧形拱架。

⑤ 绑棚头 对着每一路棚头立柱斜撑1根棚顶柱，斜撑柱上端与棚头横杆上端固定在一起，下端埋入地下30～50 cm。

⑥ 包接头 为防止塑料薄膜被磨坏、扎破，在扣膜前应把骨架与薄膜接触的所有拱杆接头处及边柱顶端用破布、稻草、废旧薄膜或破麻袋片等包扎好。

⑦ 扣棚膜 扣膜应在无风天进行，首先在大棚周围挖好埋薄膜的沟，取出浮土堆放在沟外侧。冬季降雪后要清除积雪，同时在埋薄膜沟的外侧设地锚，固定压膜绳，也可顺棚向在棚侧各埋地锚，用8号铁丝做1个套，下边拴砖或木棍，埋入土中，上面露出地面。

覆膜时先将拱架两侧下部1～1.5 m的薄膜扣上、拉紧，底边及两头用土压好，再扣上面部分，三幅膜或四幅膜拼接，薄膜边缘粘接成筒，穿入绳子，两幅相接处要重叠30 cm左右，棚内拱架两侧还可用宽30～40 cm薄膜作围裙。

⑧ 上压杆或压膜绳 在两拱间用两根细竹竿上下对应后，用铁丝绑紧或用压膜绳拉紧固定在两侧地锚上。

⑨ 装棚门 将门固定在棚头中间的竹竿上，外吊草帘。有的大棚可不装门。

大棚建好后，要求立柱不晃，拉杆不颤，拱杆不扭，压杆不松，薄膜不抖（图8-22）。

图8-22 连栋塑料薄膜大棚

（三）塑料薄膜中、小拱棚

塑料薄膜中、小拱棚是全国各地普遍应用的简易保护地设施。通常将跨度4～6 m、棚高1.5～1.8 m的称为中棚。可在棚内作业，并可覆盖草苫。将跨度1.5～3 m、高1 m的称为小棚。中棚有竹木结构、钢管或钢筋结构、钢竹混合结构；有设 1～2 排支柱的，也有无支柱的，面积多为 66.7～133 m²。目前常用小拱棚。

（四）其他保护地设施

1. 荫棚设施

（1）建造　荫棚是花卉栽培及苗木培育中的重要设施，有临时性和永久性两类。按高度可分成三类：

① 高荫棚　棚高 3 m 以上，适宜大型观叶植物。

② 中荫棚　棚高 2～2.5 m，主要用于温室花卉越夏。

③ 低荫棚　棚高 1 m 左右，主要用于嫩枝扦插。遮阴材料有苇帘、黑色尼龙丝网等。

温室育苗越夏荫棚大多为东西向延长，设在温室近旁、通风良好又不积水处。一般高 2.5～3 m，多用铁管或水泥柱构成。棚架上以往多用苇帘或竹帘覆盖，现在多用遮阳网。遮光率视所育苗木种类而定，有的地方用葡萄、凌霄、蔷薇等攀缘植物为遮光材料，既实用又颇具自然情趣，但应经常管理和修剪，以调整遮光率。为避免上午和下午的阳光从东面或西面透入，在荫棚的东西两端设倾斜的荫帘，荫帘的下缘距地表 50 cm 以上，以利通风。荫棚宽度一般为 6～7 m，过窄则遮阳效果不好。荫棚下的地面要铺陶粒、炉渣或粗沙，以利排水，下雨时可免除泥水污染枝叶和花盆（图 8-23）。

图 8-23　苗圃常用荫棚

遮阳网又叫凉爽纱、寒冷纱，是用聚丙烯树脂为主要原料，通过拉丝后编织成的一种轻质、主强度、耐老化网状的新型农用覆盖物；具有遮光降温、防风、防暴雨、防虫、防病、防霜、防旱等功能。遮阳网按颜色分为黑色、白色、银灰色、绿色、蓝色、黄色等。黑色网遮光率为 67%，银灰色网为 57%，蓝色网为 53%，绿色网为 44%，银白网为 18%。黑色网一般可降温 3.7～4.5 ℃，白色网可降温 2～3 ℃。每覆盖 667 m² 需一次性投资 600 元左右，使用寿命为 3～5 年。

（2）遮阳网覆盖方法

① 浮面覆盖　即直接覆盖在地面或植株上，用于露地、小拱棚和大棚内在播种、定植后和生长期进行覆盖。

② 小拱棚覆盖　指利用小拱棚支架覆盖遮阳网。小拱棚覆盖有单网覆盖，适于夏秋遮光、降温、透气或早春夜间防霜；网膜结合覆盖即薄膜和遮阳网结合，适于雨季防雨或冬春夜间覆盖保温，还有大棚内小拱棚覆盖遮阳网夜间保温。

③ 平棚覆盖　利用竹竿、木棍、铁丝等材料，在畦面上搭成平面或倾斜的支架，将遮阳网覆盖在支架上的覆盖形式。拱架高度 0.5～1.8 m。低棚揭盖方便，高棚可在棚内作业。

④ 大棚覆盖　指遮阳网在大棚上的覆盖。根据覆盖方式可分为大棚内覆盖、大棚外覆盖、单网覆盖、网膜结合覆盖和棚外四周覆盖等。

2. 温床　温床是利用酿热物、电暖、水暖、火炕等加温设备补充热源，以保障寒冷季节育苗生产或栽培的设备。

（1）酿热温床　酿热温床由床框、覆盖物、床孔、酿热物等组成。床框有木框、土框、草框、砖框、混凝土框等。覆盖物有玻璃、油纸、塑料薄膜等，其结构如图 8-24 所示。床孔，亦称床穴或床坑，用来填充隔热层、酿热物等。酿热物常用的为马粪、饼粕、鲜厩肥、纺织屑、牛粪、猪粪、稻草、麦秸等材料。在保持一定温度和通风条件下将酿热物堆积起来，利用微生物分解有机质产生的热量进行加温。酿热温床一般用于早春培育喜温幼苗。

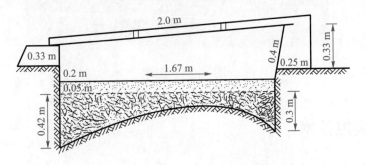

图 8-24　酿热温床的结构示意图

（2）电热温床　电热温床是利用电热线把电能转变为热能进行土壤加温的设备，可自动调节温度，且能保持温度均匀。可进行空气加温和土壤加温。

电热温床的投资大，主要用于寒冷天气育苗或栽培管理。电热温床育苗管理要注意在播种前通电预热 1 天，使用期间应注意节约用电，晴天应充分利用太阳光，夜间或阴雨雪天才使用。因电热温床地温高，水分蒸发量大，苗木根系发达，浇水量和次数应增多，应防止徒长，并及时通风和补充营养，定植前 1 周要断电炼苗。

（3）火炕温床　火炕温床是在床面下埋设火道或者用回龙火炕的形式进行人工加温，目前在大型玻璃温室或日光温室内有火道、水暖等加温形式。

3. 阳畦　阳畦又称冷床。因利用太阳光能提高畦温，没有人工加温设施，故称为冷床。阳畦由风障畦发展而成，把畦埂加高、加宽而成为畦框，并进行严密防寒保温，其性能优于风障畦，在华北和西北应用此方法。

阳畦除具有风障性能外，同时可保持较风障高的气温和地温。但要注意防止低温霜冻和高温危害。如北京地区冬季严寒期畦内旬平均地表温度最高在 20 ℃左右，为最低 0～3 ℃，并可出现−8～−4 ℃的低温。阳畦内昼夜温差可达 20 ℃左右，局部温差也较大，北框和中部温度较高，南框和东西部温度较低。可用于冬季耐寒苗木防寒越冬，春秋季可进行喜温植物育苗和栽培。另外，还有改良阳畦，是在阳畦基础上加以改良，由土墙、棚架、土屋顶、玻璃窗、覆盖物等组成，相当于小型日光温室，其透光、保温性能优越。阳畦在园林苗木生产中应用广泛（图 8-25）。

图 8-25　阳畦

二、保护地环境调控技术

在诸多的环境因子中，光照、温度、水分、通风和土壤等的调节至关重要。这里介绍的保护地环境调控主要是指玻璃温室和塑料大棚的环境调控。

（一）温度的调控

1. 日光温室的温度调控　日光温室温度的调节主要是防寒保温，主要措施包括以下几种：

（1）降低导热性　选择透光好、保温性强的薄膜（如聚氯乙烯薄膜）作为覆盖材料，并用导热率低的材料建筑厚达 1 m 左右的后墙后坡。

（2）增加密封性　建筑时特别注意门、窗、屋顶的密封效果。屋顶后坡用泥封压严，经常开启的门应做成双层门并吊挂棉帘，或修筑缓冲间。

（3）多层覆盖　薄膜的保温效果不如玻璃。在冬春季节，薄膜外如不加任何覆盖，由于夜间温室外的长波辐射强烈，使温室内部的气温出现低于室外的现象（温度逆转）。因此，常用蒲席、牛皮纸被或1.2 mm厚的无纺布和草苫相结合的双层覆盖措施。

（4）适时揭盖　正确掌握为覆盖物揭盖的时间。不同季节、不同天气情况下覆盖物揭盖的时间不完全一样，要在实践中不断摸索、总结。

（5）设置防寒沟　在温室前沿外挖防寒沟，可以阻隔室内地温的横向传导。

塑料大棚内温度的调控与日光温室大体相同。

2. 加温温室的温度调控　加温温室热量的来源包括日光辐射和人工加温。在北方严寒季节，有时白天也需加温。在北京植物生长地区，低温温室通常只在最冷的天气中室温降到0 ℃时，才进行加温。中温温室从11月开始，高温温室从10月中旬开始，每天自下午5点开始加温。用暖气加温者，可控制加热阀门调节温度。各类温室从10月底到次年5月初，每天下午5点左右覆盖蒲席等覆盖物，次日上午8点半至9点揭开。先进的现代化大型温室中温度的调节，通过设计一定的控制程序而进行自动化管理，大大提高了劳动效率。

3. 温度调控应注意的问题

（1）温度的高低　室内温度调节应符合自然规律。在不超过最高和最低温度的前提下，中午的温度应最高，凌晨的温度应最低。春秋两季的室温应高于冬季的室温，并且严格防止夜间的温度超过白天的温度以及温度的骤然升降。

（2）温差问题　在一天当中，如果白天温度过高而夜间温度偏低，一年当中如果夏季温度过高而冬季温度偏低，对原产于热带和亚热带地区的园林植物，特别是原产于热带雨林的园林植物相当不利。但适当的变温管理即昼夜温差有利于植物的生长。

（3）地温问题　地温不仅直接影响根的生长和形成，还影响对养分和水分的吸收以及土壤微生物活动和产品产量。可通过翻地、增施有机肥等方法提高地温。

（4）室内降温　通风是室内降温的有效措施，可以通过通气面积的大小、时间的长短和通风次数的多少来调节室内温度，利用天窗、地窗进行自然换气，或安装换气扇进行人工强制换气，不仅可降低室温，排除湿气，还补充了新鲜的空气，特别是补充了光合作用所需要的CO_2气体浓度。还可以采用湿墙、微雾、遮阳等措施进行降温。

常用的覆盖材料用量及保温效果见表8-8。

覆盖方式	保温效果
小拱棚	+3～3.5
小拱棚+草苫	+5～+8
小拱棚+保温草苫	+8.5
小拱棚+两层聚乙烯	+7.1

覆盖方式	保温效果
大棚＋保温幕＋草苫	＋9～＋10
大棚＋保温	＋5.5～＋6
大棚＋草苫	＋5
大棚＋两层聚乙烯	＋5.5～＋6

（二）光照的调控

温室和大棚光照的调节主要是增加室内光照强度和延长光照时间。科学地设计采光面、最大限度地减少光的反射，增加室内光照，是进行光照调控的基础。

1. 增强光照

（1）合理选择室顶材料 作为室顶材料的塑料薄膜或玻璃，它们对日光的透过率有明显差异，就是同为塑料薄膜，也有着不同的透光率。选用无滴膜覆盖，可明显改善温室内的光照条件。

（2）改进拱架 对拱架进行改进，减少遮阴面积。

（3）减少山墙遮阴的影响 除正午以外，由于山墙遮阴，室内存在三角形弱光区。适当加大温室长度，可以减少弱光区面积的比例。从光照、温度、管理和整体牢固性等方面综合考虑，温室长度以 40 m 左右为宜。

（4）保持透光面清洁 经常清除玻璃和薄膜上的尘埃及其他污染，增加室内光照。

（5）适时揭盖蒲席和纸被 适时揭盖蒲席和纸被可增加室内光照和光照时间。在温度条件许可时，尽量早揭晚盖。阴天适当揭开，散射光仍能增加室内光照。

（6）室内涂白 不同颜色对光线的吸收和反射量不同。白色吸收量最少，而反射量最大；颜色越深，吸收量越大，反射量越小。因此，温室内部涂以白色，可增强光的强度。

（7）挂聚酯镀铝膜反光幕 一般在中柱上端横拉一铁丝，把镀铝膜挂在铁丝上作反光幕，充分利用反射光增加光强。

（8）补充光照 补充光照的光源主要有白炽灯、荧光灯、高压汞灯、金属卤化合物灯、高压钠灯等。补光量依植物种类和生长发育阶段而确定。一般为促进生长和光合作用，补充光照强度应该在光饱和点减去自然光照的差值之间，补充光照强度通常为 10 000～30 000 lx。

2. 减弱光照 遮阴可以调节光照强度。多浆多肉类植物要求充分的光照，不需遮阴；喜阴花卉如兰花、秋海棠类及蕨类植物等，必须适度遮阳。遮阴时间一般在 9～16 h，若遇阴雨天气，则可不遮阴。对一般温室花卉，夏季要求遮去自然光照的 30%～50%；春、秋两季遮去中午前后的强烈光线，早晚应予以充分光照；冬季则不需要遮阴。

温室遮阴的方法，通常采用蒲席、苇席、竹帘或遮阳网覆盖在透光屋面。现代化温室有自动启用的遮阳网遮光，遮阳幕帘由电动机通过钢丝绳或齿条牵引，由计算机根据设定的程序控制启闭。

（三）湿度的调控

1. 增加湿度

（1）供水法　可在室内的地面、植物台及墙壁上洒水，以增加水分的蒸发量。用于养护热带植物（如热带兰花、蕨类植物、食虫植物等）的专类温室，除通道外，所有地面应为水面，可增加空气的湿度。在冬季利用暖气装置的回水管，通过室内的水池，可以促进室内水池水分的蒸发，同样达到提高室内湿度的目的。

（2）喷雾法　用悬挂在温室内的微雾系统加湿。

（3）降温法　在高温时，通过停止加温可增加空气湿度。

2. 降低湿度

（1）通风换气　使室内的潮湿空气与室外空气形成对流，以降低室内湿度，如在冬季晴朗的中午要适当打开侧窗通气。

（2）覆盖地膜　在室内地面铺设地膜，可防止水分渗入土壤，也可减少土壤水分蒸发，从而达到降低室内湿度的目的。

（四）CO_2 与空气污染

温室和塑料棚是一个比较密闭的环境，在其空间和土壤里，常存在着二氧化碳、氨、二氧化硅、乙烯、二氧化氮和氯气等气体。其中有些气体浓度适当时，对植株生长是有利的；但有些气体如果含量过高，对经济林栽培会造成危害。因此，必须了解温室和塑料棚内的气体状况，并进行调节，使所有气体保持适当浓度，避免有害气体发生。

1. CO_2 浓度的控制　二氧化碳（CO_2）是光合作用的原料，在温室和塑料棚中保持适量二氧化碳，会促进光合作用。如果把空气中二氧化碳浓度从 0.03％ 提高到 0.1％，光合速率可增加 1 倍以上；若把二氧化碳浓度降到 0.005％，光合作用几乎停止，时间久了，会造成植株饥饿死亡。在露地，空气中的 CO_2 一般为 0.03％，而在温室和塑料棚中由于施用大量有机肥在分解过程中放出 CO_2，再加之植株本身的呼吸作用放出 CO_2，夜间室内 CO_2 浓度高于室外；日出之后，随着光合作用的进行，CO_2 的含量逐渐降低。在不通风的情况下，可降到低于 0.03％ 的浓度。因此，在管理上要注意通风换气，增加 CO_2 含量；有条件的也可进行 CO_2 施肥。

CO_2 浓度的控制主要是通过通风和施用 CO_2 来实现。通风可以使长时间密闭的温室内增加 CO_2 浓度，也可以降低其 CO_2 浓度。冬季由于保温的需要而无法通过通风来补充 CO_2 时，则需采用人工措施增加 CO_2 浓度，也称为 CO_2 施肥。CO_2 施肥一般在日出后半小时开始施用，阴天或低温时一般不施用。CO_2 施肥的方法有：有机肥腐熟法、燃烧含碳燃料法和瓶装

CO$_2$ 法。1 t 有机物最终可释放 1.5 t CO$_2$；焦炭 CO$_2$ 发生器，以燃烧焦炭或木炭来产生 CO$_2$；瓶装 CO$_2$ 为液体或固体，经阀门和管道可控制 CO$_2$ 释放量。

2. 空气污染的控制　保护地内的空气污染物质，一部分来自原有空气、城市或工厂污染，一部分来自室内施肥、燃烧、残枯植株、不适当地施用农药和除草剂等。这些污染物质，在很低的浓度下也会对植物造成很大的危害。减少保护地空气污染的方法有：加强室内管理，不堆放杂物；正确使用农药、除草剂、土壤消毒剂和肥料；避开在城市污染区建设保护地等。

（五）土壤条件及调节

1. 土壤湿度及调节　灌溉是调节土壤湿度的有效方法。温室和塑料棚内灌水方式有大水漫灌、沟灌和滴灌。大水漫灌易降低地温和引起土壤板结，在冬季和早春不宜采用；沟灌不仅容易控制灌水量的大小，而且有利于提高地温，但是沟灌不能解决降低空气湿度的作用；滴灌既可保证土壤湿度又省水，还可提高地温和防止土壤板结，有利于植株根系的生长和产量的提高。

2. 土壤中盐类浓度及调节　首先，要避免使用同一种化肥，特别是含有氯或硫化物等副成分的肥料，因这些副成分是造成土壤中盐分浓度增高的主要元素，最好少用或不用，而施用硝酸铵、尿素、磷铵和硝酸钾等肥料，或以这些肥料为主体的合成肥料，就可减轻盐分积聚。其次，要配合施用有机肥料，有机肥虽然肥效迟缓，但没有盐分积聚的威胁，还能对土壤的物理性质起缓冲作用，达到改良土壤的目的。另外，夏季也应除去薄膜，让大雨淋洗，或在施肥后加大灌水量，这样也能降低盐分浓度，减轻危害。

三、保护地育苗技术

除了以上介绍的环境调控技术，使保护地设施内的小气候适合所育苗木的生长发育外，还要注意以下几种关键技术。

1. 温度管理　出苗前尽量增温保温，床温最好能达到 25～30 ℃，当 50％以上幼芽开始拱土时，就应立即实施控温措施，尽可能维持在 16～22 ℃。这一点是出齐苗，出好苗，防止出现徒长苗的关键。当幼苗破心后（第 1 片真叶展开时），温度可适当提高，定植前 1 周左右可逐渐降温炼苗。为了保持苗床温度，在育苗前期夜间要加盖草苫，后期可以不盖。应特别注意天气预报，防止寒流侵袭，在寒流到来之前做好防寒保温工作。

2. 通风管理　放风是调节苗床温、湿度的主要措施。放风时一定要在背风一端开口，否则极易闪苗；且放风口应经常变换，以免放风口附近的幼苗生长受抑制，而导致苗木生长不一致。放风的原则是：苗小时小放风、勤放风，后期则逐渐加大通风量和延长通风时间。

3. 水分管理　苗床需浇水时应防止大揭（地膜）大浇，应随揭、随浇、随盖，最好用喷壶喷浇 30～35 ℃温水，以免因浇水降低床温。夏季以清晨和傍晚浇水为宜，避免中午高温时浇水。浇应浇透，要避免多次浇水不足，只湿及表层形成"截腰水"，下部根系缺乏水分，影响苗木的正常生长。图8-26为保护地自动灌溉系统。

图8-26　灌溉系统

4. 光照管理　增加光照的措施主要是及时揭开覆盖物，一般当日出气温回升后（一般在上午8～9点）就应及时揭开草苫，使幼苗接受阳光，下午在床温降低不太大的情况下适当晚盖，以延长幼苗受光时间。同时，要经常扫除塑料薄膜上的污物，如草、泥土、灰尘等，以提高薄膜的透光率。在育苗后期苗木较大，外界气温稳定在20℃左右时，即可将塑料膜揭开，使幼苗直接接受日光照射，提高叶片光合能力。揭膜要由小到大循序渐进，使幼苗逐步适应外界环境，防止1次揭开而使幼苗受害。

5. 施肥　追肥以薄肥勤施为原则，通常以沤制好的饼肥、油渣为主，也可用化肥或微量元素追施或叶面喷施。有机液肥的浓度不宜超过5%，化肥的施用浓度一般不超过0.3%，微量元素浓度不超过0.05%。

施肥前应先松土，待盆土稍干后再施。施后，立即用水喷洒叶面，以免残留肥液污染叶面。施肥后第2d一定要浇1次水，在中午前后喷洒。叶子的气孔是背面多于正面，背面吸肥力强，所以喷肥应多在叶背面进行。图8-27为保护地自动施肥系统。

图8-27　丹麦自动施肥机系统

6. 松土除草　使用除草剂能取得较好效果。除草剂宜在种子播种后至出苗前，或在移栽苗木缓苗后杂草正在萌动时施用。除草剂有果尔、乙草胺、赛克津等。

7. 炼苗　适时炼苗是保护地育苗过程中不可缺少的环节。通过炼苗可以增强幼苗的适应性和抗逆性，使苗木健壮，移栽后缓苗时间短，恢复生长快。一般在定植前 5～7d 移出室外，每天可通过加大苗床的通风量、停止加温，并逐渐过渡到白天全部揭膜、夜晚再盖，最后逐步达到昼夜不盖，使苗木逐渐适应自然环境。炼苗期间一般不再浇水，也停止追肥。

随堂练习

1. 保护地育苗的设施主要有哪些？

2. 与露地育苗相比，保护地育苗有哪些特点？

3. 请完成下列表格：

温室类别	室温/℃	适宜植物（5 种）
高温温室		
中温温室		
低温温室		

4. 温室的附属设施有哪些？各有什么功能？

5. 简述塑料大棚的结构。

6. 简述小拱棚的性能及其应用。

7. 温室和大棚的温度调控措施有哪些？

第四节　容器育苗技术

容器育苗就是在装有营养土的容器里培育苗木的方法。所培育出的苗木称为容器苗。我国目前可分为播种容器苗和移植容器苗两大类别。容器育苗的优点是：育苗时间短、单位面积产量高、可以延长栽植季节、栽植成活率较高等，是现代化育苗技术的特色之一。

一、育苗容器的种类与选择

育苗容器的种类很多，在保证园林绿化效果的前提下，尽量采用小规格容器，以便形成密集的根团，搬动时不易散坨。但在土壤干旱、城市环境比较恶劣地段要适当加大容器规格。

（一）制作容器的材料

制作容器的材料有软塑料、硬塑料、纸浆、合成纤维、稻草、泥炭、黏土、特制的纸、厚纸板、单板、竹篾等。容器有单个的，也有组合式的；有的容器与苗木一起栽入土中，有的则不能；有一次性容器，也有多次回收使用的容器。我国绝大多数采用塑料袋单体容器杯和蜂窝连体纸杯容器。

（二）容器的形状

容器的形状有六角形、四方形、圆形、圆锥形。其中以无底的六角形最为理想，因为六角形、四方形有利于根系舒展。而早期采用的圆筒状营养杯，易造成根系在容器中盘旋成团，定植以后根系伸展困难的现象。经过改良以后的圆筒状或圆锥状容器，其内壁表面均附有2～6个垂直突起的棱状结构，根系可沿棱向下伸展，根尖抵达底端排水孔口，遇空气干燥不再继续伸长盘旋成团。

（三）容器的规格

容器的规格相差很大，主要受树种和苗木规格制约。为降低成本，应采用能保证造林成效的最小规格。目前在北美、北欧等温带地区多用小型容器，其直径在2～3 cm、高为9～20 cm，容积为40～50 cm³。在热带、亚热带地区，培育较大苗木，选择容器的容积可超过100 cm³。

（四）育苗容器的种类

一类是可以连同苗木一起栽植的容器，如营养砖泥炭器、稻草泥杯、纸袋、竹篮等；另一类是栽植前要去掉的容器，如塑料薄膜袋、塑料筒、陶土容器等。目前应用较多的是塑料袋、硬塑料杯、泥容器和纸容器（图8-28）。

1. **塑料薄膜袋**　一般用厚度为0.02～0.04 mm的农用塑料薄膜制成，圆筒袋形，靠近底部打孔8～12个，以便排水。其规格一般为：高12～18 cm，口径6～12 cm。建议使用根型容器，以利于苗木形成良好的根系和根形，在栽后迅速生长。这种容器内壁有多条从边缘伸到底孔的棱，能使根系向下垂直生长，不会出现根系弯曲的现象。塑料薄膜容器具有制作简便、价格低廉、牢固、保湿、防止养分流失等优点，是目前使用最多的容器，也便于机械化、工厂化育苗。

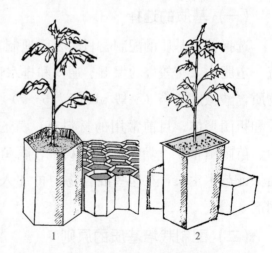

图8-28　育苗容器的种类

1. 蜂窝纸杯；2. 塑料容器

2. **硬塑料杯（管）**　用硬质塑料（如聚氯乙烯或聚苯乙烯）通过模具压制成六角形、方形或圆锥形的底部有排水孔的容器。此类容器成本较高，但可回收反复使用7～10次，便于工厂化育苗。

3. 泥容器

（1）营养砖　用腐熟的有机肥、火烧土、原圃土添加适量无机肥配制成营养土，经拌浆、成床、切砖、打孔而成长方形营养砖块，主要用于华南培育速生苗木。

（2）营养钵　用具有一定黏滞性的土为主要原料，加适量沙土及磷肥压制而成，主要用于华北地区培育油松、侧柏等小苗。

4. 纸容器　目前使用效果较好的是蜂窝纸杯。用纸浆和合成纤维为原料制成的多杯式容器，它是用热合或不溶于水的胶粘合而成的无底六角形纸筒。纸筒侧面用水溶性胶黏结，多杯连接成蜂窝状，可以压扁和拆开。通过调整纸浆和合成纤维的比例，来控制纸杯的微生物分解时间。国外在蔬菜育苗和花卉育苗时，常用一种压缩成小块状的营养钵，称为育苗碟、压缩饼，使用时吸水膨胀成钵，不必再加入培养土或基质。这种小块体积很小，使用和搬运方便、运输省工。例如基菲（Jiffy）小块是由草炭、纸浆和胶状物压缩而成的圆形小块，外包以有弹性的尼龙网。小块直径在 4.5 cm、厚仅 7 mm，使用时可将小块放入盘中，由底部慢慢吸水，经数小时小块膨胀成钵状后，用手指压有松软感时，即可播种或移苗，待苗根穿出土块底部时，可连土块定植或移栽。我国用苔藓、草炭、木屑压缩成饼状，其直径在 4.6 cm、高 5～7 mm，加水吸胀后可以增高到 4.5～5 cm。

二、营养基质的选择与配制

基质是装在容器里供育苗的材料，又称营养土或培养基，是育苗成功与否的关键因素之一。

（一）基质的选择

选择营养基质的配制材料时要因地制宜、就地取材，并要求其具备来源广，成本低，具有一定肥力，有较好的保湿、通气和排水性能，重量较轻，不带有病原菌、杂草种子和有毒物质，酸碱度适当（一般 pH 值为 5～7）等特点。一般有 3 种基本成分，即田间土壤、有机质和粗团聚体。目前常用的材料有：黄心土、火烧土、泥炭土、蛭石、珍珠岩、阔叶树皮粉、苗圃菌根土、塘泥、稻壳炭灰、腐殖土、森林表土、锯末、沙子、岩棉、合成泡沫等，为保证苗木生长，在这些混合物中再加入过磷酸钙和石灰石粉、硝酸钙、硝酸钾及少量浸润剂。

（二）配制栽培基质的原则

1. 应确保基质有一定的稳定性　人工配制的栽培基质，都含有一定的有机成分。有机物除了泥炭较为稳定外，其他在没有完全发酵腐熟之前是绝对不能混入栽培基质中去的，否则会影响栽培效果。

2. 需要平衡栽培基质中的碳氮比　植物正常生长的碳氮比是 30∶1。如果不相对平衡，在栽培过程中，植物和分解有机物的微生物会争氮，造成植物缺氮。

3. 应调整基质中的 pH 植物在基质栽培状态下对 pH 的要求，比其在土壤栽培中最适合的值低 0.8，在配制中应根据不同育苗材料或栽培植物充分调整好 pH。

4. 适当控制栽培基质的 EC 值 EC 值是指可溶性盐类如钾、钙、镁、磷、硝酸银等的含量。盐类浓度过高会伤根，但是基质的 EC 值可高于土壤栽培的 0.5～1.5 倍，最高可达 3.5 倍。这样高的 EC 值在土壤状态下是致命的。这也是基质栽培的一大优点：可充分供给花卉生长所需的盐类。

5. 协调好所配基质的保水能力与通透性 理想的栽培基质含水量应为其体积的 35%～50%，空气占其体积的 10%～20%。因此，在配制基质时应充分考虑所用原材料的物理性质，以便发扬其固有的保水能力和通透性。

6. 栽培基质中应有合适的氮、磷、钾 针对所栽培的植物，栽培基质中应含有合适的氮、磷、钾的量以及合适的比例。

7. 不可缺少的微量元素 在大量使用有机物的基质时，较易发生微量元素缺乏症，如在香石竹、菊花栽培中，经常发生缺硼症，一品红易发生缺钼症。

（三）常用基质的配方

1. 腐殖土、黄心土、火烧土和泥炭土中的一种或两种，占 50%～60%；细沙土、蛭石、珍珠岩或锯末中的一种或两种，占 20%～25%；腐熟的堆肥占 20%～25%。另外，每立方米营养土中加 1 kg 复合肥。

2. 黄心土占 30%、火烧土占 30%、腐殖土占 20%、菌根土 10%、细河沙 10%。每立方米加腐熟过的过磷酸钙 1 kg，此配方适合培育松类苗。

3. 火烧土占 80%、腐熟堆肥占 20%。

4. 泥炭土、火烧土、黄心土各占 1/3。

国外许多国家主要采用泥炭和蛭石的混合物，一般按 1∶1 或 3∶2 的体积比配制。有的用 50%表土、25%～50%泥炭、0%～25%蛭石的混合物。

（四）配制方法及消毒

1. 营养土的配制方法

（1）根据营养土配方准备好所需的材料；粉碎过筛，拣除草根、石块。

（2）按一定比例配方，充分混合均匀后用碱或酸调节至所培育苗木适宜的 pH 值。

（3）配制好的营养土再放置 4～5 d，使土肥进一步腐熟。

2. 营养土的消毒

（1）高温蒸气消毒 在 80 ℃以上温度下保持 30 min。

（2）药剂消毒 根据不同的药剂常使用如下两种做法：

① 用浓度为 0.15%的福尔马林溶液 20～40 kg，与每立方米营养土充分搅拌，盖好塑料布密闭 24 h，打开经 2 周待药味完全消失后，即可装杯使用。

② 用浓度为 1% 硫酸亚铁溶液 20 kg，消毒 1 m³ 营养土，充分混合后即可使用。

三、容器育苗的方法

（一）装土

将配制好的营养土填入经过消毒的容器中，要边填边震实。装土不宜过满，一般离袋口 1~2 cm。目前现代容器育苗生产上，可将营养土粉碎、装填、冲穴、播种、覆土、镇压一次完成。

（二）置床

先将苗床整平，然后将已盛土的容器排放于苗床上。一般苗床宽为 1 m，长度视环境条件而定。容器要排放整齐，成行成列，直立、紧靠，容器间隙用沙土填充，苗床四周培土或用塑料布包围好，以防容器倒斜。但用普通纸做的容器不宜培土，以免纸袋破损。大棚育苗应将容器置于育苗架上，不仅温度稳定，而且根系穿出容器可进行空气切根。

（三）播种或植苗

1. 播种　一般每个容器装 2~4 粒种子。把种子均匀地播在容器中央，并平放，一定做到不重播、不漏播。播种后用黄心土、火烧土、细沙、泥炭、稻壳等覆盖，厚度一般不超过种子直径的 2 倍，并淋水。亦可直接在营养土上挖浅穴播种，播后用容器内营养土覆盖。苗床上覆盖一层稻草或遮阴网。若空气温度低、干燥，最好在覆盖物上再盖塑料薄膜，待幼苗出土后再撤掉。

2. 植苗　稀有珍贵、发芽困难及幼苗期易发病的种子，可先在种床上密集播种，进行精心管理，待幼苗长出 2~3 片真叶后，再移入容器培育。移植时，先用竹签将幼苗从容器内挑起，幼苗要尽量多带宿土，然后用木棒在容器中央引孔，将幼苗放入孔内压实。栽植深度以刚好埋过幼苗在种床时的埋痕为宜。栽后淋透定根水，若太阳光强烈要遮阴。

四、容器苗的管理

1. 采用架空苗床　摆放容器的地方最好与地面隔开，架空育苗，通过空气修根防止容器底部根系生长到土壤里。可放置在用木材、竹材、塑料或铁制成的框架上，容器摆的密度不能太大。

2. 空气修根　在保护地或喷雾培育条件下，苗床空气湿度大，根系很容易从容器侧壁长出，当大部分根系从壁上长出时要及时停止喷雾，这时干燥空气从容器空隙间流过时，从容器侧壁长出的幼嫩的根尖萎蔫干枯，促进侧根的生长。需经过 1~2 次空气断根处理。在空气断根过程中遇到雨天时应在苗床上增设防水塑布，在修根期间不能让雨水浇着容器。

3. 炼苗　轻基质网袋容器苗，在运输前或移栽前都要进行炼苗。最好是在地面上铺一层卵石把苗盘放到上面，或在土地上摆些木条竹竿将苗盘摆在上面，或者用细钢丝绳将容器底部长出的极系切断。炼苗期间一般要控制水肥用量，以提高苗木的适应能力。

🌿 **随堂练习**

1. 容器育苗的特点有哪些？
2. 容器育苗的基质应具备哪些条件？
3. 简述容器育苗培养土的配制及消毒方法。
4. 容器育苗包括_____、_____、_____、_____等环节。
5. 什么是空气修根？

第五节　穴盘育苗技术

穴盘也称为"小土团"育苗技术，是 20 世纪 80 年代后出现的最新园林植物育苗技术。其特点是在一张相同大小、孔穴规则集群的穴盘中培育可移植的幼苗。采用人工或机械方式把种子分播于已装满介质的穴盘的穴孔里，发芽后幼苗在各自的穴孔里生长直到可移植。在国外，如美国采用这项技术每年的育苗量可达 50 亿株以上。80 年代初，规模大的专业生产者已将 70%～80%花卉植物的栽培方式改为穴盘育苗，此育苗技术近年在我国发展很快。

一、穴盘育苗的意义和特点

20 世纪 60 年中期美国率先形成工厂化穴盘生产体系，而且带动了温室和农机制造业、穴盘制造、介质加工等一大批相关产业的发展。我国穴盘育苗技术自 20 世纪 80 年代中期开始。目前，我国已经有一大批专业从事穴盘制造、基质生产、种苗培育的企业。穴盘育苗在我国花卉产业及蔬菜行业中的应用已经相当普及，除了花坛花种植者自身也广泛采用穴盘育苗技术外，专门从事种子生产的公司也有相当的数量采用此技术。穴盘育苗由于实现了育苗生产集约化、技术管理规范化、经营管理规模化，产销服务社会化，越来越受到了育苗生产者的青睐，成为当今现代化育苗体系中的代表。与传统育苗方式相比，穴盘育苗有以下特点：

1. 提高成苗率　由于每株幼苗的根系完全隔离在穴孔中生产，幼苗的根系保全了大量的根毛，非常有利于根系的发展。移植幼苗时损伤少，不窝根，移动、运输方便，移植后缓苗期短；同时，病害传播的概率也低，移植后的成活率通常可达 100%。

2. 单位面积产量高，育苗能耗降低　穴盘育苗技术能高效利用种植空间，使苗木生长期缩短，能充分利用土地，且在同样面积上能生产出大量的苗木。通过播种机将每粒种子"直播"于一个极小的土团上，几周后将这个小"土球"移植到栽培容器中去。据测算穴盘育苗条件下每 m² 苗床育苗量可达 300～600 株，提高了育苗设施的利用率，也相应降低了单位育苗量的设施能量消耗，如增温和降温能耗、通风能耗、CO_2 增施能耗、灌溉施肥能耗等。

3. 苗木质量好　采用人工混配的轻型基质，具有适宜幼苗根系发育的物理特性（如容重、孔隙度、持水力、阳离子交换量等）、化学特性（如 pH 值、EC 值、有机质和矿质元素含量）、生物学特性（如含一定数量的植物促生菌群），有利于幼苗整齐、健壮生长，使幼苗质量优化、定植无损伤，定植后幼苗缓苗期很短。

4. 适于机械化操作　针对标准规格的穴盘，国际上已开发出了基质填装—播种流水线作业机械、移栽机械、嫁接机械等，其操作简单、省力、省工，极大地提高了生产效率。

5. 节约用种量　按照标准化的穴盘育苗工艺流程，幼苗成苗率比传统的土壤平畦育苗提高 20%～50%。

6. 投资大，生产技术要求高　规模化的生产需要配置操作车间、催芽室、穴盘、作业机械、人工基质、环境调控设备等，投资较大。同时对种子的质量、生产技术要求也高。

二、穴盘育苗技术

（一）穴盘及栽培介质的选用

1. 穴盘的类型及选用

（1）穴盘的种类　穴盘的种类很多，不同的种类，其价格和对苗木生产的影响不同（表 8-9）。按制造材料的不同可分为聚苯泡沫穴盘和塑料穴盘。按每盘上的孔穴数量不同可分为：泡沫盘有 200、242、338、392 穴盘，常用的是 200 和 242 穴盘；塑料盘有 32、50、60、72、98、128、200、288、512、800 等。按颜色不同可分为深色盘和浅色盘。泡沫盘几乎都是白色，塑料盘则有不同的颜色，生产常用的是黑色和白色盘。

表 8-9　木本植物育苗穴盘的规格

型号	外观规格/cm	穴孔大小/cm	穴盘高度/cm	容积/mL	育苗数/(株·m⁻²)	包装数/个
96T	335×515	38×38	75	75	560	25
60T	310×530	50×50	170	240	350	10
60T	310×530	50×50	150	220	350	10
60T	310×530	50×50	90	170	350	10
35T	280×360	50×50	115	200	350	20

（摘自成海钟的《园林植物栽培养护》，2002）

（2）穴盘的选用

① 选择合适规格（穴孔数量）的穴盘　首先应考虑所播种子的大小、形状、类型及苗木的特点和客户对苗木大小的要求等；其次还应考虑苗圃的生产规模，如果每年的生产量不

大，可用穴孔较大的穴盘。根据生产成品的不同选择穴盘：生产组合盆栽用苗的，可选用较小一些的穴孔；生产用于带盆摆放的花卉种苗，穴孔可大些；生产花坛布置用苗的，可用穴孔稍小一些的穴盘。在温室面积有限的情况下，小穴盘苗在特定的区域内密度可略大一些（图8-29）。

图8-29　育苗穴盘

②穴孔深度及形状的选择　目前市场上可供选择的穴盘深度在4～5 cm。因引力作用的影响，穴孔越深，其进入的氧气量就越大，越有利于种苗生长。穴孔形状一般有圆形、方形、六棱形、八棱形、星形等，目前市场上用的大多是坡形（倒金字塔形）穴盘。这种形状的穴孔有利于幼苗的根系向深处发展。

③穴盘颜色的选择　穴盘颜色会影响到根部的温度。聚苯泡沫穴盘颜色总是白色的，不但保温性能好，而且反光性也很好。硬质塑料穴盘一般为黑色、灰色和白色。多数育苗生产者选用黑色盘，尤其在冬季和春季生产，黑色吸光性能好，光能转换成热能对种苗根部的发育更有利。但是不管采用哪种穴盘，在进行机械操作的育苗中，穴盘的选用必须与播种机、移苗机、补苗机等相配合。

2. 栽培基质的选用　最适宜植物生长的介质应该含有50%固形物、25%空气和25%水分。作为基质的材料很多，如细沙、泥炭、蛭石、珍珠岩、锯木屑、谷壳、秸秆、干苔藓、树叶、椰糠等。目前一般认为比较理想的主要是泥炭、蛭石、珍珠岩。根据生产经验，理想的混合配方有以下四种：75%加拿大泥炭＋25%蛭石；50%加拿大泥炭＋50%蛭石；75%泥炭＋25%珍珠岩；50%加拿大泥炭＋25%蛭石＋25%珍珠岩。配成后对 pH 值、EC 值等指标进行测试后使用。也可以购买商品介质，虽然成本高，但是由于商品介质的品质稳定，使用时安全可靠。

（二）穴盘育苗的操作技术

1. 制贴标签　选择好穴盘和栽培介质后，对每个穴盘要制贴标签。标签上必须标明详细的种苗种类、品种（系列和颜色）及播种时间等。通常使用的标签有不干胶标签和穴盘插牌标签两种。不干胶标签可直接粘贴在穴盘边框上，不易脱落，便于移位、包装和长距离运输。插牌标签显眼，但在搬运、包装和运输过程中容易掉落。不干胶标签最好在所用材料准备完毕，装介质前进行；而插牌标签则最好在装好介质、播完种子后马上用相应的插牌标签分盘放好，一旦移入发芽室或移入温室生产区时即可马上插好。

2. 填料打孔　填料打孔指的是将配制好的介质用人工或机械的方法将其填充到选择好的穴盘中并按压穴孔，让介质略微下凹的过程。

首先要将介质充分疏松、搅拌，同时将介质初步湿润，尤其是压缩包装的进口泥炭。然后进行装盘，介质填充量要足，用手指在刚填好料的穴盘料面上轻轻按压时，不能出现手指一按料面就下陷很深的现象；填完料后要浇水，避免质填料和浇水后填料不足的现象发生。已经填料的穴盘不能垂直码垛在一起，直接放到发芽架上，以免下层的穴盘介质压结。

3. 播种　可分为人工播种、手持管式播种机播种、板式播种机播种和全自动播种机播种。

（1）人工播种　选择一个高度适宜的工作台，将装满介质的穴盘置于工作台上，人为地将种子一粒一粒播于穴盘孔穴中。

（2）手持管式播种机播种　将播种机置于工作台上，放好装满介质的穴盘，将种子放入种子槽，打开吸尘器开关，由操作者控制播种管理的工作（图 8-30）。

图 8-30　手持管式播种机进行穴盘播种

（3）板式播种机播种　先准备好种子和装满介质的穴盘，播种时操作人员将种子手工撒播到带有吸附种子的小孔的播种板上，通过振动和适宜的摇晃，在真空吸附下，每个小孔会吸住种子。将多余的种子倒回盛放种子的容器或槽中。当所有的小孔都吸附上种子之后，将播种板放置到穴盘上。人工切断真空气源后，种子直接下落到穴盘的孔穴中，一次操作即可完成一张穴盘的播种。

（4）全自动播种机播种　　都是流水作业，按播种机的说明书进行操作。

4. 覆盖　　多数种子在播种后，都需要覆盖，以满足种子发芽所需的环境条件，保证其正常萌发和出苗。用于覆盖的材料有粗蛭石和珍珠岩，介质也可以作为种子播种后的覆盖材料，覆盖的厚度应与种子粒径相当。

5. 淋水　　在生产线上完成播种、覆料之后，便进行穴盘种苗生产过程中的第一次浇水——淋水。用播种流水线作业，则淋水是由机器自动完成的。水滴的大小、水流的速度可以控制，淋水非常均匀，有利于种苗的生产；人工浇水则应选择大小适宜的喷头流量。

6. 环境控制　　只要满足其适宜的环境条件，不论是在发芽室内，还是在温室内，种子都可以顺利发芽。目前穴盘育苗主要在保护地进行，具体水、肥、土、病虫害管理可参考保护地育苗部分。

7. 炼苗　　小苗形成并生长一段时间，发育良好的小苗就可以进行炼苗，移植后生长迅速。

由于穴盘育苗一般都是在保护地条件下进行的，种苗一般又脆又嫩，不耐运输，移植到条件多变的自然环境中，则会因为种苗生长环境变化太大而无法适应，造成生长缓慢或无法缓苗而死亡。因此穴盘种苗必须在控水控肥、增加通风频率和通风量的环境中生长1~2周后，让其慢慢地适应长途运输和大田的自然生长环境，以提高种苗移植后的成活率（图8-31）。

图8-31　硬塑料穴盘育苗

🌱　**随堂练习**

1. 穴盘育苗有哪些优点？

2. 比较穴盘与其他育苗容器的区别。

3. 如何根据培养植物的特性、培养规格等选用穴盘？

4. 简述穴盘育苗的操作技术。

综合测试

一、判断题

1. 组织培养中常用的碳源是蔗糖。（　　）

2. 培养不同的植物，组织培养的培养基成分不同。（　　）

3. 移植试管苗时，培养基可保留。（　　）

4. 移植容器苗时，容器内的营养土必须湿润，若过干应在移植前1～2 d淋水。（　　）

5. 有机生态型无土栽培，栽培季节中用清水滴灌带浇，灌溉水量和次数依不同植物、气候变化和植株大小确定，一般少量多次。（　　）

6. 选择合适的基质，确定最佳的配比是无土育苗成功的前提。（　　）

7. 滴灌系统的营养液可以循环利用。（　　）

8. 水培无土育苗时最好用黑布、黑纸遮光，营养液保持避光，否则营养液会滋生各种藻类，影响植物生长。（　　）

二、单项选择题

1. 用组织培养获得"去毒苗"，培养材料一般采自（　　）分生组织。

  A. 根尖   B. 茎尖   C. 芽   D. 叶

2. 在我国当前的经济技术水平条件下，最经济实用的无土栽培供液系统是（　　）。

  A. 浮板毛管系统（FCH）   B. 深液流系统（DFT）

  C. 液膜（营养膜）系统（NFT） D. 喷雾系统

3. 有机生态型无土育苗的养分主要靠（　　）供给。

  A. 营养液   B. 有机固态肥   C. 化学肥料

4. 目前生产上用量最大的大棚薄膜是（　　）。

  A. 普通膜   B. 长寿膜   C. 无滴防老化膜   D. 多功能复合膜

三、简答题

1. 简述保护地育苗的特点。

2. 穴盘育苗、无土育苗、容器育苗都可以选用的基质材料有哪些？

3. 什么是无土育苗？为什么要开展无土育苗？

4. 试述如何选择营养土的成分，以及怎样进行配比和消毒。

四、实训题

1. 组织培养培养基的配制操作。

2. 组织培养接种操作。

3. 现场进行容器育苗技术操作。

4. 大棚建造操作。

5. 温室大棚育苗环境调控操作方法。

考证提示

知识点：了解国内外设施育苗的新技术，掌握无土育苗、组织培养育苗、容器育苗、穴盘育苗等育苗技术的基本知识。

技能点：能识别并正确使用设施栽培的设施和用具材料，在专业人员的指导下，能初步应用育苗新技术，并收集、整理和总结育苗技术资料。

本章学习要点

知识点：

1. 苗木质量指标　理解苗木质量指标，熟悉苗高、地径、根系状况的含义。

2. 种子品质检验的基本知识　熟悉种子品质质量的指标；掌握检验的过程和结果计算。

3. 苗木检测的知识　了解苗木检测的含义，熟悉苗木检测的内容和方法。

技能点：

1. 正确掌握种子品质检验的方法和技术。

2. 掌握苗木检测的方法及操作规程。

第一节　苗木质量

　　园林苗木的质量和苗木的规格是两个不同的概念。质量是指苗木的生长发育能力和对环境的适应能力以及由此产生的在同一年龄、相同培育方式、相同培育条件下取得较大生物量和美观的树姿树形。规格是根据绿化的需要人为制定的各种苗木的形态大小和形状。同样规格的苗木，苗龄小的长势好、质量高。

　　目前评价苗木质量好坏主要采用苗木的形态指标、生理指标、生长表现等。形态指标包括苗高、地径、高径比、苗木重量、根系、茎根比、顶芽等；生理评定指标包括苗木水分、矿质营养含量、碳水化合物储量、导电能力、叶绿素含量、根系活力、芽休眠程度；生长表现指标包括根生长潜力、苗木抗寒性。为了便于工作，目前在园林绿化工作中，常用容易测定的形态指标来衡量苗木质量的标准。

一、苗木质量指标

1. **地径**　又称地际直径，指苗木主干靠近地面处的粗度。用游标卡尺或特制的工具测量，读数精度一般可达到 0.05 cm。它是反映苗木质量的重要指标，与根系发育状况、根系重量以及苗木的其他质量指标关系密切，是正相关关系；能够比较全面地反映苗木的质量，是评定苗木质量并进行苗木分级的重要指标；在苗龄和苗高相同的条件下，地径越粗的苗木，其质量越好。

2. **苗高**　苗高是指自地径至顶芽基部的苗干长度。合格苗木必须达到一定的高度。过于矮小的苗木在圃地中一般都是种子品质差、出苗后生长衰弱的被压苗，用这种苗木栽植，缓苗期长，抗逆性差。但并非苗木越高越好，由于育苗时密度过大或秋季徒长而形成细而高的苗木，属于生长不良的弱苗。因此苗木高度也是评定苗木质量并进行苗木分级的指标之一，合格苗应达到一定的高度。

3. **根系状况**　是指主根长度、侧须根数量、根幅范围等，它是评定苗木质量、进行苗木分级的重要指标。主根具有一定长度，侧根和须根发达，根幅达到一定范围的苗木质量最好，栽植成活率高。苗圃育苗中主根长度一般是指出圃起苗时断根后的长度，应根据植物种类、苗木类型和绿化地的具体条件而定。

4. **苗木重量**　分苗木鲜重和干重、苗木总重、地上部分重量、地下部分重量等。苗木重量是评定苗木质量的综合指标，能说明苗木体内贮藏物质的多少。其他指标近似而重量大的苗木，组织充实，木质化程度好，贮藏的营养物质多，抗逆性强。

5. **茎根比**　又称冠根比率。指地上部分鲜重与地下根系鲜重之比，是评价苗木质量的综合指标。比值的大小说明地下与地上部分生长的均衡程度。在树种、苗龄相同情况下，茎根比值越小，说明根系越发达，苗木质量越好。

6. **高径比**　指苗木高度与地径之比，说明苗木生长发育匀称程度。不同树种，不同苗木种类，都有其适宜的高径比值，是评价苗木质量的综合指标之一。

7. **其他特征**　如萌芽力弱的针叶树，其顶芽饱满、健壮程度，侧枝有无、多少以及苗木色泽、光泽等均可评价苗木质量。

质量好的苗木应具备如下条件：

(1) 苗木生长健壮，树形正常，树体结构合理，苗高、胸径（或地径）等符合造林（绿化）要求。

(2) 根系发育良好，主根短而直，侧根、须根多，栽植易成活。

(3) 苗木茎根比小、高径比适宜、苗木重量大。茎根比小，反映出根系较大，一般表明苗木生长强壮。高径比反映苗木高度与苗木粗度之间的关系，高径比适宜的苗木，其生长匀称、干形好、质量高。苗木重量反映苗木的生物量，同样条件下生长的苗木，生物量大的，表明苗木质量高。

（4）无病虫感染，无机械损伤。顶端优势明显的树种，如针叶树，其顶梢和顶芽不能损伤。有的树种的苗木树梢、顶芽一旦受损，不能形成良好完整的树冠，影响绿化效果。评价苗木质量的指标很多，可根据多个指标进行综合分析、评价。

一般以苗高、地径、根系及综合指标来评定苗木质量。表 9-1 为各类型苗木质量指标。

表 9-1　各类型苗木产品质量标准

苗木类型	苗木质量要求
乔木类苗木	具主轴的应有主干枝，主枝 3~5 个，主枝分布均匀；落叶大乔木慢长树干径 5.0 cm 以上，快长树干径 7.0 cm 以上；落叶小乔木干径 3.0 cm 以上；常绿乔木树高 2.5 m 以上。
行道树用乔木类苗木	落叶乔木类干径不小于 7.0 cm，主枝 3~5 个，分枝点高不小于 2.8 m（特殊情况下可另行掌握）；常绿乔木树高 4.0 m 以上。
丛生型灌木	灌丛丰满，主侧枝分布均匀，主枝数不少于 5 个，主枝平均高度达到 1.0 m 以上。
匍匐型灌木	应有 3 个以上的主枝达到 0.5 m 以上。
单干型灌木	具主干，分枝均匀，基径在 2.0 cm 以上，树高 1.2 m 以上。
绿篱（植篱）用灌木类苗木	主要质量要求：冠丛丰满，分枝均匀，下部枝叶无光秃，苗龄 3 年生以上。
藤木类苗木	分枝数不少于 3 个，主蔓直径应在 0.3 cm 以上，主蔓长度应在 1.0 m 以上。
散生竹类苗木	母竹为 2~5 年生苗龄。大中型竹苗具有竹秆 1~2 个；小型竹苗具有竹秆 5 个以上。
丛生竹类苗木	每丛竹具有竹秆 5 个以上。

二、苗木规格要求

关于园林苗木出圃的规格国家没有统一标准，我国一些大、中城市可根据本地的实际情况制定自己的苗木规格标准，也可根据绿化单位的绿化需要，向苗圃提出规格要求。

由于各地的自然条件不同，制定全国性的园林苗木出圃标准比较困难，各地园林行政管理部门可根据当地的自然条件和绿化要求制定园林苗圃苗木出圃标准，以指导园林苗圃的生产和园林绿化。如北京市园林绿化木本苗，制定了一些产品规格质量标准可作参考。具体标准见表 9-2、表 9-3、表 9-4、表 9-5、表 9-6。

表9-2 乔木类常用苗木产品主要规格质量标准

类型		树种	树高/m	干径/cm	苗龄/年	冠径/m	分枝点高/m	移植次数/次
常绿针叶乔木		南洋杉	2.5~3		6~7	1.0		2
		冷杉	1.5~2		7	0.8		2
		雪松	2.5~3		6~7	1.5		2
		柳杉	2.5~3		5~6	1.5		2
		云杉	1.5~2		7	0.8		2
		侧柏	2~2.5		5~7	1.0		2
		罗汉松	2~2.5		6~7	1.0		2
		油松	1.5~2		8	1.0		3
		白皮松	1.5~2		6~10	1.0		2
		湿地松	2~2.5		3~4	1.5		2
		马尾松	2~2.5		4~5	1.5		3
		黑松	2~2.5		6	1.5		2
		华山松	1.5~2		7~8	1.5		3
		圆柏	2.5~3		7	0.8		3
		龙柏	2~2.5		5~8	0.8		2
		铅笔柏	2.5~3		6~10	0.6		3
		榧树	1.5~2		5~8	0.6		2
落叶针叶乔木		水松	3.0~3.5		4~5	1.0		2
		水杉	3.0~3.5		4~5	1.0		2
		金钱松	3.0~3.5		6~8	1.2		2
		池杉	3.0~3.5		4~5	1.0		2
		落羽杉	3.0~3.5		4~5	1.0		2
常绿阔叶乔木		羊蹄甲	2.5~3	3~4	4~5	1.2		2
		榕树	2.5~3	4~6	5~6	1.0		2
		黄桷树	3~3.5	5~8	5	1.5		2
		女贞	2~2.5	3~4	4~5	1.2		1
		广玉兰	3.0	3~4	4~5	1.5		2
		白兰花	3~3.5	5~6	5~7	1.0		2
		杧果	3~3.5	5~6	5	1.5		2
		香樟	2.5~3	3~4	4~5	1.2		2
		蚊母	2	3~4	5	0.5		3
		桂花	1.5~2	3~4	4~5	1.5		2
		山茶花	1.5~2	3~4	5~6	1.5		2
		石楠	1.5~2	3~4	5	1.0		2
		枇杷	2~2.5	3~4	3~4	5~6		2
落叶阔叶乔木	大乔木	银杏	2.5~3	2	15~20	1.5	2.0	3
		绒毛白蜡	4~6	4~5	6~7	0.8	5.0	2
		悬铃木	2~2.5	5~7	4~5	1.5	3.5	2
		毛白杨	6	4~5	4	0.8	2.5	1
		臭椿	2~2.5	3~4	3~4	0.8	2.5	1
		三角枫	2.5	2.5	8	0.8	2.0	2

类型		树种	树高/m	干径/cm	苗龄/年	冠径/m	分枝点高/m	移植次数/次
落叶阔叶乔木	大乔木	元宝枫	2.5	3	5	0.8	2.0	2
		洋槐	6	3～4	6	0.8	2.0	2
		合欢	5	3～4	6	0.8	2.5	2
		栾树	4	5	6	0.8	2.5	2
		七叶树	3	3.5～4	4～5	0.8	2.5	3
		国槐	4	5～6	8	0.8	2.5	2
		无患子	3～3.5	3～4	5～6	1.0	3.0	1
		泡桐	2～2.5	3～4	2～3	0.8	2.5	1
		枫杨	2～2.5	3～4	3～4	0.8	2.5	1
		梧桐	2～2.5	3～4	4～5	0.8	2.0	2
		鹅掌楸	3～4	3～4	4～6	0.8	2.5	2
		木棉	3.5	5～8	5	0.8	2.5	2
		垂柳	2.5～3	4～5	2～3	0.8	2.5	2
		枫香	3～3.5	3～4	4～5	0.8	2.5	2
		榆树	3～4	3～4	3～4	1.5	2	2
		榔榆	3～4	3～4	6	1.5	2	3
		朴树	3～4	3～4	5～6	1.5	2	2
		乌桕	3～4	3～4	6	2	2	2
		楝树	3～4	3～4	4～5	2	2	2
		杜仲	4～5	3～4	6～8	2	2	3
		麻栎	3～4	3～4	5～6	2	2	2
		榉树	3～4	3～4	8～10	2	2	3
		重阳木	3～4	3～4	5～6	2	2	2
		梓树	3～4	3～4	5～6	2	2	2
	中小乔木	白玉兰	2～2.5	2～3	4～5	0.8	0.8	1
		紫叶李	1.5～2	1～2	3～4	0.8	0.4	2
		樱花	2～2.5	1～2	3～4	1	0.8	2
		鸡爪槭	1.5	1～2	4	0.8	1.5	2
		西府海棠	3	1～2	4	1.0	0.4	2
		大花紫薇	1.5～2	1～2	3～4	0.8	1.0	1
		石榴	1.5～2	1～2	3～4	0.8	0.4～0.5	2
		碧桃	1.5～2	1～2	3～4	1.0	0.4～0.5	1
		丝棉木	2.5	2	4	1.5	0.8～1.0	1
		垂枝榆	2.5	4	7	1.5	2.5～3.0	2
		龙爪槐	2.5	4	10	1.5	2.5～3.0	3
		毛刺槐	2.5	4	3	1.5	1.5～2.0	1

（摘自王先德主编的《园林绿化技术读本》）

第九章 种苗质量检测技术

表 9-3 　灌木类常用苗木产品主要规格质量标准

类型		树种	树高/m	苗龄/年	蓬径/m	主枝数/个	移植次数/次	主条长/m	基径/cm
常绿针叶灌木	匍匐型	爬地柏		4	0.6	3	2	1～1.5	1.5～2
		沙地柏		4	0.6	3	2	1～1.5	1.5～2
	丛生型	千头柏	0.8～1.0	5～6	0.5		1		
		线柏	0.6～0.8	4～5	0.5		1		
		月桂	1.0～1.2	4～5	0.5	3	1～2		
		海桐	0.8～1.0	4～5	0.8	3～5	1～2		
		夹竹桃	1.0～1.5	2～3	0.5	3～5	1～2		
		含笑	0.6～0.8	4～5	0.5	3～5	2		
		米仔兰	0.6～0.8	5～6	0.6	3	2		
		大叶黄杨	0.6～0.8	4～5	0.6	3	2		
		锦熟黄杨	0.3～0.5	3～4	0.3	3	1		
		云绵杜鹃	0.3～0.5	3～4	0.3	5～8	1～2		
		十大功劳	0.3～0.5	3	0.3	3～5	1		
		栀子花	0.3～0.5	2～3	0.3	3～5	1		
		黄蝉	0.6～0.8	3～4	0.6	3～5	1		
		南天竹	0.3～0.5	2～3	0.3	3	1		
		九里香	0.6～0.8	4	0.6	3～5	1～2		
		八角金盘	0.5～0.6	3～4	0.5	2	1		
		枸骨	0.6～0.8	5	0.6	3～5	2		
		丝兰	0.3～0.4	3～4	0.5		2		
	单干型	高接大叶黄杨	2		3	3	2		3～4
落叶阔叶灌木	单干型	红花紫薇	1.5～2.0	3～5	0.8	5	1		3～4
		榆叶梅	1.0～1.5	5	0.8	5	1		3～4
		白丁香	1.5～2.0	3～5	0.8	5	1		3～4
		碧桃	1.5～2.0	4	0.8	5	1		3～4
	蔓生型	连翘	0.5～1.0	1～3	0.8	5		1～1.5	
		迎春	0.4～1.0	1～2	0.5	5		0.6～0.8	
	丛生型	榆叶梅	1.5	3～5	0.8	5	2		
		珍珠梅	1.5	5	0.8	6	1		
		黄刺梅	1.5～2.0	4～5	0.8～1.0	6～8	1		
		玫瑰	0.8～1.0	4～5	0.5～0.6	5	1		
		贴梗海棠	0.8～1.0	4～5	0.8～1.0	5	1		
		木槿	1.0～1.5	2～3	0.5～0.6	5	1		
		太平花	1.2～1.5	2～3	0.5～0.8	6	1		
		红叶小檗	0.8～1.0	3～5	0.5	6	1		
		棣棠	1.0～1.5	6	0.8	6	1		
		紫荆	1.0～1.2	6～8	0.8～1.0	5	1		

类型		树种	树高/m	苗龄/年	蓬径/m	主枝数/个	移植次数/次	主条长/m	基径/cm
落叶阔叶灌木	丛生型	锦带花	1.2~1.5	2~3	0.5~0.8	6	1		
		腊梅	1.5~2.0	5~6	1.0~1.5	8	1		
		溲疏	1.2	3~5	0.6	5	1		
		金银木	1.5	3~5	0.8~1.0	5	1		
		紫薇	1.0~1.5	3~5	0.8~1.0	5	1		
		紫丁香	1.2~1.5	3	0.6	5	1		
		木本绣球	0.8~1.0	4	0.6	5	1		
		麻叶绣线菊	0.8~1.0	4	0.8~1.0	5	1		
		猬实	0.8~1.0	3	0.8~1.0	7	1		

（摘自王先德主编的《园林绿化技术读本》）

表9-4 藤本类常用苗木产品主要规格质量标准

类型		树种	苗龄/年	主枝数/支	主蔓径/cm	主蔓长/m	移植次数/次
常绿藤木		金银花	3~4	3	0.3	1.0	1
		络石	3~4	3	0.3	1.0	1
		常春藤	3	3	0.3	1.0	1
		鸡血藤	3	2~3	1.0	1.5	1
		扶芳藤	3~4	3	1.0	1.0	1
		三角花	3~4	4~5	1.0	1~1.5	1
		木香	3	3	0.8	1.2	1
落叶藤木		猕猴桃	3	4~5	0.5	2~3	1
		南蛇藤	3	4~5	0.5	1	1
		紫藤	4	4~5	1.0	1.5	1
		爬山虎	1~2	3~4	0.5	2~2.5	1
		野蔷薇	1~3	3	1.0	1.0	1
		凌霄	3	4~5	0.8	1.5	1
		葡萄	3	4~5	1.0	2~3	1

（摘自王先德主编的《园林绿化技术读本》）

表9-5 竹类常用苗木产品主要规格质量标准

类型		树种	苗龄/年	母竹分枝数/支	竹鞭长/m	竹鞭个数/个	竹鞭芽眼数/个
散生竹		紫竹	2~3	2~3	>0.3	>2	>2
		毛竹	2~3	2~3	>0.3	>2	>2
		方竹	2~3	2~3	>0.3	>2	>2
		淡竹	2~3	2~3	>0.3	>2	>2
丛生竹		佛肚竹	2~3	1~2	>0.3		2
		凤凰竹	2~3	1~2	>0.3		2
		粉箪竹	2~3	1~2	>0.3		2
		撑稿竹	2~3	1~2	>0.3		2
		黄金间碧竹	3	2~3	>0.3		2

第九章 种苗质量检测技术

类型	树种	苗龄/年	母竹分枝数/支	竹鞭长/m	竹鞭个数/个	竹鞭芽眼数/个
湿生竹	倭竹	2～3	2～3	>0.3		>1
	苦竹	2～3	2～3	>0.3		>1
	阔叶箬竹	2～3	2～3	>0.3		>1

（摘自王先德主编的《园林绿化技术读本》）

表 9-6　棕榈类等特种苗木产品主要规格质量标准

类型	树种	树高/m	灌高/m	树龄/年	基径/cm	冠径/m	蓬径/m	移植次数/次
乔木型	棕榈	0.6～0.8		7～8	6～8	1		2
	椰子	1.5～2.0		4～5	15～20	1		2
	王棕	1.0～2.0		5～6	6～10	1		2
	假槟榔	1.0～1.5		4～5	6～10	1		2
	长叶刺葵	0.8～1.0		4～6	6～8	1		2
	油棕	0.8～1.0		4～5	6～10	1		2
	蒲葵	0.6～0.8		8～10	10～12	1		2
	鱼尾葵	1.0～1.5		4～6	6～8	1		2
灌木型	棕竹		0.6～0.8	5～6			0.6	2
	散尾葵		0.8～1.0	4～6			0.8	2

（摘自王先德主编的《园林绿化技术读本》）

随堂练习

1. 苗木质量指标主要包括哪些？如何进行测定？
2. 质量好的苗木的含义是什么？

第二节　种子品质检验

种子品质检验是指对园林植物种子的播种品质进行检验。通过检验种子的各项指标来判断种子的等级标准，以确定种子的使用价值，从而合理使用种子，减少生产中的损失。国家制定的《林木种子检验规程》（中华人民共和国国家标准 GB/T 2772—1999）中种子检验的内容包括：净度、千粒重、含水量、发芽力、生活力、优良度、病虫害感染程度等的测定。

一、样品的选取

进行种子品质检验时，选取的样品必须具有充分的代表性，否则即使每个检验项目都做得很细致精确，其结果也不能反映整批种子的质量状况，这样会对生产造成误导，因此必须正确掌握取样技术，严格遵守取样的有关规定。

1. 样品的基本概念

（1）种子批（种批）　是指在同一地区范围（县、林场）内的相似立地条件上或在同一良种基地内，在大致相同的时间，由树龄相同的树木上采集的，而且种实的加工和贮存方法也相同的同一树种的种子。

规程规定了种批的重量限额，如特大粒种子（核桃、板栗、油桐等）为10 000 kg；大粒种子（苦楝、山杏、油茶等）为5 000 kg；中粒种子（红松、华山松、樟树、沙枣等）为3 500 kg；小粒种子（油松、落叶松、杉木、刺槐等）为1 000 kg；特小粒种子（桉、桑、泡桐等）为250 kg。重量超过规定的5%时需划种批。

（2）初次样品　指从一个种批的不同部位或不同容器中分别抽样时，每次抽取的样品。

（3）混合样品　指从一个种批中取出的全部初次样品合并混合而成的样品。混合样品的重量一般不能少于送检样品的10倍。

（4）送检样品　指从混合样品中按送检样品规定重量（表9-7）分取的供检验用的种子。送检样品的数量不得少于《林木种子检验规程》规定的最低量。

（5）测定样品　指从送检样品中分取，供某项品质测定用的样品。

表9-7　主要树种种子检验技术规定表

树种	送检样品重/g	净度测定样品重/g	含水量测定送检样品重/g	发芽测定			备注
				温度/℃	初次计数/d	末次计数/d	
柏木	35	15	30	25	24	35	
侧柏	200	75	50	25	14	28	
日本落叶松	35	15	30	20～25	14	21	0～5 ℃层积21 d
华北落叶松	60	15	30	25	12	21	始温45 ℃水浸种24 h
云杉	35	15	30	20～25	10	24	始温45 ℃水浸种24 h
华山松	1 000	700	100	20～30	14	42	染色法测定生活力
湿地松	200	100	50	20～30	10	28	
马尾松	85	35	30	25	10	21	
油松	250	100	50	20～25	10	21	始温45 ℃水浸种24 h
杉木	50	30	30	25	10	21	
柳杉	35	20	30	25	18	28	
水杉	15	5	30	25	10	21	
池杉	600	300	100	20～30	14	28	1%柠檬酸浸种24 h后，1～5 ℃层积60～90 d
木麻黄	15		30	30	7	14	重量发芽法
沙棘	85	35	30	20～30	5	14	0～5 ℃层积60 d，染色法测定生活力
枫杨	400	200	50	25～30	10	21	0～5 ℃层积30 d

树种	送检样品重/g	净度测定样品重/g	含水量测定送检样品重/g	发芽测定			备注
				温度/℃	初次计数/d	末次计数/d	
檫木	400	200	50	25	14	28	
香椿	85	40	30	25	7	21	温水浸种 24 h
柠檬桉	35		30	25	7	14	重量发芽法
大叶桉	6		30	25	7	14	重量发芽法
刺槐	200	100	50	20~30	5	10	80 ℃水浸种 24 h，剩余硬粒反复进行，染色法测定生活力
杨属	6		30	20~30	7	14	重量发芽法
臭椿	200	80	50	30	10	16	去翅，始温 45 ℃水浸种 24 h
油茶	>500 粒	>500 粒	>120 粒	25	8	12	取胚片，染色法测定生活力，解剖法测定优良度
紫穗槐	85	50	30	20~25	7	14	始温 45 ℃水浸种 24 h，去种皮
白榆	60	35	30	20	5	7	
毛竹	85	50	30	25	14	28	染色法测定生活力
棕榈	1 000	800	100	25	14	21	5~10 ℃层积 30 d，染色法测定生活力，解剖法测定优良度
栎属	>500 粒	>500 粒	>150 粒	20~25	14	28	取种胚

2. **样品的抽取** 抽取样品时，应按照一批种子的总容器件数，计算应取样品的容器数。按《林木种子检验规程》的规定，容器少于 5 件时，每件容器都抽取，抽取初次样品的总数不得少于 5 个；6~30 件容器时，每 3 件容器至少抽取 1 个，其总数不得少于 5 个；31~400 件容器时，每 5 件容器至少抽取 1 个，总数不得少于 10 个；400 件以上容器时，每 7 件容器至少抽取 1 个，总数不得少于 80 个。

散装或装在大型容器中的种子，500 kg 以下的，至少 5 个初次样品；501~3 000 kg 的，每 300 kg 一个初次样品，但不少于 5 个初次样品；3 001~20 000 kg 的，每 500 kg 一个初次样品，但不少于 10 个初次样品；20 000 kg 以上的，每 700 kg 一个初次样品，但不少于 40 个初次样品。同一容器中的种子，应从上、中、下等不同的部位抽取样品。散装或装在大型容器中的种子，可在堆顶的中心和四角（距边缘要有一定距离）设 5 个取样点，每点按上、中、下三层取样。冷藏的种子应在冷藏的环境中取样，并应就地封装样品。否则，冷藏的种子遇到潮湿温暖的空气，水汽便会凝结在种子上，使种子的含水量上升。从混合样品中分取送检样品或从送检样品中分取测定样品，可选用四分法或分样器法（图9-1）。

3. 样品的封装、寄送和保存　送检样品一般可用布袋、木箱等容器进行包装。调制时种翅不易脱落的种子，须用硬质容器盛装，以免因种翅脱落加大夹杂物的比重。供含水量测定用的送检样品，要装在防潮容器内加以密封。

每个送检样品必须分别包装，填写两份标签，注明树种、种子采收登记表编号和送检申请表编号等，一份放在包装内，另一份挂在外面。送检样品包装后，应尽快送往种子检验机构，不得延误。

种子检验单位收到送检样品后，要进行登记（表9-8），并及时检验。一时不能检验的样品，需存放在适宜的场所。检验后，剩余样品应妥善保存，以备复验。图9-2为检验常用的部分设备。

图9-1　钟鼎式分样器

表9-8　送检样品登记表

1. 树种名称：	检验结果
2. 收到日期：　　年　　月　　日	1. 净度：　　　　　　%
3. 送样品重量　　　　g	2. 千粒重：　　　　　g
4. 种批重量　　　　kg	3. 发芽率：　　　　　%
5. 种子采收登记表编号：	4. 生活力：　　　　　%
6. 送检申请表编号：	5. 优良度：　　　　　%
7. 要求检验项目：	6. 含水量：　　　　　%
8. 种子检验证寄往	7. 病虫害感染程度：
地点：	
单位：	检验员：
登记人：　　　　年　　月　　日	年　　月　　日

常用的种子品质检验设备如图9-2所示。

图9-2　种子品质检验设备

1. 水分速测仪；2. 种子数粒机

二、种子品质检验的操作规程

(一) 净度测定

净度（纯度）是指测定样品中纯净种子的重量占测定样品重量的百分率。它是种子品质的重要指标之一，也是划分种子品质等级的标准和确定播种量的重要依据。净度愈高，说明种子品质愈好。

1. 取样　用四分法或分样器法从送检样品中取出测定样品，并称重。测定样品的重量见表9-7（主要树种种子检验技术规定），称量精度见表9-9。

表 9-9　净度测定称量精度表

测定样品重量/g	称重至小数位数	测定样品重量/g	称重至小数位数
1.0000 以下	4	100.0～999.9	1
1.000～9.999	3	1000 及 1000 以上	0
10.00～99.99	2		

（1）四分法　将种子均匀地摊在光滑清洁的桌面上，用分样板把种子混合均匀并整成正方形。大粒种子厚度不超过10 cm，中粒种子厚度不超过5 cm，小粒种子厚度不超过3 cm。用分样板沿对角线将种子分为4等份，将对角2份装入容器备用，另2份混合后按前述方法再分，直到剩下的2份种子略多于测定样品所需数量为止。

（2）分样器法　适用于种粒较小、流动性较大的种子。分样前，将种子通过分样器，使种子分成重量大约相等的2份，重量相差不超过两份种子平均重的5%。分样时将种子通过分样器2～3次，使种子充分混合后再分取样品。分出的样品，一份装入容器备用，另一份继续用分样器分取，直到剩下的一份种子略多于测定样品所需数量为止。

2. 区分各种成分　将测定样品倒在玻璃板上，把纯净种子、废种子和夹杂物分开。两份测定样品的同类成分不得混杂。

（1）纯净种子　包括以下几种：完整、未受伤、发育正常的种子；发育不完全的种子和不能识别出的空粒；虽已破口或发芽，但仍具发芽能力的种子；带翅种子中，种翅不易脱落的包括种翅，种翅易脱落的指去翅的种子；壳斗科种子中，壳斗不易脱落的包括壳斗，壳斗易脱落的指去壳斗的种子；有1粒种的复粒种子。

（2）废种子　包括能明显识别的空粒、腐坏粒、严重受损的种子、无种皮的裸粒种子、已发芽且显然丧失发芽能力的种子。

（3）夹杂物　包括其他植物种子、叶片、鳞片、苞片、果皮、种翅、种子碎片、土块、石砾、昆虫和其他杂质。

3. 称量　分别称纯净种子、废种子和夹杂物的重量，填入表9-10。

表 9-10 净度分析记录表

树种：   样品号：

测定样品重/g	纯净种子重/g	废种子重/g	夹杂物重/g	总重/g	净度/%	备注
实际 差距			容许 差距			

检验员：   测定日期：   年   月   日

4. 检验结果计算   一个全样品法测定时，测定样品重量减去净度分析后纯净种子、废种子和夹杂物重量的和，其差值没有超过容许差距范围（表9-11），则可以根据以下净度计算公式计算结果，否则需要重做。

$$净度（\%）=\frac{纯净种子重量}{纯净种子重量+废种子重量+夹杂物重量}\times100\%$$

表 9-11 净度测定容许误差范围

测定样品重/g	容许误差不大于/g	测定样品重/g	容许误差不大于/g
小于5	0.02	101～150	0.50
5～10	0.05	151～200	1.00
11～50	0.10	大于200	1.50
51～100	0.20		

两个"半样品"法或两个"全样品"法测定时，先分别检验测定前测定样品重与分类后纯净种子、废种子和夹杂物的总重量之差是否符合净度测定容许差距，若在容许差距范围内，再分别计算两份样品的净度，如两份净度的差值不超过按两份净度之平均数查表9-12得到的容许差距范围时，则平均数即为该批种子的净度（净度一般取1位小数），若超过容许差距，则进行补充检验分析。

表 9-12 实验室同一送检样品净度分析容许差距

两次分析结果平均		不同测定之间的容许差距			
		半样品		全样品	
50%～100%	<50%	非黏滞性种子	黏滞性种子	非黏滞性种子	黏滞性种子
1	2	3	4	5	6
99.95～100.00	0.00～0.04	0.20	0.23	0.1	0.2
99.90～99.94	0.05～0.09	0.33	0.34	0.2	0.2
99.85～99.89	0.10～0.14	0.40	0.42	0.3	0.3

两次分析结果平均		不同测定之间的容许差距			
		半样品		全样品	
50%～100%	<50%	非黏滞性种子	黏滞性种子	非黏滞性种子	黏滞性种子
1	2	3	4	5	6
99.80～99.84	0.15～0.19	0.47	0.49	0.3	0.4
99.75～99.79	0.20～0.24	0.51	0.55	0.4	0.4
99.70～99.74	0.25～0.29	0.55	0.59	0.4	0.4
99.65～99.69	0.30～0.34	0.61	0.65	0.4	0.5
99.60～99.64	0.35～0.39	0.65	0.69	0.5	0.5
99.55～99.59	0.40～0.44	0.68	0.74	0.5	0.5
99.50～99.54	0.45～0.49	0.72	0.76	0.5	0.5
99.40～99.49	0.50～0.59	0.76	0.82	0.5	0.6
99.30～99.39	0.60～0.69	0.83	0.89	0.6	0.6
99.20～99.29	0.70～0.79	0.89	0.95	0.6	0.7
99.10～99.19	0.80～0.89	0.95	1.00	0.7	0.7
99.00～99.09	0.90～0.99	1.00	1.06	0.7	0.8
98.75～98.99	1.00～1.24	1.07	1.15	0.8	0.8
98.50～98.74	1.25～1.49	1.19	1.26	0.8	0.9
98.25～98.49	1.50～1.74	1.29	1.37	0.9	1.0
98.00～98.24	1.75～1.99	1.37	1.47	1.0	1.0
97.75～97.99	2.00～2.24	1.44	1.54	1.0	1.1
97.50～97.74	2.25～2.49	1.53	1.63	1.1	1.2
97.25～97.49	2.50～2.74	1.60	1.70	1.1	1.2
97.00～97.24	2.75～2.99	1.67	1.78	1.2	1.3
96.50～96.99	3.00～3.49	1.77	1.88	1.3	1.3
96.00～96.49	3.50～3.99	1.88	1.99	1.3	1.4
95.50～95.99	4.00～4.49	1.99	2.12	1.4	1.5
95.00～95.49	4.50～4.99	2.09	2.22	1.5	1.6
94.00～94.99	5.00～5.99	2.25	2.38	1.6	1.7
93.00～93.99	6.00～6.99	2.43	2.56	1.7	1.8
92.00～92.99	7.00～7.99	2.59	2.73	1.8	1.9
91.00～91.99	8.00～8.99	2.74	2.90	1.9	2.1
90.00～90.99	9.00～9.99	2.88	3.04	2.0	2.2
88.00～89.99	10.00～11.99	3.08	3.25	2.2	2.3
86.00～87.99	12.00～13.99	3.31	3.49	2.3	2.5
84.00～85.99	14.00～15.99	3.52	3.71	2.5	2.6
82.00～83.99	16.00～17.99	3.69	3.90	2.6	2.8
80.00～81.99	18.00～19.99	3.86	4.07	2.7	2.9

两次分析结果平均		不同测定之间的容许差距			
		半样品		全样品	
50%～100%	<50%	非黏滞性种子	黏滞性种子	非黏滞性种子	黏滞性种子
1	2	3	4	5	6
78.00～79.99	20.00～21.99	4.00	4.23	2.8	3.0
76.00～77.99	22.00～23.99	4.14	4.37	2.9	3.1
74.00～75.99	24.00～25.99	4.26	4.50	3.0	3.2
72.00～73.99	26.00～27.99	4.37	4.61	3.1	3.3
70.00～71.99	28.00～29.99	4.47	4.71	3.2	3.3
65.00～69.99	30.00～34.99	4.61	4.86	3.3	3.4
60.00～64.99	35.00～39.99	4.77	5.02	3.4	3.6
50.00～59.99	40.00～49.99	4.89	5.16	3.5	3.7

5. 补充检验

在使用"全样品"分析的情况下,再检验一份样品。只要最高值和最低值的差异未超过容许差距的2倍,则三次分析的平均值即为种批净度。

在使用"半样品"分析的情况下,再检验一对"半样品",直到有2份"半样品"的差距在容许差距范围内。将差距超过容许差距2倍的成对样品舍去不计,根据其余各对样品的净度计算种批净度。

(二)千粒重测定

种子千粒重是指在气干状态下,1000粒纯净种子的重量,一般以克(g)为单位。千粒重能说明种子的大小及饱满程度。同一树种的不同批种子,千粒重数值大,说明种子大而饱满,内部贮藏营养物质多,播后发芽整齐,发芽率高,苗木生长健壮。千粒重的测定方法有全量法、千粒法和百粒法。

1. 百粒法

(1)取样 将净度测定后的纯净种子铺在光滑的桌面上,充分混合后用四分法分为4份,每份中随机抽取25粒组成100粒,共取8个100粒,即8个重复。或用数粒器随机取8个100粒。

(2)称重 分别称8个重复的重量(精度要求与净度测定相同),填入千粒重测定记录表(表9-13)。

(3)计算测定结果 计算8组的平均重量($\bar{x}$)、标准差(S)、变异系数(C),计算公式为:

$$\overline{x} = \frac{\sum_{i=1}^{n} x_i}{n}$$

$$S = \sqrt{\frac{\sum_{i=1}^{n} x_i^2 - n\overline{x}^2}{n-1}}$$

$$C\,(\%) = \frac{S}{\overline{x}} \times 100$$

式中：x——各重复组的重量（g）；

      n——重复次数；

      Σ——总和；

      $\overline{x}$——100 粒种子的平均重量（g）。

表 9-13　千粒重测定记录表（百粒法）

树种：　　　　　　　　　　　　　　样品号：

检验员：　　　　　　　　　　　　　测定日期：_____年___月___日

重复号	1	2	3	4	5	6	7	8	9	10	11	12	13	14	15	16
x/g																
标准差（S）																
平均数（$\overline{x}$）																
变异系数/%																
千粒重/g																

（4）确定种子千粒重　一般种子的变异系数不超过 4（种粒大小悬殊的不超过 6），则 8 组的平均重量乘以 10 即为种子千粒重。若变异系数超过 4（种粒大小悬殊的超过 6），则重做。若重做结果仍超过，可计算 16 个组的平均重量及标准差，凡与平均重量之差超过 2 倍标准差的略去不计，未超过的各组的平均重量乘以 10 为种子千粒重。测定结果填入表 9-13。

2. 千粒法　适用于种子大小不同或轻重极不均匀的种子。

（1）取样　将净度测定所得的纯净种子按四分法分成 4 份，从每份中随机取 250 粒，共计 1 000 粒为一组，取两组。

（2）称重　分别称两组的重量（精度要求与净度测定相同），填入千粒重测定记录表（表 9-14）。

（3）计算测定结果　当两组重量差异小于平均值的 5% 时，则平均数即为千粒重。若差异大于平均值的 5% 时，重新取样再做。如仍然超过，则计算 4 组的平均值。测定结果填入表 9-14。

表 9-14　千粒重测定记录表（千粒法）

树种：　　　　　　　　　　　　　　　　　　样品号：

组号	1	2	3	4
样品重/g				
平均重/g				
容许差距/g				
实际差距/g				
千粒重/g				
备注				

检验员：　　　　　　　　　　　　测定日期：＿＿＿＿年＿＿＿月＿＿＿日

（三）含水量测定（烘干法）

种子含水量是指种子中所含水分的重量占种子重量的百分率。种子含水量的多少是影响种子寿命的重要因素之一。测定种子含水量的目的是为妥善贮存和调运种子时控制种子适宜含水量提供依据。因此，在收购、贮藏、运输前，必须测定种子含水量。

种子含水量的测定方法常用的有烘干法、甲苯蒸馏法和水分速测仪测定法等。一般常用烘干法，即测出测定样品烘干前的重量，经低温或高温烘干后，再测出烘干后的重量，依此算出种子含水量。

1. 称样品盒重（V）　分别称取 2 个预先烘至恒重并编号的样品盒的重量。

2. 取样　用四分法或分样器法从含水量送检样品中分取测定样品。种粒小的及薄皮种子可以原样干燥；种粒大的种子（1 kg 种子少于 5 000 粒）和种皮坚硬的种子要切开或打碎，充分混合后取测定样品。测定样品重为：大粒种子 20 g、中粒种子 10 g、小粒种子 3 g，取两个重复。

3. 称样品湿重（W）　分别对 2 个重复的样品盒及其中的测定样品进行称重。

4. 烘干

（1）低温烘干法　将装有样品的容器置于烘箱中，打开盖搭在盒旁，升温至（105±2）℃后烘 17 h 左右。

（2）高温烘干法　将装有样品的容器置于烘箱中，升温至 130～133 ℃后烘 1～4 h。

如果测定样品的含水量高于 17%，可采用二次烘干法。即将测定样品放入 70 ℃的烘箱内预烘 2～5 h，取出后置于干燥器内冷却、称重。再以（105±2）℃进行二次烘干，测得其含水量。

5. 称样品干重（U）　将装有烘干样品的样品盒放入干燥器中冷却 30～45 min，然后分别称重。

上述称量精度要求达 3 位小数，各次称重要求使用同一架天平。

6. 计算测定结果　计算两个重复的含水量，计算到1位小数。计算公式如下：

$$含水量（\%）=\frac{W-U}{W-V}\times100\%$$

式中：W——样品盒和盖及样品的烘前重量；

　　　U——样品盒和盖及样品的烘后重量；

　　　V——样品盒和盖的重量。

若两个重复的差距不超过容许差距范围（表9-15），则计算平均含水量，如超过需重做。若第二次测定的差异不超过容许差距，则按第二次结果计算含水量。如果第二次测定的差异仍超容许差距，则从4组中抽出在容许差距范围内的2组，以其平均值的含水量作为本次测定结果。测定结果填入表9-16。

表 9-15　含水量测定两次重复间的容许差距

种子大小类别	平均原始水分		
	<12%	12%～25%	>25%
小种子[1]	0.3%	0.5%	0.5%
大种子[2]	0.4%	0.8%	2.5%

注：（1）是指每 kg 超过 5 000 粒的种子。

（2）是指每 kg 最多为 5 000 粒的种子。

表 9-16　含水量测定记录表

树种：　　　　　　　　　　　　　　　样品号：

容器号			
容器重/g			
容器及样品原重/g			
烘至恒重/g			
测定样品原重/g			
水分重/g			
含水量/%			
平均含水量		%	
实际差距	%	容许差距	%

测定方法：　　　　　　　检验员：　　　　　　　测定日期：＿＿＿年＿＿月＿＿日

（四）发芽测定

室内测定种子发芽是指幼苗出现并发育到某个阶段，其基本结构的状况表明其能否在正常的田间条件下进一步长成一株合格的苗木。种子发芽能力是种子播种品质中最重要的指标，可以用来确定播种量和一个种批的等级价值。发芽试验一般只适用于休眠期较短的种子。

1. 取样　将净度测定后的纯净种子用四分法分为 4 份，每份中随机抽取 25 粒组成 100 粒，共重复 4 次。或用数粒器取 4 个 100 粒。如种粒特小，也可用称量发芽测定法，不同树种的样品质量不等，一般在 0.25～1.00 g。

2. 预处理　包括对发芽器皿和发芽床的衬垫材料、基质进行洗涤和高温消毒，对培养箱、测定样品等分别用福尔马林或高锰酸钾进行消毒灭菌，并对测定样品进行浸种催芽处理，一般用 40 ℃的温水浸种 24 h。

3. 发芽床的准备　先在培养皿或专用发芽皿底盘上铺一层脱脂棉，然后放一张大小适宜的滤纸，加入蒸馏水浸湿。

4. 置床　将处理过的种子以组为单位整齐地排列在发芽床上，种子之间应保持一定的距离，以减少病菌侵染。另外，种子要与基质密切接触，忌光种子要压入沙床并覆盖。大粒种子若一个发芽床排不下一组，可分到 2 或 4 个发芽床上排列。置床后贴上标签，将发芽床放在培养箱或发芽箱中，也可放在人工气候室。

5. 观察记载与管理

（1）测定持续时间　发芽测定时间自置床之日算起，如果测定样品在规定时间内发芽粒数不多，或已到规定时间仍有较多的种粒萌发，可适当延长测定时间。延长时间最多不超过规定时间的 1/2，或当发芽末期连续 3 d 每天发芽粒数不足供试种子总数的 1%时，即算发芽终止。

（2）管理　测定期间应经常检查样品及光照、水分、温度和通气条件。除忌光种子外，发芽测定每天要保证有 8 h 的光照，水分供应要适宜，温度控制在 25 ℃左右或按不同树种种子的要求控制，保持通气良好。另外，轻微发霉的种子用清水洗净后放回原发芽床，若发霉种子较多时要及时更换发芽床。

（3）观察与记载　发芽测定期间要定期观察记载。当幼苗生长到一定阶段，必要的基本结构都已具备，已符合正常幼苗条件的记载和记录后从发芽床拣出。严重腐坏的幼苗也拣出，以免感染其他幼苗和种子。呈现其他缺陷的不正常幼苗保留到末次记数。

正常幼苗包括 3 种情况：幼苗基本结构（根系、胚轴、子叶、初生叶、顶芽及禾本科和棕榈科植物还要有正常的芽鞘）完整、匀称、健康、生长良好的幼苗；基本结构有轻微缺陷，但其他方面完全正常的幼苗；虽受次生性感染，但发育正常的幼苗。复粒种子无论发出几株符合上述标准的幼苗均算 1 株正常幼苗。

不正常幼苗包括 4 种情况：损伤严重的幼苗；基本结构畸形或失衡的幼苗；原发性感染或腐坏，停止正常发育的幼苗；基本结构有缺失或发育不正常的幼苗。测定结束后，分别对各重复的未发芽粒逐一切开剖视，统计新鲜粒、腐坏粒、硬粒、空粒、涩粒、无胚粒、虫害粒，并将结果填入发芽测定记录表（表 9-17）。

表 9-17 发芽测定记录表

树种：　　　　　　　　　　　　　　　　　　样品号：

项目	正常幼苗数						不正常幼苗数	未萌发粒分析							
	样品重 g	初次计数			末次计数	合计		新鲜粒	腐坏粒	硬粒	空粒	无胚粒	涩粒	虫害粒	合计
日期															
重复 1															
2															
3															
4															
平　　均															

组间最大差距：＿＿＿＿＿　　容许差距：＿＿＿＿＿　　测定结束日期：＿＿＿＿年＿＿月＿＿日

6. 计算测定结果　发芽试验结束后，根据记录的资料，根据以下公式分别对 4 个重复计算正常幼苗的百分率（种子发芽率）。如果各重复发芽率的最大值和最小值的差距没有超过容许差距范围（表 9-18），则各重复发芽率的平均数为该次测定的发芽率。若各重复发芽率的最大值和最小值的差距超过容许差距范围，则必须重新测定。

表 9-18 发芽测定容许差距

平均发芽百分率/%		最大容许差距/%
1	2	3
99	2	5
98	3	6
97	4	7
96	5	8
95	6	9
93～94	7～8	10
91～92	9～10	11
89～90	11～12	12
87～88	13～14	13
84～86	15～17	14
81～83	18～20	15
78～80	21～23	16
73～77	24～28	17
67～72	29～34	18
56～66	35～45	19
51～55	46～50	20

$$发芽率（\%）=\frac{生成正常幼苗的种子数}{供测定种子总数}\times100\%$$

若采用称量发芽测定法，其测定结果用单位质量样品中的正常幼苗数表示，单位为株/g。称量发芽测定容许差距见表9-19。

表9-19　称量发芽测定容许差距

供检样品总重量中的正常发芽粒数	最大容许差距/%	供检样品总重量中的正常发芽粒数	最大容许差距/%
1	2	1	2
0～6	4	161～174	27
7～10	6	175～188	28
11～14	8	189～202	29
15～18	9	203～216	30
19～22	11	217～230	31
23～26	12	231～244	32
27～30	13	245～256	33
31～38	14	257～270	34
39～50	15	271～288	35
51～56	16	289～302	36
57～62	17	303～321	37
63～70	18	322～338	38
71～82	19	339～358	39
83～90	20	359～378	40
91～102	21	379～402	41
103～112	22	403～420	42
113～122	23	421～438	43
123～134	24	439～460	44
135～146	25	>460	45
147～160	26		

7. 重新测定　如果由于不明原因使得各重复间的差距超过容许差距时，应按原方法重新测定。若第二次和第一次的测定结果之差不超过容许差距（表9-20），则以两次测定结果的平均数作为测定结果。若第一次和第二次的测定结果之差超过容许差距，则需再做第三次测定。在三次测定结果中选比较接近的两次平均数作为测定结果填报。

表9-20　重新发芽测定容许差距

两次测定的发芽平均数		最大容许误差/%	两次测定的发芽平均数		最大容许误差/%
1	2	3	1	2	3
98～99	2～3	2	77～84	17～24	6
95～97	4～6	3	60～76	25～41	7
91～94	7～10	4	51～59	42～50	8
85～90	11～16	5			

（五）生活力测定

种子生活力是指种子潜在的发芽能力。生活力测定的目的是快速估测种子的生活力，特别是休眠期长和难于进行发芽试验或是因条件限制不能进行发芽试验的，可采用染色法、X光照射法和紫外线荧光法等进行测定，其中以染色法最为常用且易行。

1. 取样　从净度测定后的纯净种子中随机抽取100粒作为一个重复，共取4个重复。

2. 浸种催芽　多数种子通常用始温30～45℃的水浸种24～48 h，每天换水。硬粒种子和种皮致密的种子可用始温80～85℃的水浸种，在自然冷却中浸种24～72 h，每日换水。将水浸后的种子置于温暖、湿润的环境下催芽24～48 h，提高种子活力。豆科植物吸水后发芽速度较快，浸水后不再催芽。

3. 剥取种仁或"胚方"　将种子纵向剖开，剥掉内外种皮，取出种仁。取种仁时既要露出种胚，又不能切伤种胚。大粒种子（如银杏、板栗、核桃等）切取大约1 cm²包括胚根、胚轴、子叶和部分胚乳的方块（胚方）。剥取种仁或"胚方"时，发现空粒、腐烂粒、病虫粒等记入表9-21。

表9-21　生活力测定记录表

树种：　　　　　　　　　　　　　　　样品号：

重复	测定种子粒数	种子解剖结果				染色粒数	染色结果				生活力/%	备注
							无生活力		有生活力			
		腐烂粒	涩粒	病虫粒	空粒		粒数	%	粒数	%		
1												
2												
3												
4												
平均												

测定方法：

实际差距：＿＿＿＿＿＿＿　　　　　　容许差距：＿＿＿＿＿＿＿＿

检验员：＿＿＿＿　　　　　　　　　　测定日期：＿＿＿年＿＿月＿＿日

4. 染色鉴定

（1）将剥取的种仁或"胚方"浸在四唑溶液中，上浮者要压沉置黑暗处，保持30～35℃，处理时间随树种而定。染色结束后，沥去溶液，用清水冲洗，置湿滤纸上备查。凡被染上红色的为有生活力的种子，没有染色的为无生活力的种子。部分染色的种子需根据染色部位和程度区分有无生活力（图9-3）。

有生活力	无生活力
种胚、胚乳全部着色 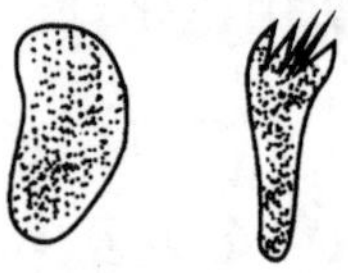	种胚、胚乳全部未着色 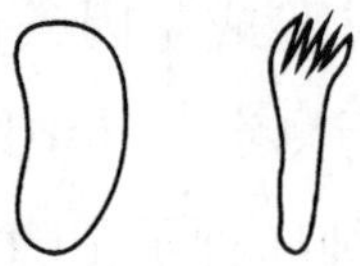
种胚着色、胚乳仅小部分（小于整个胚乳的 1/4）未着色 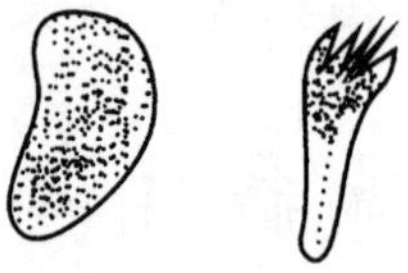	胚乳着色、种胚未着色 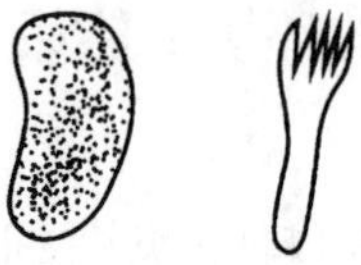
胚乳着色、种胚仅胚根先端（小于胚根长度的 1/3）未着色或仅胚轴部分有个别小的未着色斑块 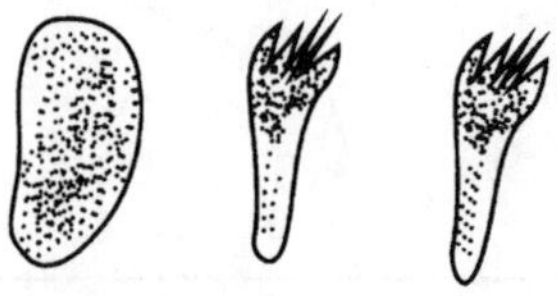	胚乳未着色、种胚着色 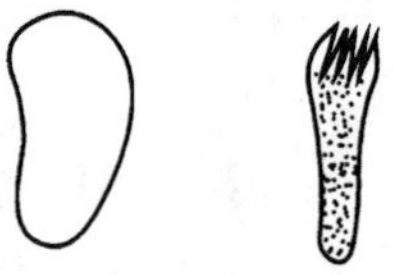
	胚乳、种胚仅小部分着色 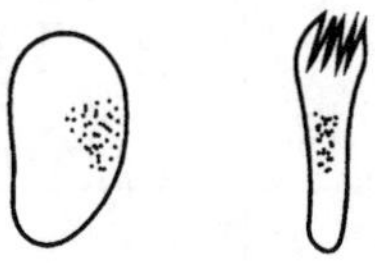
种胚和胚乳都只有个别小的未着色斑块 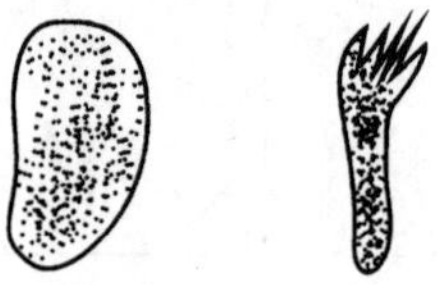	局部着色，但面积不超过种胚、胚乳的 1/3 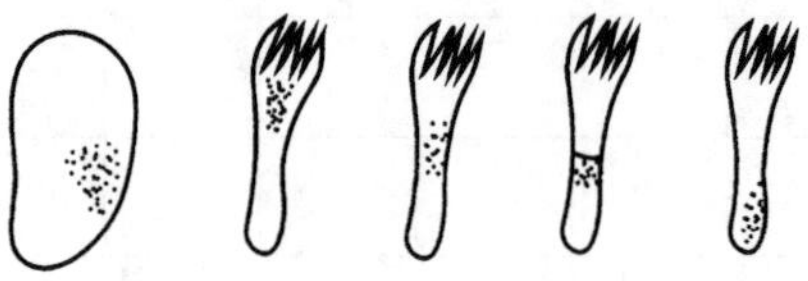

图 9-3 松属、杉木种子染色结果（四唑染色法）

（2）将剥取的种仁或"胚方"浸在靛蓝溶液中，处理时间和温度随树种而定。染色结束后，沥去溶液，用清水冲洗，置湿滤纸上备查。未染色的为有生活力的种子，染上颜色的为无生活力的种子，部分染色的种子需根据染色部位和程度区分有无生活力（图 9-4）。

有生活力	无生活力
胚全部未着色 	子叶着色 
胚根先端着色部分小于胚根长度的1/3 	包括分生组织在内的种胚全长的1/3部分着色 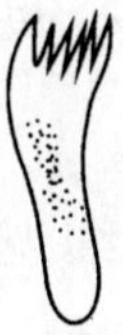
胚茎部分有少量着色斑点未相连成环状 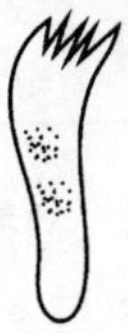	胚根全长1/3或超过1/3着色 
子叶有少量着色 	种胚全部着色 

图 9-4 松属、杉木种子染色结果（靛蓝染色法）

5. 计算测定结果 根据记录的资料，以下公式分别对 4 个重复计算有生活力种子的百分率。

$$生活力（\%）=\frac{有生活力种子数}{供测定种子数}\times100\%$$

6. 确定种子生活力 检查各重复间的差异是否为随机误差，重复间最大容许差距与发芽测定相同。若各重复中最大值与最小值的差距没有超过容许差距范围（表 9-18），则平均数为种批生活力。若各重复之间的最大值和最小值的差距超过容许差距范围，必须重新测定，处理方法同发芽测定。

（六）优良度测定

优良度是指优良种子数占测定种子数的百分比，是种子质量检验的最简易方法，可通过人为直接观察，从种子的形态、色泽、气味、硬度等来判断种子的质量。在生产上主要适用于种子采集、收购等工作现场。优良度常用的测定方法有解剖法、挤压法。

1. 取样 将净度测定后的纯净种子用四分法分为 4 份，每份中随机抽取 25 粒组成 100 粒，共取 4 个 100 粒，即 4 个重复。或用数粒器取 4 个 100 粒。大粒种子可取 50 粒或 25 粒。

2. 浸种处理 种皮较坚硬、难于解剖的种子，或用挤压法鉴定的小粒种子需进行浸种处理。

多数种子通常用始温 30～45 ℃的水浸种 24～48 h，每天换水。硬粒种子和种皮致密的种子可用始温 80～85 ℃的水浸种，在自然冷却中浸种 24～72 h，每日换水。

3. 鉴定

（1）解剖法 将种子纵向剖开，仔细观察种胚、胚乳的形态、色泽等，区分优良种子及劣质种子。各重复优良粒、空粒、腐坏粒、病虫粒等记入表 9-22。

表 9-22 优良度测定记录表

树种：   样品号：

重复	测定种子粒数	观察结果					优良度/%	备 注
		优良粒	腐坏粒	空粒	病虫粒			
1								
2								
3								
4								
平均								
实际差距/%				容许差距/%				

测定方法：

检验员：   测定日期：＿＿＿年＿＿月＿＿日

（2）挤压法 桦木、泡桐等小粒种子，可将种子用水煮 10 min，取出后用两块玻璃板挤压，区分种子优劣。落叶松等油质性的种子，可将种子放在两张白纸间，用瓶滚压或用指甲背压，依此来区分优良种子和劣质种子。将结果记入表 9-22。

4. 计算测定结果 根据以下公式分别计算各个重复的优良度。

$$优良度（\%）=\frac{优良种子数}{供测定种子数}\times100\%$$

5. 确定种子优良度 检查各重复间的差异是否为随机误差，若各重复中的最大值和最小值的差距没有超过容许差距范围（表 9-18），则平均数为种批优良度。若各重复之间的最大值和最小值的差距超过容许差距范围，必须重新测定。

（七）病虫害感染程度测定

病虫害感染程度是指感染病虫害种子数占测定种子数的百分比。它也是测定种子品质的一项重要指标。因感染病虫害的种子不耐贮藏，播种后发芽率低，甚至还会将病菌传播到幼苗上，危害苗木的正常生长发育，影响苗木质量，增加育苗投资，因此贮藏或播种前应检验种子的病虫感染程度。

1. 取样　从送检样品中随机抽取 200 粒或 100 粒种子。

2. 鉴定

（1）直观检查　将样品放在白纸或玻璃板上，用放大镜观察，挑出病虫伤害的种子。

（2）种子中隐蔽害虫的检查　将样品切开检查有虫和被蛀粒数。

（3）种子病源检查　将种子放在温暖湿润的环境条件下培养一段时间，再用适当倍数的显微镜直接检查。有条件的，可进行洗涤检查和分离检查。

3. 计算测定结果　根据以下公式分别计算病害感染程度、虫害感染程度、病虫害感染程度，填入表 9-23。

表 9-23　种子病虫害感染程度测定记录

树种：　　　　　　　　　　　　　　　　样品号：

测定种子粒数	观察结果				病害感染度/%	虫害感染度/%	病虫害感染度/%	备注
	健康粒	虫粒	病粒					

测定方法：

检验员：　　　　　　　　　　测定日期：＿＿＿年＿＿月＿＿日

$$病害感染度（\%）=\frac{感染病害粒数}{供测定种子数}\times100\%$$

$$虫害感染度（\%）=\frac{感染虫害粒数}{供测定种子数}\times100\%$$

$$病虫害感染度（\%）=\frac{病虫感染粒数}{供测定种子数}\times100\%$$

以上是常规的种子品质检验方法，此外还可用 X 射线摄影检验。使用即显软片，射线照射后 15 s，即可得到一张 X 射线的正片。其优点是：操作简便，速度快，结果比较可靠，可检查种子饱满、损伤粒、空粒和虫害粒的百分率。

三、种子品质检验登记

种子品质检验结束后，要进行检验登记，签发检验证，其格式如表 9-24 所示。

表 9-24 园林植物种子质量检验证

树种		本批种质量		送检样品重		送检日期	
种子采收登记表编号				送检申请表编号			
检验结果							
检验项目				备注			
1. 净度：		%					
2. 千粒重：		g					
3. 发芽率：		%					
4. 生活力：		%					
5. 含水量：		%					
6. 优良度：		%					
7. 病虫害感染程度：		%					
种子质量等级：							
检验证有效期：		年　　月　　日至		年　　月　　日			
检验单位：				（盖章）　　年　　月　　日			
检验员：				（签字）　　年　　月　　日			

🌿 **随堂练习**

1. 种子品质检验的指标主要有哪些？

2. 优良度检验的方法主要有哪些？

3. 影响种子净度测定误差的因素有哪些？

第三节　苗木检测技术

培育的各类苗木质量达到绿化要求的标准，即可出圃。出圃前必须掌握苗木的产量和质量，要进行苗木调查工作，以便做好苗木出圃、移植和生产计划等工作，并为总结育苗经验提供科学依据。苗木调查时间通常在苗木停止生长后至出圃前进行，可按树种、育苗方式、苗木种类和苗木年龄分别进行。

苗木调查方法有标准行法、标准地法、计数统计法、随机抽样法等。

一、标准行法

1. **抽标准行（垄）**　在育苗区内，采用随机抽样办法，每隔几行抽取一行。隔的行数视这种苗木面积确定，面积小的隔的行数少一些，面积大的隔的行数多一些，一般是 5 的倍数。

2. **抽标准段**　在抽出的标准行上，隔一定距离，机械地抽取一定长度的标准段。一般标准段长 1 或 2 m，大苗可长一些，样本数量要符合统计抽样要求。

3. 统计与测量　在标准段中统计苗木的数量，测量每株苗木的苗高和地径（大苗如杨树、柳树、国槐、杜仲、白蜡、栾树等测量胸径），记录在苗木调查统计表中。

4. 计算　根据标准段计算每米平均的苗木数量。统计所有标准段的每株苗木的苗高和地径，给出规格范围，统计各种规格的数量。最后推算出每公顷和整个育苗区苗木的数量和各种规格苗木的数量。

二、标准地法

标准地法与标准行法相比较，其统计方法、步骤相似。本方法适用于苗床育苗，以面积为标准计算。以 1 m×1 m 为标准样方，在育苗地上机械地抽取若干个样方，样方数量符合统计要求，数量多，结果准确。统计每个样方上的苗木数量，测量每株苗木的高度和地径，记录在苗木调查统计表中。根据标准行法的统计方法，计算出每公顷和整个育苗区的苗木数量及各种规格苗木的数量。

三、计数统计法

计数统计法是逐一统计法，适用于珍贵苗木和数量比较少的苗木。逐一统计测量高度、地径和冠幅，填入苗木调查统计表中，根据规格要求分级。根据育苗地的面积，计算出单位面积产苗量和各种规格苗木的数量。

四、随机抽样法

为了保证调查的精度和减少工作量，苗木调查方法可采用随机抽样的方法，其步骤如下：

1. 外业调查

（1）测量调查区的施业面积　凡是树种、育苗方式、苗木种类及年龄都相同的地块划为一个调查区。调查区内连片无苗且有明显界限时，应从施业面积中减去连片无苗的面积，同时对垄或苗床进行编号、记数，绘制平面示意图。

（2）确定样地的形状和大小　样地是随机抽样的地段。样地的形状、面积必须在调查前确定。整个调查区样地面积的大小、形状保持不变。样地面积根据苗木密度确定，在调查区内选择苗木平均密度的地段，以平均株数 20～50 株苗木的占用面积作为样地面积。样地形状，一般为长方形。

为了提高调查精度，可在主样地（随机抽中的样地）的两侧，以相等距离设辅助样地。辅助样地与主样地的中心距离宜近不宜远，如针叶树播种苗样段长度 20 cm 时，辅助样地与主样地的中心距离为 0.5～1 m。

（3）确定样地的块数（n）　样地块数用下式计算：

$$n=(t \cdot c/E)^2$$

式中，t 为可靠性指标，规定可靠性为 90% 时，t 值近似于 1.7；E 为允许误差百分比，质量调查允许误差为 5%，产量调查允许误差为 10%；c 为调查区内苗高、地径和产量的变动系数。计算变动系数的方法要在调查区内随机抽取 n 块样地，初步调查样地内的株数和地径、苗高，分别用下式计算平均数 $\overline{x}$、标准差 S，即求得变动系数 C。

$$\overline{x}=\frac{\sum\limits_{x=1}^{n} x_i}{n}$$

$$S=\sqrt{\frac{\sum\limits_{x=1}^{n} x_1^2 - n\overline{x}^2}{n-1}}$$

$$C=\frac{S}{\overline{x}}\times 100\%$$

在实际调查时，只计算产量的 $\overline{x}$、S、C，以便确定调查样地块数。有时也可以根据经验来估算样地的块数。样方数也可参考表 9-25 的数据。

表 9-25   样方数的要求

育苗净面积/m²	样方数
1 200 以下	≥4
1 200～3 000	≥5
3 000 以上	≥11

（4）布设样地   把初步确定的样地块数，在调查区内客观地，均匀地设置。如每隔几床（垄）抽取一床（垄），对抽中的床（垄）测量其净面积（即测量垄或床的平均长度或平均宽度）并记录在外业调查表内。用随机抽样法在抽中的床（垄）上确定样地的中心点，并向左右两侧延长，即为样段长度。垄作样地宽度就是垄的平均宽，床作样地的长度和宽度由包括 20～25 株苗木所占的面积来决定。样地面积等于样段的长度乘宽度。

（5）样地内的苗木调查   按照调查区内垄或床的编号次序，分别计数各样地内或样群内的全部株数（除废苗外），填写外业调查表（表 9-26）。调查苗高、地径，一般调查 100～200 株即可达到精度要求。用平均株数（$\overline{x}$）乘样地块数（n）等于调查样地内苗木总株数（X）。再每隔 n 株调查一株，计算出平均苗高和地径。调查时应以连续统计样地内的株数来确定苗木质量调查的具体位置。同时将结果填入外业调查表（表 9-26）。

（6）精度计算   外业调查后，应立即进行产量和质量精度计算。质量精度要求为 95%，产量精度要求为 90%。如精度达不到要求，应立即进行外业补测。

按下式计算：

$$平均数\,\overline{x}=\frac{\sum\limits_{i=1}^{n}X_i}{n}$$

$$标准差\,S=\sqrt{\frac{\sum\limits_{i=1}^{n}x_1^2-n\overline{x}^2}{n-1}}$$

$$标准误\,S_{\overline{x}}=\frac{S}{\sqrt{n}}$$

$$误差百分数\,E\%=\frac{t-S\overline{x}}{\overline{x}}$$

$$精度\,P\%=1-E\%$$

表 9-26　苗木外业调查表

_____省（市）_____县

树种：_____，苗龄：_____，苗木种类：_____，作业方式：_____，育苗地总面积：_____ m²，育苗地净面积：_____ m²，垄（床）：_____条（个），育苗净面积占总面积百分比：_____%，样地（样群）面积：_____ m²，每公顷产苗量：_____万株，总产苗量：_____万株，平均苗高：_____ cm，平均地径：_____ cm。

调查床（垄）序号	育苗净面积/m²				样群（样地）株数					样群（样段）苗木质量调查（每隔____株调查 1株＝$\frac{苗高}{地径}$（cm））	其他
	床（垄）长/m	床（垄）宽/m			面积	序号	株　数				
				平均			样段	样段	样段	样群	
合计											
平均											

注：① 其他栏记载苗数或有价值的调查内容，废苗包括病虫害苗及针叶树有明显二次生长、双顶苗、无顶苗、生长不正常的苗木；

② 育苗地总面积包括临时步道、垄沟或临时所占土地面积；育苗地净面积指苗木实际生长占地面积；

③ 苗高测量精度为小数点后 1 位，地径测量精度为小数点后 2 位；

④ 如进行根系调查时，可依据平均高、平均地径，随机抽取 5～10 株标准株，调查其根系长度和侧根数量等。

带有统计键的计算器能完成全部计算内容，且效率高、计算准确。精度未达到时应补测的样地，调查后再重新计算精度。确认达到精度后，才能进行内业工作。

2. 内业计算

（1）育苗面积计算　调查区的施业面积，要根据多边形的公式及实测的数据进行计算。

床作净面积＝抽中床的平均床长×平均床宽×总床数；

垄作净面积＝抽中垄的平均垄长×平均垄宽×总垄数；

垄总长＝平均垄长×总垄数；

样地面积＝样段长度×样段宽度；

样群面积＝样地面积×3（三块样地为一群时）。

（2）苗木产量计算

$$床（垄）的总产苗量＝\frac{床（垄）净面积}{样地面积}×样地平均株数；$$

每 m² 产苗量＝净面积总产苗量/净面积

施业单位面积产苗量＝净面积总产苗量/施业面积；

每 m 长产苗量＝净面积总产苗量/苗行总长度；

对苗木进行分级后，计算各级苗木的产量、质量、平均地径和平均苗高等指标。

综合测试

一、填空题

1. 反映苗木质量的主要指标有＿＿＿＿＿、＿＿＿＿＿、＿＿＿＿＿、＿＿＿＿。

2. 需要进行四个重要检验的种子品质指标有＿＿＿＿＿＿、＿＿＿＿＿＿、＿＿＿＿＿、
＿＿＿＿＿。

二、判断题

1. 在适宜条件下，发芽种子数与供试种子数的百分比，称为发芽率。（　　　）

2. 测定种子生活力可用靛蓝染色法，使种胚染色为有生活力的种子。（　　　）

3. 发芽能力是反映种子质量最重要的指标。（　　　）

4. 生活力是种子潜在的发芽能力。（　　　）

5. 低温层积催芽适用于深休眠种子催芽。（　　　）

6. 生产上通常以生理成熟作为采种期的标志。（　　　）

三、单项选择题

1. 从种批的不同部位或不同容器中分别抽取的种子称为（　　　）。

　　A. 初次样品　　　　　B. 混合样品　　　　　C. 送检样品　　　　　D. 测定样品

2. 种子发芽率是指在（　　　），正常发芽的粒数占供试种子总数的百分率。

　　A. 规定条件下　　　　　　　　　　B. 规定时期内

C. 规定条件和时期内　　　　　　　　D. 适当温度和水分条件下

3.（　　　）可以快速估测种子品质和测定休眠期长，难于进行发芽测定的种子品质。

A. 种子生活力　　　　B. 种子优良度　　　　C. 种子含水量　　　　D. 种子生命力

4. 发芽率测定必须采用的重复次是（　　　）。

A. 2 组　　　　　　　B. 3 组　　　　　　　C. 4 组　　　　　　　D. 5 组

四、多项选择题

1. 以下项目测定中，需要四次重复的是（　　　）。

A. 净度　　　　　　　B. 发芽率　　　　　　C. 生活力　　　　　　D. 千粒重

2. 以下属于播种品质的指标有（　　　）。

A. 纯净　　　　　　　B. 品种优良　　　　　C. 饱满　　　　　　　D. 发芽率

3. 测定种子生活力的方法主要有（　　　）。

A. 切开法　　　　　　B. 挤压法　　　　　　C. 四唑染色法　　　　D. 靛蓝染色法

五、实训题

种子净度测定技术操作。

要求：① 现场操作；② 写出实训报告（包括实训目的、所需的材料与器具、操作方法与步骤、注意事项等）。

综合实训

实训 9-1　净度分析

一、实训目的

学会测定种子净度的方法，并进一步了解种子净度对种子质量的影响。

二、材料与器具

1. 材料　本地区主要园林树种的种子 2～3 种。

2. 器具　天平（1/1000、1/100）、种子检验板、直尺、毛刷、胶匙、镊子、放大镜、中小培养皿、盛种容器、钟鼎式分样器等。

三、操作方法与步骤

1. 取样；2. 区分各种成分（纯净种子、废种子、夹杂物）；3. 称量；4. 检验结果计算。

四、实验报告

将种子净度分析结果填入净度分析记录表。

实训 9-2　千粒重测定

一、实训目的

学会测定和计算种子千粒重的方法。

二、材料与器具

1. 材料　本地区主要园林树种的种子2～3种。

2. 器具　天平（1/1 000、1/100）、种子检验板、直尺、毛刷、胶匙、镊子、放大镜、盛种容器、钟鼎式分样器等。

三、操作方法与步骤

1. 百粒法（取样、称重、计算测定结果、确定种子千粒重）；

2. 千粒法（取样、称重、计算测定结果）。

四、实验报告

将千粒重测定结果填入测定记录表并分析误差原因。

实训9-3　含水量测定

一、实训目的

要求掌握测定种子含水量的操作技术及计算方法。

二、材料和器具

1. 材料　本地区主要园林树种的种子2～3种。

2. 器具　干燥箱、温度计、干燥器、称量瓶（或坩埚、铝盒）、坩埚钳、取样匙、1/1 000分析天平等。

三、操作方法与步骤（烘干法）

1. 称样品盒重；2. 取样；3. 称样品湿重；4. 烘干；5. 称样品干重；6. 计算测定结果。

四、实验报告

将测定结果填入含水量测定记录表。

实训9-4　发芽测定

一、实训目的

要求掌握种子发芽测定方法，学会计算种子发芽率。

二、材料与器具

1. 材料　本地区主要园林树种的种子3～5种。

2. 器具　恒温箱、发芽箱、培养皿、发芽皿、烧杯、解剖刀、解剖针、镊子、量筒、胶匙、滤纸、纱布、脱脂棉、温度计、直尺、福尔马林、高锰酸钾、标签、电炉、蒸煮锅、蒸馏水、滴瓶等。

三、操作方法与步骤

1. 取样；2. 预处理；3. 发芽床的准备；4. 置床；5. 观察记载与管理；6. 计算测定结果。

四、实验报告

填写种子发芽测定记录表，计算种子发芽率。

实训 9-5 生活力测定

一、实训目的

了解测定种子生活力的基本原理，并学会其测定方法。

二、材料与器具

1. 材料　本地区主要园林树种的种子3～5种。

2. 器具　恒温箱、培养皿、烧杯、解剖刀、解剖针、镊子、量筒、胶匙、温度计、直尺、福尔马林、四唑、酒精、标签、蒸馏水、靛蓝、滤纸等。

三、操作方法与步骤

1. 取样；2. 浸种催芽；3. 剥取种仁或"胚方"；4. 染色鉴定（四唑染色、靛蓝染色）；5. 计算测定结果；6. 确定种子生活力。

四、实验报告

填写种子生活力测定记录表。

实训 9-6 优良度测定

一、实训目的

学会种子优良度的测定方法。

二、材料和器具

1. 材料　本地区主要园林树种的种子3～5种。

2. 器具　培养皿、烧杯、解剖刀、镊子、水浴锅、碾压器、白纸、玻璃、手持放大镜。

三、操作方法与步骤

1. 取样；2. 浸种处理；3. 鉴定（解剖法、挤压法）；4. 计算测定结果；5. 确定种子优良度。

四、实验报告

填写种子优良度测定记录表。

实训 9-7 病虫害感染程度测定

一、实训目的

学会种子病虫害感染程度的测定方法。

二、材料和器具

1. 材料　本地区主要园林树种的种子3～5种。

2. 器具　培养皿、白纸或白瓷盘、玻璃板、放大镜、镊子、显微镜等。

三、操作方法与步骤

1. 取样；2. 鉴定（直观检查、种子隐蔽害虫的检查、种子病源检查）；3. 计算测定结果。

四、实验报告

填写种子病虫害感染程度测定记录表。

🌿 **考证提示**

知识点：熟悉种子品质检验的指标，掌握种子品质检验的各项内容。

技能点：熟练掌握种子品质检验的方法，并能对种苗初级工、中级工进行示范操作，能解决操作中遇到的各种问题。

本章学习要点

知识点：

1. 苗木出圃　熟悉苗木出圃的工序，包括苗木起苗、分级和统计、包装和运输、假植和贮藏、检疫和消毒等；掌握各出圃工序的操作要领及注意事项。

2. 了解苗木的保鲜技术，熟悉保水剂、保水袋及蒸腾抑制剂等新材料和新技术在苗木保鲜方面的作用和基本使用方法。

技能点：

1. 掌握苗木出圃的基本程序，熟悉出圃的基本技能。

2. 掌握保水剂、保水袋及蒸腾抑制剂的使用方法。

第一节　苗木出圃

培育的各类苗木质量达到绿化要求的标准，即可出圃。出圃苗应根据实际绿化要求的标准进行分级，按照育苗方式、苗木种类和苗木年龄的不同分别采用不同的起苗方式进行起苗出圃，并严格按要求进行包装和运输，进行必要的检疫和消毒，保证出圃的苗木合格、无病虫害。

一、起苗

（一）起苗的季节

起苗季节原则上是在苗木休眠期进行，生产上常分秋季起苗和春季起苗，但常绿树若在雨季栽植时，也可在雨季起苗。

1. 秋季起苗　秋季起苗，苗木地上部分的生长虽已停止，但起苗移栽后根系还可以生长一段时间。若随起随栽，翌春能较早开始生长，且利于秋耕制，能减轻春季的工作量。

2. 春季起苗　大多数苗木的起苗一般在早春进行，起苗后立即移栽，成活率高。常绿树种及根系含水量较高不适于长期假植的树种，如泡洞、枫杨等可在春季起苗。

另外，一些常绿树种在雨季起苗后立即栽植，成活率高，效果也好，因而可安排在雨季起苗。

（二）起苗的规格

苗木根系的好坏是苗木质量等级的重要指标，直接影响苗木栽后成活及苗木的生长。因此，应确定合理的起苗规格。规格过大，费工，挖掘、搬运困难；规格过小，伤到根系，影响苗木的质量。起苗规格主要根据苗高或苗木胸径的大小来确定。如带土球苗木掘苗的土球直径应为其胸径的8～10倍，土球厚度应为土球直径的4/5以上。表10-1列举了有关园林苗木类型、掘苗规格供参考。

表10-1　园林苗木掘苗规格

苗木类型		苗高/cm	胸径/cm	起苗规格/cm			
				幅度	深度	横径	纵径
裸根苗	小苗	小于30		12	15		
		31～100		17	20		
		101～150		20	20		
	中、大苗		3.1～4.0	35～40	25～30		
			4.1～5.0	45～50	35～40		
			5.1～6.0	50～60	40～45		
			6.1～8.0	70～80	45～55		
			8.1～10.0	85～100	55～65		
			10.1～12.0	100～120	65～75		
带土球苗		小于100				30	20
		101～200				40～50	30～40
		201～300				50～70	40～60
		301～400				70～90	60～80
		401～500				90～110	80～90

（三）起苗的方法

1. 人工起苗

（1）裸根起苗　沿苗行方向按照起苗规格要求距苗木规定距离处挖一道沟，沟深略深于起苗深度，在沟壁苗方一侧挖一斜槽，根据要求的长度截断根系；再从苗的另一侧垂直下锹，截断过长的根系，将苗木推到沟中即可取苗。

大苗裸根起苗的方法与小苗基本相同，只是由于根系较大，挖槽的幅度和深度加大，沟要围着苗干，截断多余的根，然后从一旁斜着下锹，截断主根，把苗木取出（图10-1）。

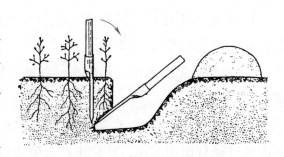

图10-1　裸根起苗示意图

（2）带土球起苗　对于较大的常绿树苗、珍贵树种和大的灌木，须采用带土球起苗。起苗前，可先将树冠捆扎好，防止施工时损伤树冠，同时也便于作业。起苗时，根据事先确定的土球横径、纵径，从外围向下挖。沟宽以便于作业为度，沟深比规定的土球高度稍深一点，遇到粗根，用枝剪剪断或用手锯锯断，并修好土球；后用蒲包将土球包裹，打上腰箍，打腰箍时主要有井字包、五角包和橘子包三种方法（图10-2）。

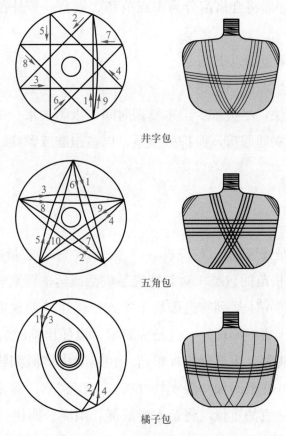

井字包

五角包

橘子包

图10-2　土球包装方法示意图

2. 机械起苗　在北方地区苗圃采用较多，如弓形起苗犁、床式起苗犁、震动式起苗犁等。目前主要是用拖拉机牵引起苗犁起裸根苗。其效率高、质量好、成本低。

（四）起苗应注意的事项

1. 不论人工还是机械起苗，必须保证苗木质量，保持一定的深度和幅度，防止苗根劈裂，并注意勿伤及顶芽和树皮。

2. 为了避免根系损伤和失水，圃地土壤干燥时，应在起苗前 3 d 左右适当灌溉，使土壤潮润。

3. 适当修剪过长根系，阔叶树还应修剪地上部分枝叶，最好选择无风阴天起苗。此外，还应注意做好组织工作，使起出苗木能得到及时分级和假植。

二、分级和统计

依据国家标准，应对一批合格苗木进行分级和统计。一批苗木是指同一树种在同一苗圃，用同一批种子或种条，采用基本相同的育苗技术措施，并用同一质量标准分级的同龄苗木。合格苗木是在控制条件指标的前提下以胸径（或地径）、根系、苗高的质量指标来确定的。目前我国采用 2 级制，即将合格苗分为 1 级苗和 2 级苗；等外苗不得出圃，应作为废苗处理。

分级统计应注意的事项包括以下几点：

1. 分级统计要选在背风、庇荫处进行。

2. 分级统计的速度要快，尽量减少苗木暴露时间，以防失水、根系损伤、活力降低。

3. 分级统计以后，要立即假植，保护好根系，以备包装或贮藏。

三、苗木的包装与运输

（一）苗木的包装

苗木分级以后，通常是按级别，以 25 株、50 株、100 株等数量进行捆扎、包装。

1. 运输距离较近的露根苗的包装　对栽植容易成活或运输距离较近的苗木，在休眠期间可露根出圃。出圃时可先将苗木运到靠近圃场干道或便于运输的地方，按照苗木的名称、品种、规格和级别分别用湿土将根部埋好，进行临时植，以便出圃时装车运输。

对于大苗如落叶阔叶树种，大部分起裸根苗。包装时先将湿润物放在包装材料上，然后将苗木根对根放在上面，并在根间加些湿润物如苔藓、湿稻草、湿麦秸等；或者将苗木的根部蘸满泥浆。这样放苗到适宜的重量，将苗木卷成捆，用绳子捆住。

2. 运输时间长的苗木的包装

（1）卷包包装　将规格较小的裸根苗运送到较远的地方时，使用此种方法包装比较适宜。具体的做法是：把包装材料如蒲包片或草席等铺好，将出圃的苗木小苗枝梢向外、苗根向内互相重叠地摆好，再在根系周围填充一些湿苔藓、湿稻草等，照此法把苗木和湿苔藓一层层地垛好，直至达到一定数量（以搬运方便为适），每包重量一般不超过 30 kg。可用包裹材料将苗木卷好捆好，再用冷水浸渍卷包，以增加包内水分。

（2）装箱包装　在运输距离较远、运输条件较差、运出的苗木规格又较小时，对于树体需要保护的裸根苗木，使用此种包装方法较为适宜。具体的操作方法是：在已经制作好的木箱内，先铺一层湿润苔藓或湿锯末；再把运送的苗木分层摆好，在摆好的每一层苗木根部中间，都需放有湿润苔藓（或湿锯末）以保护苗木体内水分；在最后一层苗木放好后，再在上面覆以一层湿润苔藓即可封箱。对穴盘也可用硬纸箱装好，可一层层堆放，装入硬纸质箱中，但要注意不要压苗（图10-3）。

图10-3　穴盘苗的装箱

（3）双料包装　适用于运输距离较远、树种较珍贵、规格较大的带土球苗木的包装。具体做法是：将已包装好的带土球苗，再稳固地放入已经备好的筐中或木箱中，然后用草绳将苗干和筐沿固定在一起；土球与筐中的空隙，要用细湿土压实，使土球在筐中不摇不晃，稳固平衡。

（二）苗木的运输

1. 装车　裸根苗装车不宜过高、过重，压得不宜太紧，以免压伤树枝和树根；树梢不准拖地，必要时用绳子围拢吊拢起来，绳子与树身接触部分，要用蒲包垫好，以防伤损干皮。卡车后厢板上应铺垫草袋、蒲包等物，以免擦伤树皮，碰坏树根；装裸根乔木时应树根朝前、树梢向后，顺序排码。长途运苗最好用苫布将树根盖严捆实，这样可以减少树根失水。带土球装车2 m以下（树高）的苗木，可以直立装车；2 m高以上的树苗，则应斜放，或完全放倒，土球朝前、树梢向后，并立支架将树冠支稳，以免行车时树冠摇晃，造成散坨。土球规格较大时，直径超过60 cm的苗木只能码1层；小土球则可码放2～3层，土球之间要码紧，还须用木块、砖头支垫，以防止土球晃动。土球上不准站人或压放重物，以防压伤土球。

2. 运输　城市交通情况复杂，而树苗往往超高、超长、超宽，应事先办好必要的手续；运输途中押运人员要和司机配合好，尽量保证行车平稳。运苗途中提倡迅速、及时，短途运苗中不应停车休息，要一直运至施工现场；长途运苗应经常给苗木根部洒水，中途停车应停于有遮阴的场所，遇到刹车绳松散、苫布不严、树梢拖地等情况应及时停车处理。

3. 运输应注意的事项

（1）无论是长距离还是短距离运输，要经常检查包内的湿度和温度，在运输过程中，要采取保湿、喷淋、降温、适当通风透气等措施，严防风吹、日晒、发热、霉烂等。

（2）运苗时应选用速度快的运输工具，以便缩短运输时间，有条件的还可用特制的冷藏车来运输。苗木运到目的地后，要立即卸车开包通风，并在背风、庇荫、湿润处假植起来，以待栽植。

（3）如果是短距离运输，苗木可散在筐篓中，在筐底放上一层湿润物，筐装满后在苗木上面再盖上一层湿润物即可。以苗根不失水为原则。

（4）如果是长距离运输，则裸根苗苗根一定要蘸泥浆，带土球的苗要在枝叶上喷水，再用湿苫布将苗木盖上。

（5）装卸苗木时要注意轻拿轻放，不可碰伤苗木，车装好后绑扎时要注意不可用绳物磨损树皮。

四、苗木的假植和贮藏

（一）苗木的假植

苗木起苗后，如不及时栽植，应进行假植或采取相应措施进行贮藏。假植就是将苗木根系用湿润土壤进行临时性的埋植，目的在于防止根系干燥或遭其他损害。当苗木分级后，如果不能立即栽植，则需要进行假植。根据假植时间长短，可分为临时假植（短期假植）和越冬假植（长期假植）。

1. 临时假植　临时假植是指起苗后若不能马上进行栽植，临时采取的保护苗木的措施。假植时间短，也称短期假植。具体方法是：选地势较高、排水良好、避风的地方，人工挖一条浅沟，沟一侧用土培成斜坡，将苗木沿斜坡逐个放置（小苗也可成捆排列），树干靠在斜坡上，将根系放在沟内，用土埋实。

2. 越冬假植　如果秋季起苗，春季栽植，需要越冬的假植，时间长，也称长期假植。具体方法是：选择背风向阳、排水良好、土壤湿润的地方挖假植沟。沟的方向与当地冬季主风向垂直，沟深一般是苗木高度的一半，长度视苗木数量而定。沟形状与短期假植相同，沟挖好后将苗木逐个整齐排列靠在斜坡上，排一排苗木盖一层土，把根系全部埋入土中，盖土要实，并用草袋覆盖假植苗的地上部分（图10-4）。假植要做到"疏排、深埋、实踩"，使根土密接。

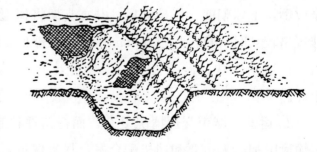

图10-4　苗木假植示意图

（二）苗木的贮藏

贮藏是指将苗木置于低温下保存，主要目的是为了保证苗木安全越冬，不致因长期贮存而降低苗木质量，并能推迟苗木萌发期，延长栽植时间。低温贮藏的条件为：温度控制在0~3℃，以适于苗木休眠，而不利于腐烂菌的繁殖；空气相对湿度为85%以上，并有通风设备。可利用冷藏库、冰窖以及能够保持低温的地下室和地窖等进行贮藏。

（三）假植和贮藏应注意的事项

1. 假植时放苗不可过密，埋土要严实。

2. 出圃的灌木已经成丛，根部不易埋严，在埋土操作时，一定要细致，务必把根部全部用土埋好；对易干梢条的树种，如花椒、紫薇、木槿等，假植后还应进行灌水，灌水后再用湿土把裸露的根埋严。

3. 为了有利于苗木栽植成活，同时也易于假植工作，对苗木要进行修剪，主要以短截为主；对要求有轴的树种，要注意保护主尖，此次作为粗剪，待苗木栽植后再进行细剪。

五、检疫与消毒

（一）苗木的检疫

为了防止危险性的病虫害随着苗木的调运传播蔓延，把危险性病虫害限制在最小范围内，对于出圃的苗木，特别是调往不同地区的苗木，按有关规定要进行检疫，以防止病虫害及有毒物质的传播。苗木检疫应由国家植物检疫部门进行，检疫地点限在苗木出圃地。一般可按批量的10%左右随机抽样进行质量检疫，对珍贵、大规格苗木和有特殊规格质量要求的苗木要逐株进行检疫。如需外运或行国际交换时，涉及出圃苗木产品进出国境检验时，应事先与国家口岸植物检疫主管部门和其他有关主管部门联系，按照有关规定，履行植物进出境检验手续。通过检验取得有关证明并经批准，方可调运苗木。检验证明见《苗木检验合格证书》（表10-2），发现检疫对象应立即停止调动，并及时进行处理。

表 10-2　苗木检验合格证书

编号		发苗单位			
树种名称		学名			
繁殖方式		苗龄		规格	
批号		种苗来源		数量	
起苗日期		包装日期		发苗日期	
假植或贮藏日期		植物检疫证号			
发证单位		备注			

检验人（签字）：　　　　　负责人（签字）：　　　　　签证日期：　　年　　月　　日

（二）苗木的消毒

苗木除在生长阶段用农药进行杀虫灭菌外，出圃时最好对苗木进行消毒。消毒方法有药剂浸渍、喷洒或熏蒸等。药剂消毒可用石硫合剂、波尔多液等，对地上部分喷洒消毒和对根系浸根处理，浸根 20 min 后，用清水冲洗干净。消毒可在起苗后立即进行，消毒完毕，苗木可做后续处理，如对根系蘸泥浆、包装、假植等。用氰酸气熏蒸，能有效地杀死各种虫害。熏蒸时先将硫酸倒入水中，再倒入氰酸钾以后，人应立即离开熏蒸室，并密闭所有门窗，严防漏气，以免中毒。熏蒸后要打开门窗，等毒气散尽后，方能入室。熏蒸的时间依树种的不同而异（表 10-3）。

表 10-3　氰酸气熏蒸树苗的药剂用量及时间　　　　熏蒸面积 100 m²

树种　　药剂处理	氰酸钾/g	硫酸/g	水/mL	熏蒸时间/min
落叶树	300	450	900	60
常绿树	250	450	700	45

苗木出圃案例

案例：天津南翠屏公园绿化

背景一：

用苗单位：天津市园林管理局。

用途：南翠屏公园总体绿化。

绿化苗木类型：观赏树木（包括大树、大苗）、草本花卉及地被植物。

绿化地概况：南翠屏公园占地面积 35 万 m²，以大面积山体和水面为主体景观，主峰高 52 m，周围环绕着高低不齐的小山，形成"横看成岭侧成峰，远近高低各不同"的雄伟景象。土壤为建筑工程垃圾土，土壤因子较为复杂；人为影响较为频繁。

绿化目标：利用建筑垃圾堆山造园，可绿化美化环境，改善市区生态环境，减少噪声、净化空气，为人们提供休养场所。

背景二：

绿化苗木生产单位：天津市园林花苗木中心。

规模：苗圃处在城区周边，环境较为适宜；苗圃直接与公路相连，交通十分便利。

苗圃目前经营状况：主要生产园林绿化苗木，现代化育苗技术水平较高，设有温室、大棚等保护地栽培；管理水平较高，苗木的产量质量能保证市区及附近城镇园林绿化的需要。

从苗木出圃到绿化过程主要的操作环节如下：

1. 根据南翠屏公园绿化设计及城市总体建设要求，确定所需的苗木类型、种类及苗木数量。

2. 参照本地苗木等级标准，并根据本公园的环境条件，确定具体的用苗规格标准及各等级苗木的数量。

3. 调查苗圃现有的符合该要求的各类苗木数量及质量（可事先培育），不足部分可向周围苗圃调苗。

4. 用苗单位与苗圃签订有关苗木销售合同，明确双方的责权利及苗木价格，确定各种经济关系。

5. 做好苗木出圃前的各项准备工作：如人员、物资等准备，制订出圃计划及安全生产规则、制度等。

6. 苗圃组织人员按有关要求有计划地进行起苗、分级和统计、包装和运输等工作，必须做好出圃的各项工作，保质保量地提供合格的苗木。

7. 有关部门对出圃苗木进行严格的检查、验收，只有符合要求的苗木才能出圃，并及时运到目的地。

8. 苗圃技术人员应到绿化现场指导栽苗工作，要求成活率达到95%以上。

9. 对苗木出圃的各项技术环节进行分析，总结经验，找出不足，并及时修订技术路线，改进技术方法。

10. 进行经济活动分析，计算苗木成本、各项费用及苗圃的经营效益。

11. 制定苗圃明年的生产计划及改善苗木出圃技术。

12. 共需苗木33万株，因此要按工期、按需要做好苗木分期供应。

实训

带土球苗木出圃

一、实训目的

掌握带土球苗木的起苗、分级、统计、包装及苗木的检疫和消毒的方法和要求。

二、材料和器具

修枝剪、锄头、铲子、砍刀、麻绳、草绳、苗木、消毒药品、喷雾器等。

三、操作方法与步骤

1. 确定土球的规格　以苗木胸径的8～10倍为土球的直径，土球的厚度为直径的4/5，土球的底径为土球直径的1/3。

2. 挖掘　操作规范，动作熟练；挖掘时应做到球形匀称、球面光洁。

3. 包装　根据树种、土球大小、土质和运输距离采取相应的包装方法。

4. 整形　根据树种特性、生长情况及季节进行合理修剪，保持良好树形。

5. 苗木的检疫和消毒　检查苗木是否带有检疫对象，并选择适合的药品进行消毒。

6. 吊运　确定吊装工具，做好吊装、土球及树身的保护措施，在运输过程中保护好苗木。

四、结果评价

按各操作工序的标准，以及是否文明操作与安全生产进行成绩评定。

五、实习报告

简述苗木出圃的环节及各环节的技术要求。

随堂练习

1. 苗木出圃包括哪些环节？各环节应掌握的技术要领是什么？

2. 苗木消毒的意义和方法是什么？

第二节　苗木保鲜技术

一、保水剂在绿化中的应用

（一）树木移栽中的使用方法

1. 蘸根　将保水剂与自然水按 1:200 的比例制成水凝胶，也可适当加土调成泥浆（保水剂、自然水与泥土按 1:300:60 的比例），将苗木根系完全浸入水凝胶中蘸根，随蘸随栽；需长途运输的苗木，用塑料薄膜或草席等将根系包扎好后再运输效果更好。

2. 浸根　将保水剂与自然水按 1:200 的比例制成水凝胶，并配以 2.5 g 生根剂（1000 g 保水剂：2.5 g 生根剂），将苗木根系放入浸泡后，再进行定植或用塑料薄膜包扎，用于长途运输。

3. 网袋　将保水剂装入宽 8～15 cm、长 40～50 cm 的网袋中，让其充分吸水呈凝胶状，然后横向或纵向埋入苗木主要根系分布层，覆土即可。

这种方法适合在缺水或水源较远的植树造林中施用，因其小巧方便，可以随时取出进行人为补水，待网袋吸足水后又可放回原处再次供植物使用，省时省力、方便快捷。

4. 穴施　根据苗木种类及大小挖定植穴，树木置于穴内后，回填熟土至土球高度的 1/2 处时，将保水剂与种植土按 1:1000 的比例混合充分，回填至树苗群根部（土球中部）周围，边回填边踏实，最后将剩余的土壤回填至树穴内灌足定根水即可。

在土壤含沙量超过 70% 以上的地方植树时，定植前在树坑内施入稀释 600～800 倍的黏合剂（回填土壤的 1‰）溶液，以便减少后期浇水渗漏现象。

（二）树木补施中的使用方法

1. 环状沟施　以树冠的投影为准，沿其投影边缘挖一条环形沟。3 年以上的大树，在其树冠投影垂直约 2/3 处环绕挖沟：宽 25 cm，深不超过 30 cm，要防止伤根。在距沟底 10 cm 处的地方，将保水剂与土壤按照 1:1000 的比例拌匀后覆土踩实，灌水后培土。

2. 带状沟施　根据地形和植物株行距，选择合适的株距或行距间，沿其投影边缘挖宽为 10～15 cm、深不超过 30 cm 的长条沟，沟与沟间距为 50～60 cm。在距沟底 10 cm 处的地方，将保水剂与土壤按照 1:1000 的比例拌匀后覆土踩实，灌水后培土。如果与肥料同时基施，则应将肥料置于保水剂之上。

3. 条状沟施　在树木株间两侧距树干一定距离各挖一条长 100～200 cm、宽 40 cm、深 50～60 cm 的沟，将保水剂与土壤按 1:1000 的比例混匀后施入沟内，回填剩余土壤至沟内再浇透水即可。

如果立地条件差，在没有灌溉条件的干旱地带，可先将保水剂（图 10-5）用水浸泡至饱和（表 10-4），机械或人工运输至现场参照以上方法进行施用。

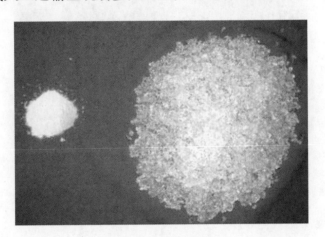

图 10-5　保水剂

表 10-4　保水剂的施用量

项目名称	土球直径大小/cm	土球胸径大小/cm	保水剂施用量
苗床育苗	—		基质土壤的 2‰
营养苗移栽	—	—	10 g
裸苗移栽	—	0.6～1.0	2～4 g 或 30 g
裸苗移栽	—	1.0～2.0	3～6 g 或 40 g
小苗移栽	10 cm	2.0～3.0	30～40 g
大苗移栽	15～30 cm	3.0～5.0	40～60 g
小树移栽	30～40 cm	5.0～8.0	60～80 g
大树移栽	40～50 cm	8.0～12	80～110 g
大树移栽	50～60 cm	12～16	110～200 g

项目名称	土球直径大小/cm	土球胸径大小/cm	保水剂施用量
大树移栽	60～80 cm	16～20	200～350 g
大树移栽	80～100 cm	20～25	350～500 g
大树移栽	150 cm 以上	25 cm 以上	基质土壤的 1‰～2‰
树苗补施	—	—	参照上例

注：① 上述为常规参考施用量，应根据实际情况进行调整；

② 应根据植物品种、土壤性质以及环境因素确定保水剂的品种和施用量。

二、保水袋在绿化中的应用

植物保水袋属一种节水灌溉工具，它由袋膜、袋口、渗管、袋扣和固定环 5 部分组成，安放在植物根部，具有为植物长时间提供水分的作用（图 10-6）。

图 10-6　保水袋

（一）保水袋的特点

1. 能快速吸收雨水、灌溉水并保存起来，当植物需要时，又缓慢释放，这样既能保证植物正常生长所需的水分，又能防止因蒸发、渗漏、流失将水分浪费掉，保证土壤长期保持湿润，可反复吸水、放水，缓慢供植物利用。可循环利用持续长达 30 d 后再充水。

2. 改良土壤结构（团粒结构、透水性、透气性、热容量）。反复的收缩与吸胀给土壤造成大量的孔隙，提高了土壤的透气性、透水性，改善了根际环境，同时也增强了根际微生物的活动，加快了根际周围有机矿物质的分解，有利于根系对其的吸收，促进了根系和植物的生长发育，改良了土壤基质。

3. 在各类土壤、各种植物以及不同气候条件下都能保持其稳定性和高效性。在土壤中的使用寿命可长达 1～2 年。

4. 节省肥料和农药。如将营养液肥料与其混用，在其储存雨水和灌溉水的同时也能把农药肥料保存起来缓慢释放，不会因蒸发、渗漏和流失而将农药肥料浪费掉，从而提高农药肥料的利用率。

5. 无毒、无害、无副作用，使用过程中对环境作物没有任何污染。

（二）应用范围

1. 苗木种植、大树移栽，盆景或盆栽植物，能极大提高成活率。

2. 各类护坡、沙漠地区的植树造林、果树园艺、花卉草坪、景观绿化。

（三）使用方法

1. 将标准保水袋放置水中充分吸水 10～15 min。

2. 在植物附近挖坑，将标准保水袋放置在植物根部。

3. 标准保水袋用土完全覆盖，以保持水分，每小袋可保水 500 g。

4. 标准保水袋可持续向植物根部释放所需水分长达 30 d 以上。

（四）注意事项

存放在阴凉干燥处。

三、植物蒸腾抑制剂在绿化中的应用

植物蒸腾抑制剂是通过缩小植物气孔开张度来抑制蒸腾，减少水分散失，同时增加植物叶绿素含量来提高植物抗旱能力，提高造林绿化成活率，是一种广泛用于林业、农业，投资小、见效高的创新产品。

（一）植物蒸腾抑制剂的适用范围

水剂：500 mL/瓶，使用时稀释至所需浓度即可。

粉剂：53.8 g/袋，使用时先用少量温水溶解，然后稀释至所需浓度。

适用于针叶树、阔叶树、荒山绿化苗、盆栽植物、果树等，使用方便，有效期为 3 年。

（二）植物蒸腾抑制剂的作用机理

植物蒸腾抑制剂主要是通过缩小植物气孔开张度而抑制蒸腾，减少植物水分散失。同时增加叶绿素含量，促进根系生长，提高植物抗旱、抗寒能力；减少树木运输及移植时失水，促使盆栽植物矮壮，提高块茎、球茎作物产量，改善果菜品质。

（三）植物蒸腾抑制剂的使用方法

选择日最低气温不低于 −5 ℃ 的无风、晴朗的早晨或傍晚，将本药剂稀释后均匀喷施于叶面、枝干（滴水为度）。树木移植时最好于起苗前 5 d 在苗圃喷施一次，栽植后连续喷施 3 次，间隔期为 20 d，大树移植应在生长停止前 20 d 喷一次。合理的使用药剂浓度可根据不同情况而定。

1. 针叶树：树高在 2.5 m 以上，药剂浓度稀释 50 倍；树高在 1.5～2.5 m 稀释 100 倍；

树高在 1.5 m 以下稀释 200 倍。

2. 阔叶树：5 年生以上植物，药剂浓度稀释 50 倍；3～5 年生植物，稀释 100 倍；3 年生以下植物稀释 200 倍。

3. 荒山绿化苗木：2 年生以上苗木稀释 100 倍，2 年生苗稀释 200 倍，当年生针叶苗木稀释 400 倍。

4. 盆栽植物移栽，稀释 200 倍，15～20 d 喷施一次。

5. 果树，稀释 100～200 倍。

随堂练习

1. 保水剂的使用方法有哪些?

2. 保水袋的使用方法有哪些?

3. 植物蒸腾抑制剂的使用方法有哪些?

综合测试

一、填空题

1. 大多数苗木的起苗一般在_____进行，起苗后立即移栽，成活率高。

2. 为保证苗木安全越冬，可进行低温贮藏，一般温度控制在_____℃。

3. 保水剂在树木移植中采用蘸根法时，一般保水剂与自然水的比例是_____。

4. 保水剂在树木补施中应用时，采用带状沟施用的保水剂与土壤比例一般是_____。

5. 保水袋是一种节水灌溉工具，由袋膜、袋口、_____、袋扣和固定环 5 部分组成。

二、判断题

1. 一些常绿树的苗木起苗时间也可在雨季进行。（   ）

2. 苗木的断根缩坨一般提前进行。（   ）

3. 假植要做到"疏排、浅埋、实踩"，使根土密接。（   ）

4. 树木移栽时，5～8 cm 的小树移栽，其保水剂施用量为 40～60 g。（   ）

5. 树木移植时，蒸腾剂在栽植后连续喷施 5 次，间隔为 20 d。（   ）

三、单项选择题

1. 带土球苗装运时，土球直径超过（   ）cm 的苗木，只能码一层。

    A. 20   B. 40   C. 60   D. 80

2. 苗木低温贮藏时，一般温度控制在（   ）℃。

    A. 0～3   B. 3～6   C. 6～10   D. 10～14

3. 在土壤含沙量超过 70% 以上的地方植树时，定植前在坑内施入稀释（   ）倍的黏合剂溶液。

    A. 200～400   B. 400～600   C. 600～800   D. 800～1 000

4. 保水袋循环利用可持续长达（　　）d后再充水。

    A. 20   B. 30   C. 40   D. 50

四、实训题

刨裸根苗和带土球苗

要求：现场操作土球苗的刨制和包装。

❧ 考证提示

    知识点：熟悉苗木出圃的基本程序，掌握苗木出圃的基本技能；熟悉保水剂、保水袋及植物蒸腾抑制剂的使用。

    技能点：掌握常见苗木裸根苗及大规格带土球苗木的起苗、假植、出圃技术并做好移后的养护管理工作；熟练掌握保水剂、保水袋及植物蒸腾抑制剂在实际中的应用方法。

1. 苏金乐. 园林苗圃学. 2 版. 北京：中国农业出版社，2013.

2. 张东林，束永志，陈薇. 园林苗圃育苗手册. 北京：中国农业出版社，2002.

3. 石进朝. 园林苗圃. 2 版. 北京：中国农业出版社，2014.

4. 高光民，Guide Kuchelmeister，等. 中小型苗圃林果苗木繁育实用技术手册. 北京：中国林业出版社，2000.

5. 成海钟. 园林植物栽培与养护. 2 版. 北京：高等教育出版社，2013.

6. 王耀林，张志斌，葛红. 设施园艺工程技术. 郑州：河南科学技术出版社，2000.

7. 葛红英，江胜德. 穴盘种苗生产. 北京：中国林业出版社，2003.

8. 王进涛，王少先. 保护地蔬菜生产经营. 北京：金盾出版社，2000.

9. 叶剑秋. 花卉园艺高级教程. 上海：上海文化出版社，2000.

10. 魏岩. 园林植物栽培与养护. 北京：中国科学技术出版社，2003.

11. 王先德. 园林绿化技术读本. 北京：化学工业出版社，2004.

12. 毛龙生. 观赏树木栽培大全. 北京：中国农业出版社，2001.

13. 钱拴提. 园林专业综合实训指导. 沈阳：白山出版社，2003.

14. 郝建华，陈耀华. 园林苗圃育苗技术. 北京：化学工业出版社，2003.

15. 曹春英. 花卉栽培. 北京：中国农业出版社，2001.

16. 俞玖. 园林苗圃学. 北京：中国林业出版社，1988.

17. 莫翼翔，康克功，王晓群，等. 实用园林苗木繁育技术. 北京：中国农业出版社，2002.

18. 朱军. 我国部分地区苗木生产现状及发展策略刍议. 江苏林业科技，2003（3）：53—54.